新工科建设之路·计算机类专业系列教材

大型数据库应用

王　辉　梁春燕　董福贵　主编

电子工业出版社·
Publishing House of Electronics Industry
北京·BEIJING

内 容 简 介

本书系统阐述了大型数据库的基本概念、理论和发展趋势,并基于 MySQL,从数据库的管理、操作和设计等方面介绍了相关技术及实例。全书共 11 章,分别为数据库系统概述、关系数据库理论、SQL 语言、数据库管理、表的操作与管理、查询技术、视图的操作与管理、存储过程的操作与管理、触发器的操作与管理、数据库设计、大数据基础及应用。本书以培养大型数据库设计、管理和实际操作能力为主线,将理论与实践、案例、应用充分结合,使读者可以更好地学习和掌握大型数据库技术。

本书可作为普通高等院校计算机科学与技术、信息管理与信息系统、管理科学与工程等多个专业的本科生及硕士研究生教材,也可作为相关专业师生、数据分析员及工程师的参考书。

图书在版编目(CIP)数据

大型数据库应用 / 王辉,梁春燕,董福贵主编.
北京 : 电子工业出版社,2024. 12. -- ISBN 978-7-121-49419-2

Ⅰ. TP311.13

中国国家版本馆 CIP 数据核字第 2025TL1656 号

责任编辑:张天运
印   刷:三河市龙林印务有限公司
装   订:三河市龙林印务有限公司
出版发行:电子工业出版社
　　　　　北京市海淀区万寿路 173 信箱　　邮编:100036
开   本:787×1092　1/16　印张:15.25　　字数:390.4 千字
版   次:2024 年 12 月第 1 版
印   次:2024 年 12 月第 1 次印刷
定   价:54.90 元

凡所购买电子工业出版社图书有缺损问题,请向购买书店调换。若书店售缺,请与本社发行部联系,联系及邮购电话:(010)88254888,88258888。

质量投诉请发邮件至 zlts@phei.com.cn,盗版侵权举报请发邮件至 dbqq@phei.com.cn。

本书咨询联系方式:(010)88254172,zhangty@phei.com.cn。

前　言

随着信息技术与经济社会的发展和交汇融合，全球数据量正在剧烈地扩展和增加，这不仅改变了我们对数据和信息处理的认知，而且在社会、经济和文化等多个方面产生了深远的影响。数据库是对大型数据进行存储、管理和操作的重要方式。因此，系统地学习和掌握设计、管理及操作大型数据库的技能，有助于满足科技和社会对数据处理日益增长的需求。

本书系统全面地描述数据库所涉及的基本概念、理论和技术，在各个重要章节都安排了入门级的实践操作，使用清晰易懂、深入浅出的叙述方式和图文并茂的操作解读来阐述知识点，以提升读者对大型数据库进行设计、管理和操作等方面的能力和水平。

全书内容共 11 章。第 1 章"数据库系统概述"介绍数据管理技术和存储技术的发展、数据库系统的结构和数据模型，以及数据模型的描述方法；第 2 章"关系数据库理论"描述关系模型的基本概念和性质，以及 MySQL 的安装、配置和管理工具；第 3 章"SQL语言"介绍如何使用 SQL 语言对数据进行查询、定义、操纵、控制、标注和运算，以及如何使用游标来操作数据；第 4 章"数据库管理"介绍数据库存储引擎，以及如何对数据库进行创建、查看、修改、删除、备份、还原和维护；第 5 章"表的操作与管理"描述 MySQL 提供的数据类型，如何进行表的创建、管理和维护，以及表的约束和索引的相关操作；第 6 章"查询技术"介绍如何使用 SELECT 语句进行投影查询、条件查询、分组查询、连接查询和子查询；第 7 章"视图的操作与管理"介绍如何对视图进行创建、修改、查询、删除和重命名，以及如何通过视图修改数据记录；第 8 章"存储过程的操作与管理"描述存储过程的定义和优点，以及如何创建、查看、修改、重命名和删除存储过程；第 9 章"触发器的操作与管理"介绍 MySQL 触发器的定义、创建、管理和应用；第 10 章"数据库设计"介绍数据库设计的原则、步骤和技巧；第 11 章"大数据基础及应用"从发展的角度，介绍大数据的基本概念、技术和应用。

全书由王辉、梁春燕、董福贵编写，王晴、于硕琪、刘江涛、柴郡波等同学为本书的出版进行了大量的文献整理、资料收集和数据库实践等工作，在此表示衷心感谢！

本书在编写过程中参考了相关教材、文献和网络资源，在此向所有的作者表示诚挚的感谢。

由于编者水平有限，书中难免存在一些疏漏和不足之处，恳请读者批评指正。

编　者

2024 年 4 月

目　录

第1章　数据库系统概述

本章中，你将学习：

- 数据管理技术的产生与发展
- 数据存储技术的发展
- 数据库系统的结构
- 数据模型
- 数据模型的描述方法

1.1 数据管理技术的产生与发展

数据管理是指对数据进行分类、组织、编码、存储、检索和维护等操作。数据管理技术是数据处理的关键技术。数据管理技术的发展经历了 4 个阶段。

（1）人工管理阶段：20 世纪 50 年代中期以前；

（2）文件系统阶段：20 世纪 50 年代中期到 20 世纪 60 年代中期；

（3）数据库系统阶段：20 世纪 60 年代后期到 20 世纪 90 年代中期；

（4）大数据管理阶段：20 世纪 90 年代后期至今。

下面依次对数据管理技术所经历的前三个阶段进行阐述，大数据管理阶段将在本书后续章节进行介绍。

1.1.1 人工管理阶段

对于数据管理技术而言，20 世纪 50 年代中期以前，属于人工管理阶段。在计算机出现之前，人们在进行数据管理时运用常规的手段对数据进行记录、存储和加工，通常利用纸张来记录，并利用计算工具（算盘、计算尺等）来对数据进行计算，并主要使用人的大脑来管理和利用这些数据。而这一阶段，人们主要利用以电子管为主要元器件的计算机进行数值计算，没有直接存取存储设备，没有操作系统，也没有专门的管理数据的软件，数据主要采用批处理。因此，从计算机记录的数据上看，数据量小，数据无结构，数据间缺乏逻辑组织，数据仅依赖特定的应用，缺乏独立性，并且需要用户对数据直接进行管理。人工管理阶段的应用程序与数据之间的对应关系如图 1-1 所示。

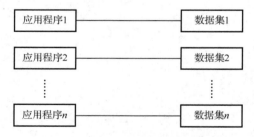

图 1-1 人工管理阶段的应用程序与数据之间的对应关系

该阶段数据管理的特点如下。

（1）数据的管理者：用户（程序员）。当时计算机主要用于科学计算，对于数据保存的需求尚不迫切，因此所有程序的数据均不单独保存。

（2）数据面向的对象：某一应用程序。没有专用的、对数据进行管理的软件，每个应用程序都需要包括数据的存储结构、存取方法和输入方法等。用户编写应用程序的同时，还需要设计数据的物理存储方法和结构。

（3）数据的共享程度：数据不共享，冗余度极大。数据是面向程序的，一组数据只能对应一个程序。当多个程序涉及某些相同的数据时，就必须各自定义，因此数据间无法相互利用、相互参照。

（4）数据的独立性：数据不具有独立性。程序依赖于数据，若数据的类型、格式或输入/

输出方式等逻辑结构或物理结构发生变化,则必须对应用程序做出相应的修改。

（5）数据的结构化:无结构。

（6）数据控制能力:应用程序直接对数据进行控制。

1.1.2　文件系统阶段

20 世纪 50 年代中期到 20 世纪 60 年代中期,得益于计算机处理速度和存储能力的惊人提高,以及科学计算需求的不断增长,数据管理技术得以快速发展。随着计算机硬件和软件的发展,磁鼓、磁盘等直接存取设备开始普及。这一时期的数据处理系统的特点是,把计算机中的数据组织成为相互独立的被命名的数据文件,从而可以按照文件的名字来进行访问,并对文件中的记录进行存取和管理。

在这一阶段的数据管理技术中,数据可以长期保存在计算机的外存上,数据可以被反复处理,并支持文件的查询、修改、插入和删除等操作,这种数据处理系统又称为文件系统。文件系统实现了记录内的结构化,但从文件的整体来看却是无结构的。文件系统的数据面向特定的应用程序,因此数据共享性和独立性差,且数据的冗余度大,管理和维护数据的代价也很大。文件系统阶段应用程序与数据之间的对应关系如图 1-2 所示。

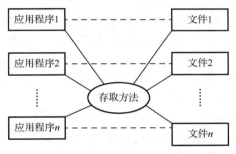

图 1-2　文件系统阶段应用程序与数据之间的对应关系

文件系统产生的各种背景及特点如下。

（1）应用背景:科学计算、数据管理。

（2）硬件背景:磁盘、磁鼓。

（3）软件背景:利用操作系统自带的文件管理系统来管理数据。

（4）处理方式:联机实时处理、批量处理。

（5）数据的管理者:文件系统,数据可长期保存。

（6）数据面向的对象:某一特定应用。

（7）数据的共享程度:共享性差、冗余度大。

（8）数据的结构化:数据的最小存取单位是记录;记录内有结构,整体无结构;数据的结构是靠程序定义和解释的;数据只能是定长的;可以间接实现数据变长的要求,但访问相应数据的应用程序会变得复杂。

（9）数据的独立性:独立性差;文件间是独立的,因此数据整体无结构;可以间接实现数据整体的结构性,但必须在应用程序中描述数据间的联系。

（10）数据控制能力:应用程序自己控制。

1.1.3 数据库系统阶段

如果说从人工管理到文件系统，是计算机开始应用于数据管理的实质进步，那么从文件系统到数据库系统，则标志着数据管理技术质的飞跃。

20 世纪 60 年代后期，计算机性能得到进一步提高，更重要的是出现了大容量磁盘，从而使存储容量大大增加且存储价格下降。在此基础上，为了克服文件系统在管理大规模数据时的不足，同时满足和解决实际应用中多个用户、多个应用程序共享数据的要求，以使数据能够为尽可能多的应用程序服务，出现了数据库这样的数据管理技术。

数据库的特点是数据不再只针对某一个特定的应用，而是面向全组织，具有整体的结构性，并且共享性高、冗余度小，具有一定的程序与数据之间的独立性。同时，数据库可以对数据进行统一的控制。

20 世纪 80 年代后期，不仅在大、中型计算机上实现并应用了数据管理的数据库技术，如 Oracle、Sybase、Informix 等，而且在微型计算机上也可使用数据库管理软件，如常见的 Access、FoxPro 等软件，使数据库技术得到广泛的应用和普及。

1. 数据库系统产生背景

（1）应用背景：大规模数据管理。为了克服文件系统在管理大规模数据时的不足，并有效地管理和利用大规模数据，出现了数据库系统这样的数据管理技术。

（2）硬件背景：大容量磁盘、磁盘阵列。随着计算机技术的进步，硬件设备的容量和性能得到了极大的提升。大容量磁盘、磁盘阵列等存储设备的出现，使得数据的存储和处理成为可能。

（3）软件背景：数据库管理系统。数据库管理系统（Database Management System，DBMS）提供了数据定义、数据操纵、数据存储和管理等功能。随着计算机软件技术的发展，数据库管理系统的功能和性能得到了不断的提升和完善

（4）处理方式：联机实时处理、分布处理、批处理。数据库系统支持多种处理方式，这些处理方式能够满足不同应用场景的需求，使得数据库系统具有很高的灵活性和可扩展性。

2. 数据库系统的特点

（1）整体结构化：数据的整体结构化是数据库的主要特征之一。数据不再仅针对某一个应用，而是面向全组织；不仅数据内部是结构化的，整体也是结构化的，数据之间具有联系；数据记录可以变长；数据的最小存取单位是数据项；数据用数据模型描述，无须应用程序定义。

（2）数据共享性高：数据的共享性高、冗余度低且易扩充。数据库系统从整体角度看待和描述数据，数据面向整个系统，可以被多个用户、多个应用共享使用；数据共享可以减少数据冗余，节约存储空间；避免数据之间的不相容性与不一致性；使系统易于扩充。

（3）数据独立性高：数据独立性包括物理独立性和逻辑独立性。物理独立性是指用户的应用程序与数据库中数据的物理存储是相互独立的，即数据的物理存储改变后，无须改变应用程序。逻辑独立性指用户的应用程序与数据库的逻辑结构是相互独立的，即数据的逻辑结构改变后，无须改变应用程序。数据独立性由数据库管理系统的二级映像功能来保证。

（4）数据由数据库管理系统统一管理和控制。

数据库管理系统提供如下几种数据控制功能。

（1）数据安全性（Security）保护：保护数据，以防止因不合法的使用所造成的数据泄密和破坏。

（2）数据完整性（Integrity）检查：将数据控制在有效的范围内，或者保证数据之间满足一定的关系，保证数据的正确性、有效性和相容性。

（3）并发（Concurrency）控制：对多用户的并发操作加以控制和协调，防止因相互干扰而得到错误的结果。

（4）数据库恢复（Recovery）：将数据库从错误状态恢复到某一已知的正确状态。

数据库系统阶段应用程序与数据之间的对应关系如图 1-3 所示。

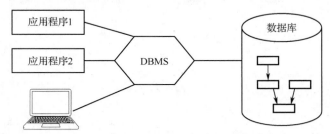

图 1-3　数据库系统阶段应用程序与数据之间的对应关系

1.1.4　数据管理示例

本书使用一个学生信息管理的示例来描述数据在文件管理系统和数据库管理系统中进行表达和处理的过程。

学生信息管理中用到的信息如下。

- 学生基本信息：学号、班级、姓名、性别、出生日期等。
- 课程信息：课程号、课程名、学时等。
- 选课信息：学号、课程号和成绩等。

1. 文件管理系统

使用文件系统管理学生信息的过程和特点如下。

1）数据存储

各种信息的记录分别存储在"学生基本信息""课程信息""选课信息"等文件中。文件中的记录内部有结构，但记录间无联系。

2）查询数据

编写应用程序，实现数据的录入、查找和处理。

3）缺点

程序员必须关注和处理文件中的记录结构和不同文件中记录之间的联系，工作量大，编程工作复杂，开发速度慢。

2. 数据库管理系统

使用数据库管理系统管理学生信息时，过程和特点如下。

1）建表

建立学生（student）表，用于存放学生的基本信息。

程序清单如下：

```
USE study;
CREATE TABLE student
(
    s_no CHAR(6) PRIMARY KEY,
    class_no CHAR(6) NOT NULL,
    s_name VARCHAR(10) NOT NULL,
    s_sex CHAR(2),
    s_birthday datetime,
    CHECK(s_sex IN('男，女'))
);
```

建立课程（course）表，用于存放课程信息。
程序清单如下：

```
USE study;
CREATE TABLE course
(
    course_no  CHAR(5) PRIMARY KEY ,
    c_name  CHAR(40)      NULL,
    c_hour SMALLINT    NULL
  );
```

建立选课（choice）表，用于存放学生的选课情况。
程序清单如下：

```
CREATE TABLE choice
(
    s_no  CHAR(6),
    course_no  CHAR(5),
    score NUMERIC(6,1),
    PRIMARY KEY(s_no, course_no),
    FOREIGN KEY(s_no)REFERENCES student(s_no),
    FOREIGN KEY(course_no)REFERENCES course(course_no)
  );
```

2）插入
使用插入命令完成学生基本信息、课程和选课情况的数据录入功能。
程序清单如下：

```
INSERT INTO student(s_no,class_no,s_name,s_sex,s_birthday)
VALUES('001101','js0001','宋大方','男','1980-04-09 00:00:00.000');

INSERT INTO course(course_no,c_name,c_hour)
VALUES('1','数据库','64');

INSERT INTO choice(s_no,course_no,score)
VALUES('001101','1','95.6');
```

3）查询

可以用一条查询语句实现。

程序清单如下：

```
USE study;
SELECT s_no,class_no,s_name,s_sex,s_birthday FROM study.student;
```

数据库查询结果如图 1-4 所示。

图 1-4　数据库查询结果

4）优点

数据录入和查询方便快捷；可实现整体数据的结构化和数据之间的关联性。

1.2　数据存储技术的发展

数据管理技术的发展离不开数据存储技术的发展。数据存储技术的发展历程如下。

1951 年：Univac 系统使用磁带和穿孔卡片作为数据存储介质。

1956 年：IBM 公司在其 Model305RAMAC 中第一次引入了磁盘驱动器。

1961 年：美国通用电气公司（General Electric）的 Charles Bachman 开发了第一个数据库管理系统——IDS。

1969 年：E. F. Codd 发明了关系数据库。

1973 年：由 John J. Cullinane 领导的 Cullinane 公司开发了 IDMS——一个针对 IBM 主机的基于网络模型的数据库。

1976 年：Honeywell 公司推出了 Multics Relational DataStore——第一个商用关系数据库产品。

1979 年：Oracle 公司引入了第一个商用 SQL 关系数据库管理系统。

1983 年：IBM 公司推出了 DB2 数据库产品。

1985 年：为 Procter＆Gamble 系统设计的第一个商务智能系统产生。

1991 年：W. H. Bill Inmon 发表文章《构建数据仓库》。

2006 年：业界领先的 Amazon Web Services（AWS），简称 S3，是第一个商业上可行的云存储服务，可存储超过 100 万亿个对象，每个对象的容量最大可达 5TB。

2012 年：分布式数据仓库、海量数据存储技术和流计算的实时数据仓库技术面世，是最新的存储技术。

2020 年：分布式文件共享系统得以发展。

【案例】中国数据存储技术的发展和应用

中国的数据存储技术的发展已经经历了将近 40 年，而真正的飞速发展则是在最近的 20 年。中国国内的数据存储技术发展的先驱是国有银行。在 21 世纪初，四大国有银行的全国数据中心项目（将分布在全国各个省行和直属一级分行的数据集中到数据中心）拉开了数据存储技术飞速发展的帷幕。

作为中国数据建设最具代表性的一员，中国工商银行从 2001 年开始启动该行的数据集中项目，开始考虑将该行在中国北部的数据集中到北京，将该行在中国南部的数据集中到上海，最终在 2004 年将全部数据集中到上海，并将北京作为其灾备中心，而将其海外数据中心安置在深圳。中国工商银行的数据量在当时是全中国最大的，大约每天的数据量都在 TB 级别。由于银行业存在一定的特殊性（安全和稳定要求高于性能要求），又因为当时业内可选的技术不多，因此中国工商银行选择了大型机+DB2 的技术方案，实际上就是以关系型数据库作为数据存储的核心。在 3 年的数据集中和后续 5 年基于主题模型（NCR 金融模型）的数据仓库建设期间，中国工商银行无论在硬件、软件和网络建设方面，以及人力分配上都投入了巨大的资源，其数据仓库也成为中国第一个真正意义上的企业级数据中心和数据仓库。其他银行和证券、保险等行业，甚至电信行业及房地产行业等在建设数据仓库时，基本上也都采用与中国工商银行相似的思路和做法。

随着时间的推移，数据量变得越来越大，同时硬件的更新换代速度也越来越快，于是，这类数据仓库逐渐显现出多种问题，主要问题如下。

（1）少数几台大型机已经无法满足日益增加的日终处理任务的执行需求，导致很多数据的处理时间为 $T-2$（当天数据要延后 2 天才能处理完成），甚至是 $T-3$（当天数据要延后 3 天才能处理完成）。

（2）硬件升级和存储升级的成本非常昂贵，系统维护、系统开发及数据开发的人力资源开支也逐年加大。

（3）由于全国金融发展的进程差异很大，数据需求各不相同，再加上成本高等原因，因此不得不将一些数据处理任务下放到各一级分行或省分行进行，数据中心不堪重负。

随着互联网行业的逐渐蓬勃发展，占领数据存储技术领域巅峰的行业也从原有的国有银行企业转移到阿里巴巴公司、腾讯公司、盛大公司、百度公司这样的新兴互联网企业。以阿里巴巴公司为例，阿里巴巴互联网数据仓库经历了坎坷的发展历程，在多次重建后才最终站在了中国甚至世界的顶峰。阿里巴巴互联网数据仓库在建设初期，几乎就是中国工商银行的数据仓库的缩小版，该公司的数据从业人员几乎全部来自国内各大银行或电信行业，或者来自传统 IT 企业。

随着分布式技术的逐渐成熟和工业化，互联网数据仓库迎来了飞速发展的春天。现在，抛弃大型机+关系型数据库的模型，采用分布式的服务器集群+分布式存储的海量存储器，无论是从软/硬件成本，还是从硬件升级、日常维护等方面，都是一次飞跃。更重要的是，该模型解决了困扰数据仓库发展的一个非常重要的问题，即计算能力不足的问题，当 100～200 台网络服务器同时工作时，任何大型机都已经无法与之比拟。

截至目前，阿里云（阿里巴巴集团数据中心服务提供者）由近 1000 台网络服务器分布式并行，每日支持淘宝、支付宝、阿里巴巴三大子公司超过 PB 级别的数据量。随着技术的日益成熟和硬件成本的逐渐降低，未来的数据仓库将是以流计算为主的实时数据仓库和以分布式计算为主流的准实时数据仓库。

1.3　数据库系统的结构

1.3.1　集中式数据库系统

集中式管理是指借助现代网络通信技术，通过集中式数据库系统，建立企业决策的数据体系和信息共享机制。集中式数据库系统集中安装在一台服务器上，每个系统用户都需要通过广域网来登录并使用该系统。

集中式数据库系统拥有一个大型的中央处理系统，该中央处理系统是一台高性能、可扩充的计算机，所有的数据、运算、处理任务全部在中央计算机系统上完成。中央计算机连接多个终端，终端用来输入和输出，没有数据处理能力，运算全部在主机上进行。远程终端通过网络连接到中央计算机，它们得到的信息是一致的。

集中式数据库系统的最大的特点就是部署结构简单。同时，该系统还具有以下优点：数据容易备份，只需要把中央计算机上的数据备份即可；不易感染病毒，只要对中央计算机做好保护，终端一般不需要外接设备，因此感染病毒的概率很低；总费用较低，中央计算机的功能非常强大，终端只需要简单、便宜的设备。

集中式数据库系统的不足之处在于中央计算机需要执行所有的运算，当终端很多时，会导致响应速度变慢。另外，如果终端用户有不同的个性化需求，要对每个用户的程序和资源做单独的配置，在集中式数据库系统上做起来比较困难，而且效率不高。

集中式数据库系统的应用主要集中在银行系统，日常生活中常用的银行自动提款机（ATM）、超市收款机（POS）等，大部分都采用这种集中式数据库系统，此外，集中式数据库系统也被广泛应用在大型企业、科研单位、军队、政府等单位。

集中式数据库系统主要流行于 20 世纪，现基本上已经被分布式数据库系统所替代。目前还在使用集中式数据库系统的，很大一部分是为了沿用原来的软件，而这些软件往往很昂贵。

1.3.2　分布式数据库系统

在分布式数据库系统中，数据库系统被部署在多台计算机中，每台计算机可放置在不同的地方，且每台计算机具有数据库管理系统的一份完整副本，或者部分副本，并具有自己局部的数据库，位于不同地点的多台计算机通过网络互相连接，共同组成一个完整的、全局的，逻辑上集中、物理上分布的大型数据库。

一个分布式数据库系统在逻辑上是一个统一的整体，在物理上则被分别存储在不同的物理节点上。一个应用程序通过网络连接可以访问分布在不同地理位置的数据库。分布式数据库系统的分布性表现在数据库中的数据不是存储在同一场地的，更确切地讲就是，不存储在同一计算机的存储设备上。这就是与集中式数据库系统的主要区别。从用户的角度看，一个分布式数据库系统在逻辑上与集中式数据库系统一样，用户可以在任何一个场地执行全局应用，就好像那些数据是存储在同一台计算机上，并用单个数据库管理系统管理一样。

分布式数据库系统是在集中式数据库系统的基础上发展起来的，是计算机技术和网络技术结合的产物。分布式数据库系统适合于部门分散的企业或机构，允许各个部门将其常用的数据存储在本地，采用就地存放、本地使用的方式，从而提高响应速度，并可降低通信费用。

分布式数据库系统与集中式数据库系统相比具有可扩展性，通过增加适当的数据冗余，从而提高系统的可靠性。在集中式数据库系统中，尽量减少冗余度是该系统的目标之一。其原因是，冗余数据不仅浪费存储空间，而且容易造成各副本之间存在不一致性。而为了保证数据的一致性，集中式数据库系统要付出一定的维护代价。减少冗余度是通过数据共享实现的。而在分布式数据库系统中却希望增加冗余数据，因此在不同的场地存储同一数据的多个副本，其原因如下。①提高分布式数据库系统的可靠性、可用性。当某一场地出现故障时，分布式数据库系统可以对另一场地上的相同副本进行操作，不会因一处故障就使整个分布式数据库系统瘫痪。②提高系统性能。分布式数据库系统可以根据距离选择距离用户最近的数据副本进行操作，以减少通信代价，改善整个系统的性能。

1．分布式数据库系统的特点

1）分布透明性

分布透明性指用户不必关心数据的逻辑分区，不必关心数据物理位置分布的细节，不必关心重复副本（冗余数据）的一致性问题，也不必关心本地数据库支持哪种数据模型。分布透明性的优点是很明显的，有了分布透明性，用户的应用程序书写起来就如同数据没有分布一样。当数据从一个场地移到另一个场地时，用户不必改写应用程序，当增加某些数据的重复副本时，用户也不必改写应用程序。数据分布的信息由系统存储在数据字典中，用户对非本地数据的访问请求由系统根据数据字典予以解释、转换、传送。

2）复制透明性

用户不用关心数据库在网络中各个节点的复制情况，被复制的数据的更新全部由系统自动完成。在分布式数据库系统中，可以把一个场地的数据复制到其他场地并进行存放，应用程序可以使用复制到本地的数据在本地完成分布式操作，以避免通过网络传输数据，从而提高了系统的运行效率和查询效率。但是对于复制数据的更新操作，就要涉及对所有复制数据的更新。

3）易于扩展性

在大多数网络环境中，单个数据库服务器最终都不能满足使用需求。如果服务器软件支持透明的水平扩展，那么就可以增加多个服务器来进一步分布数据和分担处理任务。而分布式数据库可以方便地根据需要进行扩展。

2．分布式数据库系统的主要优点

分布式数据库系统的主要优点包括：具有灵活的体系结构；适应分布式的管理和控制机构；经济性能优越；系统的可靠性高、可用性好；局部应用的响应速度快；可扩展性好，易于集成现有系统。

3．分布式数据库系统的主要缺点

分布式数据库系统的主要缺点包括：系统开销大，特别是在通信部分；存取结构复杂；在集中式数据库系统中有效存取数据的技术，在分布式系统中都不再适用；数据的安全性和保密性较难处理。

4．分布式数据库系统的目标

分布式数据库系统的目标，也就是研制分布式数据库系统的目的、动机，包括技术和组织两方面的目标，主要有以下几点。

1）适应性

使用数据库的单位在组织上常常是分散的（如分为部门、科室、车间等），在地理位置上也是分散的。分布式数据库系统的结构符合部门分散的组织结构，允许各个部门对自己常用的数据存储在本地，在本地录入、查询、维护，实行局部控制。由于计算机资源靠近用户，因而可以降低通信代价，提高响应速度，使这些部门在使用数据库时更方便、更经济。

2）可靠性、可用性

改善系统的可靠性和可用性是分布式数据库的主要目标。将数据分布于多个场地，并增加适当的冗余度可以为系统实现更好的可靠性。对于一些可靠性要求较高的系统，这一点尤其重要。一个场地出现故障不会引起整个系统崩溃，因为故障所在场地的用户可以通过其他场地进入系统，而其他场地的用户可以由系统自动选择存取路径，并避开故障场地，利用其他数据副本执行操作，因此不会影响业务的正常运行。

3）利用率

提高现有集中式数据库系统的利用率。当在一个大企业或大部门中已建成若干个数据库后，为了利用相互的资源，并为了开发全局应用，就要研制分布式数据库系统。这种情况可称为自底向上的建立分布式系统。这种方法虽然也要对各现存局部数据库系统做某些改动、重构，但是与把这些数据库集中起来重建一个集中式数据库系统相比，无论从经济上还是从组织上考虑，分布式数据库均是较好的选择。

4）扩展性

当一个单位需要增加新的部门（如银行系统增加新的分行，工厂增加新的科室、车间）时，分布式数据库系统的结构为扩展系统的处理能力提供了较好的途径：在分布式数据库系统中增加一个新的节点。这样做比在集中式数据库系统中扩大系统规模要方便、灵活、经济得多。

在集中式数据库系统中扩大规模的常用方法有两种：一种是在设计之初留有较大的余地，但这种方式容易造成浪费，而且由于预测困难，设计结果仍有可能不适应情况的变化；另一种方法是系统升级，但这种方式会影响现有应用的正常运行，并且当升级涉及不兼容的硬件，或者系统软件需要进行重大修改时，通常会因为升级代价十分昂贵，而导致这种方法无法实现。分布式数据库系统能够方便地把一个新的节点纳入系统，且不影响现有系统的结构和正常运行，提供了逐渐扩展系统能力的较好途径，有时甚至是唯一的途径。

1.3.3　云数据库系统

云数据库是指被优化或部署到一个虚拟计算环境中的数据库，具有按需付费、按需扩展、高可用性及存储整合等特点。根据云数据库的类型，一般将其分为关系型数据库和非关系型数据库（NoSQL 数据库）。

云数据库不仅可以提供 WEB 界面以进行配置、操作数据库实例，还提供可靠的数据备份和恢复、完备的安全管理、完善的监控、轻松扩展等功能支持。相对于用户自建数据库，云数据库具有更经济、更专业、更高效、更可靠、简单易用等特点，使用户在使用时能够更专注于核心业务。

1．云数据库的优势

（1）按需定制：用户根据自己需求来使用云数据库，按需付费，并可根据需求变化进行扩展和压缩云数据库资源。

（2）轻松部署：用户能够在控制台轻松地完成数据库申请和创建，在几分钟内就可以将实例准备就绪并投入使用。用户可以通过云数据库系统提供的功能完善的控制台，对所有实例进行统一管理。

（3）高可靠：云数据库具有故障自动单点切换、数据库自动备份等功能，保证实例高可用和数据安全。云数据库免费提供 7 天数据备份，用户可将数据恢复或回滚至 7 天内任意备份点。

（4）低成本：用户在使用云数据库系统时所支付的费用远低于自建数据库所需的成本，用户可以根据自己的需求选择不同的套餐，使用较低的价格得到一整套专业的数据库支持服务。

2．云数据库的应用场景

（1）网络应用：网络应用由于数据量大、积累速度快、要求性能高、响应速度快等原因，成为推动数据库管理系统发展的主力军。云数据库系统为网站应用的发展壮大、性能提升、快速部署等提供强有力的保证。

（2）数据分析：随着大数据时代的到来，云数据库系统将成为用户在大数据时代把握时代数据脉搏，进行高效数据分析的得力助手。

（3）数据管理：云数据库系统作为云上的大型数据库服务，通过网络服务进行随时随地、简单方便的数据管理，并通过高可靠的架构确保数据安全。

（4）学习研究：云数据库系统使用简单、容易上手，无论是用于数据库应用教学，还是做相关研究都是较好的选择。

3．主流云数据库的类别

1）关系型数据库

（1）阿里云关系型数据库。

阿里云关系型数据库（Relational Database Service，RDS）是一种稳定可靠、可弹性伸缩的在线数据库服务。基于阿里云分布式文件系统和 SSD 盘高性能存储，RDS 支持 MySQL、SQL Server、PostgreSQL、PPAS（Postgre Plus Advanced Server，高度兼容 Oracle 数据库）和 Maria DBTX 引擎，并且提供了容灾、备份、恢复、监控、迁移等方面的全套解决方案，可以彻底解决数据库运维的烦恼。

（2）亚马逊 Redshift。

亚马逊 Redshift 采用一种分布式架构，实施分布式数据库，跨一个主节点和多个工作节点，将数据分布在多个节点上。通过使用 AW 管理控制台，管理员能够在集群内增加或删除节点，以及按实际需要调整数据库规模。所有的数据都存储在集群节点或机器实例中。

可以通过两种类型的虚拟机（密集存储型虚拟机和密集计算型虚拟机）实施 Redshift 集群。密集存储型虚拟机是专为大数据仓库应用而进行优化的，而密集计算型虚拟机为计算密集型分析应用提供了更多的 CPU。

（3）亚马逊关系型数据库服务。

亚马逊关系型数据库服务（RDS）是专为使用 SQL 数据库的事务处理应用而设计的。规模缩放和基本管理任务都可使用 AWS 管理控制台来实现自动化。AWS 可以执行很多常见的数据库管理任务，如备份。

2）非关系型数据库（NoSQL）

（1）云数据库 MongoDB 版。

云数据库 MongoDB 版基于飞天分布式系统和高可靠存储引擎，采用高可用架构。云数据库 MongoDB 版提供容灾切换、故障迁移透明化、数据库在线扩容、备份回滚、性能优化等功能。

云数据库 MongoDB 版支持灵活的部署架构，针对不同的业务场景提供不同的实例架构，包括单节点实例、副本集实例及分片集群实例。

（2）亚马逊 DynamoDB。

DynamoDB 是亚马逊公司的 NoSQL 数据库产品。其数据库还可与亚马逊 Lambda 集成，以帮助管理人员对数据和应用的触发器进行设置。DynamoDB 特别适用于具有大容量读写操作的移动应用。

1.4　数据模型

利用模型对事物进行描述是人们在认识和改造世界过程中广泛采用的一种方法。模型可更形象、直观地揭示事物的本质特征，使人们对事物有一个更加全面、更加深入的认识，从而可以帮助人们更好地解决问题。计算机不能直接处理现实世界中的客观事物，而数据库系统正是使用计算机技术对客观事物进行管理的，因此就需要对客观事物进行抽象、模拟，以建立适合数据库系统进行管理的数据模型。数据模型是对现实世界数据特征的模拟和抽象。

数据模型是数据库中用来对现实世界进行抽象的工具，是数据库中用于提供信息表示和操作手段的形式构架。数据模型是数据库系统的核心和基础。

数据模型描述了在数据库中结构化数据和操纵数据的方法，模型的结构部分规定了数据如何被描述（如树、表等）。模型的操纵部分规定了数据的添加、删除、显示、维护、打印、查找、选择、排序和更新等操作。

1.4.1　数据模型的内容、类型和分类

1. 数据模型的内容

数据模型应满足三方面要求：一是能较好地模拟现实世界；二是容易为人所理解；三是便于在计算机中实现。一种数据模型要很好地、全面地满足这三方面要求目前还很难实现。因此，在数据库系统中针对不同的使用对象和应用目的，应采用不同的数据模型。如同在建筑设计和施工的不同阶段需要不同的图纸一样，在开发和实施数据库应用系统的过程中也需要使用不同的数据模型。

数据模型是数据特征的抽象，是研究、应用与学习数据库技术的基础内容与基本手段，是数据库技术的核心，是最能表现数据库技术特色的内容之一。随着数据库技术自身的发展，数据模型也经历了相应的发展演变过程，传统的数据模型在不断完善，新的数据模型不断涌现。

数据模型所描述的内容包括三个部分：数据结构、数据操作、数据约束。

（1）数据结构：数据模型中的数据结构主要描述数据的类型、内容、性质及数据间的联系等。数据结构是数据模型的基础，数据操作和数据约束都建立在数据结构上。不同的数据结构具有不同的数据操作和数据约束。

（2）数据操作：数据模型中的数据操作主要用于描述在相应的数据结构上的操作类型和操作方式。对数据库的操作主要有数据更新（包括插入、修改、删除）和数据查询两大类。

（3）数据约束：数据模型中的数据约束主要描述数据结构内数据间的语法、词义联系、它们之间的制约和依存关系，以及数据动态变化的规则，以保证数据的正确、有效和相容。

2．层次类型

数据模型按不同的应用层次分为三种类型：概念数据模型、逻辑数据模型、物理数据模型。

（1）概念数据模型（Conceptual Data Model），是一种面向用户、面向客观世界的模型，主要用来描述世界的概念化结构。搭建概念数据模型是数据库的设计人员在设计的初始阶段，摆脱计算机系统及 DBMS 的具体技术问题，集中精力分析数据及数据之间的联系等的重要手段，与具体的数据库管理系统无关。概念数据模型必须更换成逻辑数据模型，才能在 DBMS 中实现。在概念数据模型中最常用的是 E-R 模型、扩充的 E-R 模型、面向对象模型及谓词模型。

（2）逻辑数据模型（Logical Data Model），是一种面向数据库系统的模型，是具体的 DBMS 所支持的数据模型，如网状数据模型（Network Data Model）、层次数据模型（Hierarchical Data Model）等。逻辑数据模型既要面向用户，又要面向系统，主要用于实现数据库管理系统。

（3）物理数据模型（Physical Data Model），是一种面向计算机物理表示的模型，用于描述数据在储存介质上的组织结构。物理数据模型不但与具体的 DBMS 有关，而且还与操作系统及硬件有关。每一种逻辑数据模型在实现时都有其对应的物理数据模型。DBMS 为了保证其独立性与可移植性，大部分物理数据模型的实现工作由系统自动完成，而设计者只设计索引、聚集等特殊结构。

3．分类

数据发展过程中产生过三种基本的数据模型，它们是关系模型、层次模型和网状模型。这三种模型都是按其数据结构命名的。前两种模型采用格式化结构。在格式化结构中实体用记录型表示，而记录型则抽象为图的顶点。记录型之间的联系抽象为顶点间的连接弧。整个数据结构与图相对应。其中，层次模型的基本结构是树形结构；网状模型的基本结构是一个不加任何限制条件的无向图。

1.4.2 关系模型

关系模型为非格式化的结构，用单一的二维表的结构表示实体及实体之间的联系。关系模型是目前常用的数据库模型。

在关系模型中，以记录组或数据表的形式组织数据，以便利用各种实体与属性之间的关系进行存储和变换。关系模型中既不分层也无指针，是建立空间数据和属性数据之间关系的一种非常有效的数据组织方法。

在关系模型中，数据的逻辑结构是一张二维表。

在数据库中，满足下列条件的二维表称为关系模型：

- 每一列中的分量是类型相同的数据；
- 列的顺序可以是任意的；
- 行的顺序可以是任意的；
- 表中的分量是不可再分割的最小数据项，即表中不允许有子表；
- 表中任意两行的内容不能完全相同。

关系数据库采用关系模型作为数据的组织方式。关系数据库因其严格的数学理论、使用简单灵活、数据独立性强等特点，被公认为是最有前途的一种数据库管理系统。关系数据库的发展十分迅速，目前已成为占据主导地位的数据库管理系统。自 20 世纪 80 年代以来，作为商品推出的数据库管理系统几乎都是关系型的，如 Oracle、Sybase、Informix、Visual FoxPro、MySQL、SQL Server 等。

只有满足一定条件的关系模式，才能避免出现操作异常。关系模型范式（简称范式）指的是关系模式要满足的条件，即规范化形式。关系数据库有六种范式：第一范式（1NF）、第二范式（2NF）、第三范式（3NF）、巴斯-科德范式（BCNF）、第四范式（4NF）和第五范式（5NF，又称完美范式）。下面由低级向高级简单介绍四种范式。

1．第一范式（1NF）

在关系模式 R 的每一个具体关系 r 中，如果每个属性值都是不可能再分割的最小数据单元，则称 R 属于第一范式，记为 R∈1NF。1NF 是关系数据库能够保存数据并且能够正确访问数据的最基本条件。

2．第二范式（2NF）

若 R∈1NF，且 R 中的所有非主属性都完全函数依赖于任意一个候选关键字，则称 R 属于第二范式，记为 R∈2NF。

3．第三范式（3NF）

如果 R（U, F）中所有非主属性对任何候选关键字都不存在传递依赖，则称 R 属于第三范式，记为 R∈3NF。

4．BCNF

如果 R 属于 1NF，且对任何非平凡依赖的函数依赖 $X \rightarrow Y$（$Y! \rightarrow X$），其中 X 均包含码，则记为 R∈BCNF。若 R 是 BCNF 则一定是 3NF；反之则不成立。

一个低级范式的关系模式，可以通过分解方法转换成若干个高一级范式的关系模式的集合，也可以说，任何一个高级的范式，总能够满足低级的范式。

1.4.3 层次模型

层次模型将数据组织成为一对多关系的结构，用树形结构表示实体及实体间的联系。

若用图来表示层次模型，则是一棵倒立的树。在数据库中，满足以下条件的数据模型称为层次模型：

- 有且仅有一个节点无父节点，这个节点称为根节点；
- 其他节点有且仅有一个父节点。

根据层次模型的定义可知，这是一个典型的树型结构。节点层次从根开始定义，根为第一层，根的子节点为第二层，根为其子节点的父节点，同一父节点的子节点称为兄弟节点，没有子节点的节点称为叶节点。

1．层次模型的主要优点

层次模型本身比较简单，层次模型对具有一对多的层次关系的模型描述得非常自然、直观。

2．层次模型的主要缺点

在现实世界中有很多的非层次性的联系，如多对多的联系、一个节点具有多个父节点等，层次模型表示这类联系的方法很笨拙，对于插入和删除操作的限制比较多，在查询子节点时必须经过父节点。由于层次模型的结构严密，因此层次命令趋于程序化。

1.4.4 网状模型

网状模型采用连接指令或指针来确定数据间的网状连接关系，是具有多对多类型的数据组织方式。

在现实世界中，事物之间的联系多为非层次关系，用层次模型表示非树型结构是很不直接的，然而网状模型则可以克服这一弊病。网状模型是一种网络。在数据库中，满足以下两个条件的数据模型称为网状模型：

- 允许一个以上的节点无父节点；
- 一个节点可以有多于一个的父节点。

从以上定义看出，网状模型构成了比层次结构更复杂的网状结构。

1．网状模型的主要优点

网状模型能够更为直接地描述现实世界，如一个节点可以有多个父节点，节点之间可以有多种联系等。网状模型具有良好的性能，存取效率较高。

2．网状模型的主要缺点

网状模型结构比较复杂，不利于最终用户掌握。网状模型的定义语音及操作语言复杂，并且要嵌入某一种高级语言中，用户不易掌握。由于记录之间的联系是通过存取路径实现的，并且应用程序在访问数据时必须选择适当的存取路径，因此用户必须了解系统结构的细节。

1.4.5 面向对象模型

传统数据模型在表示图形、图像、声音等多媒体数据，以及空间数据、时态数据和超文本数据等复杂数据时，已明显表现出其建模能力的不足。为了适应这类应用领域的需要，产生了面向对象模型。

面向对象模型是以面向对象观点来描述实体的逻辑组织、对象间限制、联系等的模型。该模型将客观事物（实体）模型转化为对象，且每一种对象都有一个唯一标识。

1．面向对象模型的基本思想

面向对象模型通过对问题域进行自然分割，以更接近人的思维方式建立问题域的模型，并进行结构模拟和行为模拟，从而使软件尽可能直接地表现问题的求解过程。面向对象方法以接近人类思维方式的思想将客观世界的实体模型化为对象，每种对象都有各自的内部状态和运动规律，不同对象之间的相互作用和联系构成各种不同系统。

2．面向对象模型的特点

（1）抽象性。抽象是指忽略对象中与主旨无关或暂不关注的部分，只关注其核心属性和行为。抽象是从具体到一般化的过程。

（2）封装性。封装是指利用抽象数据类型将数据和操作封装在一起，使数据被保护在抽象数据类型的内部，系统的其他部分只能通过被授权的操作与抽象数据类型交互。

（3）继承性。继承是对现实世界中遗传关系的直接模拟。继承是一类对象可继承另一类对象的特性和能力，继承不仅可以把父类的特征传给中间子类，还可以向下传给中间子类的子类。

（4）多态性。多态是指同一消息被不同对象接收时可解释为不同的含义。相同的操作可作用于多种类型的对象，并且能够获得不同的结果。

1.4.6　模型发展

传统的层次模型、网状模型与关系模型已发展了多年，并已取得了很好的理论研究成果与数据库产品，特别是关系模型，几乎是近年来整个数据模型领域的重要支撑，是现代管理信息系统数据存储处理的关键所在。

随着数据库应用领域的进一步拓展与深入，传统的数据模型已逐渐不能满足实际工作对数据处理的需要。而对于对象数据、空间数据、图像与图形数据、声音数据、关联文本数据及海量仓库数据等的出现，传统数据库在建模、语义处理、灵活度等方面都无法适应。为满足发展需要，数据模型向多样化发展，主要表现在以下几个方面。

1．传统关系模型的扩充

关系模型目前仍是管理信息系统最重要的支撑模型，在此基础之上，已引入新的手段，使之能表达更加复杂的数据关系，扩大其实用性，提高建模能力。从总体上看，扩充一般在两个方面进行：一是实现关系模型嵌套，这种方式可以实现"表中表"这类较为复杂的数据模型；二是语义扩充，如支持关系继承及关系函数等。

2．面向对象数据模型

面向对象（Object-Oriented）思维方式已广泛应用于程序设计语言领域。在数据模型领域，面向对象模型也在被快速地引入并持续发展。传统的关系模型等在存储数据时，并不能客观地反映数据所代表的现实事物的内在联系与逻辑关系，也较难在设计上与面向对象程序开发语言无缝结合。面向对象模型用面向对象的思维方式与方法来描述客观实体，在继承关系数据库系统的已有的优势特性基础之上，支持面向对象建模，支持对象存取与持久化，支持代码级面向对象数据操作，是现在较为流行的新型数据模型。

3．XML 数据模型

XML 的中文意思是可扩展标记语言，是标准通用标记语言的子集，是一种自描述的标记语言系统。XML 数据模型提供统一的方法来描述和交换独立于应用程序或用户的数据，适合于跨平台与跨语言的数据交换。XML 数据模型采用树形结构模式，因此 XML 数据模型同时具有层次模型与关系模型的一些特征。XML 数据模型现在已成为互联网数据交换的事实标准，W3C 已发布了多个有关 XML 数据模型的参考标准，几乎所有的数据库系统都已支持对XML 数据模型的存储与处理。XML 数据模型应用领域广泛，已从数据交换领域发展到数据存储与业务描述领域。在医疗信息化方面，电子病历与电子健康档案交换与共享标准都采用 XML 数据模型。

4．发展新的数据模型

新的数据模型在数据构造器与数据处理原语上都有了更新的突破。比较典型的有函数数据模型（FDM）、语义数据模型（SDM）等。但由于这些新的数据模型较为复杂，所需的解决技术尚在发展过程中，所以在应用领域中还处于理论研究阶段，但其思路与方向，可代表数据库在数据模型方面的发展方向。

1.5 数据模型的描述方法

E-R 模型，全称为实体联系模型、实体关系模型或实体联系模式图（Entity Relationship Diagram，ERD），由美籍华裔计算机科学家陈品山发明，是概念数据模型的高层描述所使用的数据模型或模式图。

E-R 模型常用于信息系统设计中。例如，在概念结构设计阶段，用来描述信息需求或需要存储在数据库中的信息的类型。数据建模技术可以用来描述特定区域（感兴趣的区域）的任何本体（对使用的术语和它们的联系的概述和分类）。

1.5.1 模型结构

一般意义上的模型的表现形式可以分为物理模型、数学模型、结构模型和仿真模型。

图模型是由点和线组成的用以描述系统的图形。图模型属于结构模型，可用于描述自然界和人类社会中的大量事物和事物之间的关系。在建模中采用图模型可利用图论作为工具。按图的性质进行分析为研究各种系统，特别是复杂系统提供了一种有效的方法。构成图模型的图形不同于一般的几何图形。例如，图形的每条边可以被赋予权，组成加权图。权可取一定数值，用以表示距离、流量、费用等。加权图可用于研究电网络、运输网络、通信网络及运筹学中的一些重要课题。图模型被广泛应用于自然科学、工程技术、社会经济和管理等方面。

常用的 E-R 模型属于图模型。通常，把面向对象的方法和数据库技术结合起来，就可以使数据库系统的分析和设计最大程度地与人们对客观世界的认识相一致。

数据库概念模型实际上是现实世界到机器世界的一个中间层次。数据库概念模型用于信息世界的建模，是现实世界到信息世界的第一层抽象，是数据库设计人员进行数据库设计的有力工具，也是数据库设计人员和用户之间进行交流的语言。建立数据库概念模型，就是从数据的观点出发，观察系统中数据的采集、传输、处理、存储、输出等过程，经过分析、总结后建立起来的一个逻辑模型，它主要是用于描述系统中数据的各种状态。数据库概念模型不关心具体的实现方式（比如，如何存储）和细节，而主要关心数据在系统中的各个处理阶段的状态。实际上，数据流图也就是一种数据库概念模型。

1.5.2 E-R 图

1．分类

E-R 模型的构成成分包括实体集、属性和联系，其表示方法如下。

（1）实体集用矩形框表示，矩形框内标注实体名。

（2）实体的属性用椭圆框表示，框内标注属性名，并用无向连线与其实体集相连。

（3）实体间的联系用菱形框表示，联系以适当的含义命名，联系的名称标注在菱形框中，用无向连线将参加联系的实体的矩形框分别与菱形框相连，并在连线上标明联系的类型，即 1∶1、1∶N 或 M∶N。

E-R 模型也称 E-R 图。需要注意的是，若一个联系具有属性，则这些属性也要用无向连线与该联系连接起来。

2．组成

E-R 图由实体、属性和联系组成。

（1）实体。实体是一个数据的使用者，代表软件系统中客观存在的生活中的实物，如人、动物、物体、列表、部门、项目等。同一类实体构成一个实体集，实体的内涵用实体类型来表示，实体类型是对实体集中实体的定义。

（2）属性。实体中的所有特性称为属性，如用户的姓名、性别、住址、电话等。实体标识符是指在一个实体中，能够唯一表示实体的属性和属性集的标示符。但一个实体只能使用一个实体标识符来标明，实体标识符也就是实体的主键。在 E-R 图中，实体所对应的属性用椭圆形的符号线框表示出来，添加了下画线的名称即标识符。

（3）联系。在现实世界中，实体不会是单独存在的，实体和其他的实体之间有着千丝万缕的联系。例如，某人在公司的某个部门工作，其中的实体有"某个人"和"公司的某个部门"，它们之间有着很多的联系。

3．原则

若要从数据需求分析中分析出系统的实体属性图，则需要遵循三范式原则，从而可以对实体之间的依赖关系进行整合，以得出系统 E-R 图。

在系统 E-R 图中，菱形表示实体之间的关系，用矩形表示实体，用无向连线连接菱形与有关实体，在连线上标明联系的类型。用椭圆表示实体的属性，实体与属性的联系用无向连线表示。

实体（Entity）用来表示一个离散对象。实体可以被（粗略地）认为是名词，如计算机、雇员、歌曲、数学定理等。联系描述了两个或更多实体相互如何关联。联系可以被（粗略地）认为是动词，如在公司和计算机之间的拥有联系，在雇员和部门之间的管理联系，在演员和歌曲之间的表演联系，在数学家和定理之间的证明联系。

实体和联系都可以拥有属性，如雇员实体可以有一个社保号码属性。属性绘制为椭圆形并通过一条无向连线与所属的实体相连。每一个实体（除非是弱实体）都必须有一个唯一标识属性的最小化集合。这个集合叫作实体的主键。

实体联系图不展示单一的实体或联系的单一的实例。它们展示实体集合和联系集合，如特定的歌曲是实体，在数据库中所有歌曲的搜集是一个实体集合。

无向连线绘制于实体集合和它们所参与的联系集合之间。若在实体集合中，所有实体都必须在联系集合中参与一个联系，则绘制一条粗线，这叫作参与约束。若实体集合中的每一个实体可以在联系集合中参与最多一个联系，则绘制一个从这个实体集合到联系集合的箭头，这叫作键约束。若要指示在实体集合中每一个实体都必须精确地参与一个联系，则绘制一个粗箭头。

弱实体是指不能用它自己的属性唯一标识的实体，所以必须用它自己的属性和与之有关的实体的主键共同作为它的主键。弱实体集合为粗矩形（实体），通过一个粗箭头把它连接到一个粗菱形（联系）上。

有时两个实体是一个更一般的实体类型的更特殊化的子类型。例如，程序员和营销员都是软件公司的雇员类型。若要指示这种联系，则需要绘制其中带有 ISA 标志的三角形。超类连接到顶点上而两个（或更多）子类连接到底边上。

通过聚集，一个联系和所有它的参与实体集合可以被当作一个单一的实体集合，目的是让该联系可以参与另一个联系。此时，这可以指示为在所有聚集的实体和联系之外绘制一个虚矩形。

例如，在选课系统中，学生是一个实体集，有学号、班级、姓名、性别、出生日期等属性；课程也是一个实体集，有课程号、课程名、学时等属性。把选课看作一个多对多的联系，具有成绩属性，用 E-R 图表示它们之间的联系，如图 1-9 所示，表示一个学生可以选修多门课程，同时一门课程可以被多名学生选修。

数据库技术是计算机科学发展最为迅速的领域之一。自 20 世纪 70 年代初以来，数据库理论逐步成熟起来，现已成为计算机软件领域的一个独立分支，并且还在不断地发展和完善。数据库可以看作一个存储数据对象的容器，在 MySQL 中，这些数据库对象包括表、视图、索引、存储过程、用户定义函数和触发器等。

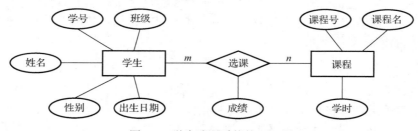

图 1-9　学生选课系统的 E-R 图

本章小结

1．数据管理技术包括以下发展阶段：人工管理阶段，没有操作系统，没有管理数据的软件，采用批处理的方式处理数据；文件系统阶段，操作系统中包含专门管理数据的文件系统；数据库系统阶段，使用数据库管理系统来统一管理数据。其中，数据库管理系统的结构简单，使用方便，逻辑性强，物理性少，在各方面的表现都最好，占据数据库领域的主导地位。

2．数据库是长期存储在计算机内，有组织的、大量的、共享的数据集，可以供各种用户共享，具有最小冗余度和较高的数据独立性。

3．数据库系统的结构有集中式、分布式和云模式。

4．数据库管理系统在数据库建立、运用和维护时对数据库进行统一控制，以保证数据的完整性、安全性，并在多用户同时使用数据库时进行并发控制，在发生故障后对数据库进行恢复。

5．数据模型有关系模型、层次模型、网状模型及面向对象模型。

6．数据模型所描述的内容包括三个部分：数据结构、数据操作、数据约束。数据模型按不同的应用层次分为三种类型：概念数据模型、逻辑数据模型、物理数据模型。

7．关系数据库有六种范式：第一范式（1NF）、第二范式（2NF）、第三范式（3NF）、巴斯-科德范式（BCNF）、第四范式（4NF）和第五范式（5NF，又称完美范式）。

8．数据的独立性包括物理独立性和逻辑独立性。

9．E-R 模型是用 E-R 图来描述现实世界的概念模型。

10．E-R 图提供了表示实体型、属性和联系的方法。实体型用矩形表示，属性用椭圆形表示，联系用菱形表示。

习题

1．在数据管理技术的发展过程中，经历了人工管理阶段、文件系统阶段和数据库系统阶段。在这几个阶段中，数据独立性最高的是_____阶段。

A．数据库系统　　　　B．文件系统　　　　C．人工管理　　　　D．数据项管理

2．数据库系统与文件系统的主要区别是_____。

A．数据库系统复杂，而文件系统简单

B．文件系统不能解决数据冗余和数据独立性问题，而数据库系统可以解决

C．文件系统只能管理程序文件，而数据库系统能够管理各种类型的文件

D．文件系统管理的数据量较少，而数据库系统可以管理庞大的数据量

3．数据库的概念模型独立于_____。

A．具体的机器和 DBMS　　　　　　　　B．E-R 图

C．信息世界　　　　　　　　　　　　　D．现实世界

4．数据库是在计算机系统中按照一定的数据模型组织、存储和应用的_____。

A．文件的集合　　　　B．数据的集合　　　　C．命令的集合　　　　D．程序的集合

5．支持数据库各种操作的软件系统叫作_____。

A．命令系统　　　　B．数据库管理系统　　　　C．数据库系统　　　　D．操作系统

6．由计算机、操作系统、DBMS、数据库、应用程序及用户等组成的一个整体叫作_____。

A．文件系统　　　　　　　　　　　　　B．数据库系统

C．软件系统　　　　　　　　　　　　　D．数据库管理系统

7．数据库的基本特点是_____。

A．（1）数据可以共享（或数据结构化）；（2）数据独立性；
　　（3）数据冗余度大，易移植；（4）统一管理和控制

B．（1）数据可以共享（或数据结构化）；（2）数据独立性；
　　（3）数据冗余度小，易扩充；（4）统一管理和控制

C．（1）数据可以共享（或数据结构化）；（2）数据互换性；
　　（3）数据冗余度小，易扩充；（4）统一管理和控制

D．（1）数据非结构化；（2）数据独立性；
　　（3）数据冗余度小，易扩充；（4）统一管理和控制

8．数据库具有_____、最小的冗余度和较高的程序与数据独立性。

A．程序结构化　　　　B．数据结构化　　　　C．程序标准化　　　　D．数据模块化

9．数据库系统的核心是_____，它统一管理和控制数据。

A．数据库管理系统　　B．数据模型　　　　　　C．数据库　　　　　　D．软件工具

10．数据的物理独立性是指_____。

A．用户程序与数据库管理系统是相互独立的

B．用户的应用程序与存储在磁盘上数据库中的数据是相互独立的

C．应用程序与数据库中数据的逻辑结构是相互独立的

D．数据库与数据库管理系统是相互独立的

习题答案

第 2 章　关系数据库理论

学习目标

本章中，你将学习：

- 关系模型的基本概念和性质
- 关系完整性
- 关系数据库的规范化
- MySQL 的功能及特点
- MySQL 的安装和配置
- MySQL 管理工具

在计算机的三大主要应用领域（科学计算、数据处理和过程控制）中，数据处理的应用最为广泛。数据库技术是作为数据处理的一门技术而发展起来的。在目前常见的大型关系数据库管理系统中，MySQL 是较为常用的一种。MySQL 由瑞典 MySQL AB 公司开发，自 1995 年首次发布以来，已经经历了多个版本的更新和升级。1995 年，MySQL 1.0 版本发布，该版本支持基本的 SQL 语句，但是还不能支持事务和外键等高级特性。1996 年，MySQL 3.0 版本发布，这个版本引入了事务和外键等高级特性。1998 年，MySQL 3.21 版本发布。1999 年，MySQL 3.22 版本发布。2000 年，MySQL 3.23 版本发布，这个版本引入了很多新特性，如支持多语言、索引优化和查询优化等。2003 年，MySQL 4.1 版本发布。2005 年，MySQL 5.0 版本发布，该版本引入了很多新特性，如存储过程、视图、触发器和游标等。2008 年，MySQL 5.1 版本发布。2008 年 1 月，MySQL AB 公司被 Sun 公司收购。2009 年 4 月，Oracle 公司收购 Sun 公司。2010 年，MySQL 5.5 版本发布。2012 年，MySQL 5.6 版本发布，该版本引入了新的特性，如全文索引、GTID 和多线程复制等。2016 年 9 月，MySQL 8.0 首个开发版发布，增加了数据字典、账号权限角色表、InnoDB 增强、JSON 增强等功能。Oracle 宣称该版本的运行速度是 MySQL 5.7 版本的两倍，性能更好。2018 年 4 月，MySQL 8.0 首个 GA 正式版 8.0.11 发布。

2.1 关系数据库

2.1.1 关系模型的基本概念

数据处理是当前计算机的主要应用领域之一，可以说，只要有管理的地方就需要进行数据处理。数据库技术是作为一门数据处理技术发展起来的，其所研究的问题就是如何科学地组织和存储数据，以及如何高效地获取和处理数据。

在数据处理过程中，由于计算机不能直接处理现实世界中的具体事物，因此人们必须首先将具体事物转换为计算机能够处理的数据，然后在数据库中用数据模型来抽象、表示和处理现实世界中的数据。数据库是模拟现实世界中某个应用环境（一个企业、单位或部门）所涉及的数据的集合，它不仅要反映数据本身的内容，而且还要反映数据之间的联系。为了把现实世界中的具体事物抽象并组织为某一数据库管理系统（DBMS）所支持的数据模型，就需要在实际的数据处理过程中，首先将现实世界的事物及联系抽象成为信息世界的信息模型，然后再抽象成为计算机世界的数据模型。因此，在数据处理中，数据加工需要经历现实世界、信息世界和计算机世界这三个不同的世界，并需要完成两级抽象和转换。

数据模型的好坏直接影响数据库的性能。选择合适的数据模型是设计数据库的首要任务。目前最常用的数据模型有层次模型（Hierarchical Model）、网状模型（Network Model）和关系模型（Relational Model）。这三种数据模型的区别是数据结构不同，即数据之间联系的表示方式不同。层次模型用"树结构"来表示数据之间的联系；网状模型用"图结构"来表示数据之间的联系；关系模型用"二维表"来表示数据之间的联系。

基于关系模型的关系数据库已成为应用最广泛的数据库系统，它以关系数据模型来组织数据，以关系代数为基础处理数据库中的数据。例如，现在广泛使用的小型数据库系统 Access，大型数据库系统 Oracle、Informix、MySQL、SQL Server 等都是关系数据库系统。本章主要针对关系数据库系统进行叙述。

关系模型是用二维表格结构来表示实体及实体之间联系的模型。关系模型由关系数据结构、关系操作、关系完整性三部分组成。

2.1.2　关系数据结构

关系模型的基本数据结构就是关系，下面给出关系模型中的一些基本概念。

- 关系（Relation）：一个关系对应一张二维表，每一个关系都有一个关系名。在 SQL Server 中，一个关系就是一个表文件。
- 元组（Tuple）：二维表中水平方向的一行，有时也叫作一条记录。
- 属性（Attribute）：二维表中垂直方向的一列，相当于记录中的一个字段。
- 关键字（Key）：可唯一标识元组的属性或属性集，也称关系键、主码或主关键字。
- 域（Domain）：属性的取值范围，如性别的域是（男，女）。
- 分量：每一行对应的列的属性值，即元组中的一个属性值。
- 关系模式：对关系的描述，也就是关系包含了哪些属性，一般表示为关系名（属性 1，属性 2，…，属性 n）。

表 2-1 是一名学生基本情况关系 s。其中，一行是一条学生记录，是关系的一个元组。sno（学号）、sn（姓名）、sex（性别）、age（年龄）、entrancescore（入学成绩）、dept（院系）等均是属性。其中，学号是唯一识别一条记录的属性，称为关键字。

表 2-1　学生基本情况关系 s

sno	sn	sex	age	entrancescore	dept
1172220001	张三	男	19	560	经管院
1172220110	李四	男	20	572	能动院
1172220220	王五	女	20	558	电院

学生基本情况的关系模式可记为 s（sno，sn，sex，age，entrancescore，dept）。

同样，表 2-2 和表 2-3 分别为课程关系 c 和选课关系 sc。在课程关系 c 中，cno（课程号）、cn（课程名）、ct（课时）等均是属性。在选课关系 sc 中，sno（学号）、cno（课程号）、score（成绩）等均是属性。

表 2-2　课程关系 c

cno	cn	ct
C01	数学	48
C02	英语	64

表 2-3　选课关系 sc

sno	cno	score
1172220001	C01	48
1172220110	C02	64

从各个关系的框架中，可以很容易看出哪两个关系之间有联系。例如，课程关系和选课关系有公共的属性 cno（课程号），表明这两个关系有联系。至于元组之间的联系，则与具体的数据有关。只有在公共属性上具有相同属性值的元组之间才有联系。

可以看出，在一个关系中可以存放两类信息：一类是描述实体本身的信息；另一类是描述实体（关系）之间的联系的信息。所以，在建立关系模型时，只要用关系框架来表示所有的实体及其属性，同时也用关系框架来表示实体之间的关系，就可以得到一个关系模型，如下所示。

在关系模型中，实体是用关系来表示的，如：

学生关系 s（sno，sn，sex，age，dept）；

课程关系 c（cno，cn，ct）。

实体间的联系也是用关系来表示的，如学生和课程之间的关系—选课关系 sc（sno，cno，score）。

2.1.3　关系操作

关系模型中常用的关系操作包括两大类：一类是查询操作；另一类是插入、删除、修改操作。

在早期关系模型中，通常用关系代数和关系演算表达查询要求。关系代数是用对关系的代数运算来表达查询要求的方式。关系代数大致可以分为两类：一类是传统的集合运算，包括并、交、差和笛卡儿积 4 种；另一类是专门的关系运算，包括选择、投影和连接三种基本的关系运算。而关系演算是用谓词来表达查询要求的方式。结构化查询语言（SQL）是一种介于关系代数和关系演算的语言。

2.1.4　关系完整性

为了维护数据库中数据与现实世界的一致性，对关系数据库的插入、删除和修改操作必须有一定的约束条件，这就是关系模型的关系完整性。关系完整性可以分为三类，包括实体完整性、参照完整性、用户定义完整性。

1．实体完整性（Entity Integrity）

实体完整性是指主关系键的值不能为空或不能部分为空。关系模型中的一个元组对应一个实体，一个关系则对应一个实体集。例如，一条学生记录对应一名学生，学生关系对应学生的集合。现实世界中的实体是可被区分的，即它们具有某种唯一性标识。与此相对应，关系模型中以主关系键来唯一标识元组。例如，学生关系中的属性"学号"可以唯一标识一个元组，也可以唯一标识学生实体。

若主关系键中的值为空或部分为空，即主属性为空，则不符合关系键的定义条件，不能唯一标识元组及与其相对应的实体。这就说明存在不可区分的实体，从而与现实世界中的实体是可以被区分的事实相矛盾。因此，主关系键的值不能为空或不能部分为空。例如，学生关系中的主关系键"学号"不能为空；选课关系中的主关系键"学号+课程号"不能部分为空。

2．参照完整性（Referential Integrity）

若关系 R2 的外部关系键 X 与关系 R1 的主关系键相符，则 X 的每个值或者等于 R1 中主关系键的某一个值，或者取空值。这样，R2 的外部关系键和 R1 中的主关系键就构成了参照完整性。主关系键与外部关系键总是相互联系的，主关系键所在的表称为主表或父表，外部关系键所在的表称为从表或子表。

例如，属性 dept 是院系关系 d 的主关系键，同时也是学生基本情况关系 s 的外部关系键。如表 2-4 和 2-5 所示，依照参照完整性，学生基本情况关系 s 中的某名学生的院系属性 dept 的取值要么在参照的院系关系 d 中主关系键 dept 的值中能够找到，要么院系属性 dept 取空值，即表示该学生尚未分配到任何一个系。如果存在这两种情况之外的情况，就表示把学生分配到了一个不存在的院系中。

表 2-4　学生基本情况关系 s

sno	sn	sex	age	dept
1172220001	张三	男	19	经管院
1172220110	李四	男	20	能动院
1172220220	王五	女	20	电院

表 2-5　院系关系 d

dept	daddress	dphone
电院	教一楼	1567
能动院	教二楼	2345
经管院	教三楼	3789

3．用户定义完整性

用户定义完整性是针对某一具体关系数据库的约束条件。它反映某一具体应用所涉及的数据必须满足的语义要求。例如，属性值根据实际需要，要具备一些约束条件，如选课关系中成绩不能为负数；又如学生的年龄定义为两位整数，范围还太大，可以写为如下规则，把年龄限制在 15~30 岁：CHECK（AGE　BETWEEN　15　AND　30）。

2.1.5　关系数据库的规范化

E.F.Codd 于 1971 年提出规范化理论。第 1 章也提到过，关系数据库有六种范式：第一范式（1NF）、第二范式（2NF）、第三范式（3NF）、巴斯-科德范式（BCNF）、第四范式（4NF）和第五范式（5NF，又称完美范式）。满足最低要求的范式是第一范式（1NF）。在第一范式的基础上进一步满足更多规范要求的称为第二范式（2NF），其余范式依此类推。一般来说，数据库只需满足第三范式（3NF）就行了。范式表示的是关系模式的规范化程序，即满足某种约束条件的关系模式，根据满足的约束条件的不同来确定范式。

通常只用到前三种，如表 2-6 所示。

表 2-6　规范化模式

范　式	约　束　条　件
第一范式（1NF）	元组中每一个分量都必须是不可分割的数据项
第二范式（2NF）	不仅满足第一范式，而且还需要所有非主属性都完全依赖于其主码
第三范式（3NF）	不仅满足第二范式，而且它的任何一个非主属性都不传递于任何主码

第一范式表中的列单一，不可再分。表 2-7 表示的关系不符合第一范式的关系，这是因为选修课属性可分割为选修课程号、选修课程名称。

表 2-7　不符合第一范式的关系

学　号	姓　名	性　别	年　龄	院　系	电　话	选　修　课	
						选修课程号	选修课程名
1172220001	张三	男	19	经管院	3789	C01	高等数学
1172220001	张三	男	19	经管院	3789	C02	大学英语
1172220110	李四	男	20	能动院	2345	C01	高等数学
1172220330	乔米	女	20	电院	1567	C04	电力市场

可将其转化为符合第一范式的关系，如表 2-8 所示。

表 2-8 符合第一范式的关系

学　　号	姓　　名	性　别	年　龄	院　　系	电　话	选修课程号	选修课程名
1172220001	张三	男	19	经管院	3789	C01	高等数学
1172220001	张三	男	19	经管院	3789	C02	大学英语
1172220110	李四	男	20	能动院	2345	C01	高等数学
1172220330	乔米	女	20	电院	1567	C04	电力市场

表 2-8 中的关系满足第一范式，但不满足第二范式。在表 2-8 中，"学号"和"选修课程号"共同组成主关键字，"姓名""性别""年龄""选修课程名"是非主属性。非主属性（姓名、性别、年龄、选修课程名）不完全依赖于由"学生"和"选修课程号"组成的主关键字。其中，"姓名""性别""年龄"只依赖于主关键字的一个分量——"学号"，而"选修课程名"只依赖于主关键字的另一个分量——"选修课程号"。这种关系会引发下列问题。

（1）数据冗余：当某名学生选择了多个选修课程时，必须有多条记录，而这在这些多条记录中，该名学生的"姓名""性别""年龄"数据项完全相同。

（2）插入异常：当新加入一名学生时，只有该名学生的"学号""姓名""性别""年龄"的信息，没有选修课程的相关信息，而"选修课程号"是主关键字之一，缺少时则导致无法插入。

（3）删除异常：当删除某名学生的信息时，常常会丢失选修课程的信息。

解决这类问题的方法是将其分解为多个满足第二范式的关系模式。例如，在本例中，可将关系分解为如下三个关系。

● 学生关系：学号、姓名、性别、年龄、院系、电话；

● 课程关系：选修课程号、选修课程名；

● 学生与课程关系：学号、选修课程号。

以上这些关系符合第二范式要求。不符合第三范式的关系如表 2-9 所示。

表 2-9 不符合第三范式的关系

学　　号	姓　　名	性　别	年　龄	院　　系	电　话
1172220001	张三	男	19	经管院	3789
1172220110	李四	男	20	能动院	2345
1172220220	王五	女	20	电院	1567

表 2-9 符合第二范式，但是不符合第三范式，第三范式的关系中要求既无部分依赖，也无传递依赖。因为虽然"学号"是唯一主关键字，但是学生的"院系"和"电话"的属性同样存在着高度冗余和更新异常问题。这是因为"电话"这一属性信息传递于"院系"这个属性，因此存在着传递依赖关系，从"学号"到"院系"再到"电话"。该关系可通过图 2-1 表示。

消除传递依赖关系的办法是将关系分解为如下几个满足第三范式的关系。

● 学生关系：学号、姓名、性别、年龄、院系；

● 院系关系：院系、电话。

● 课程关系：选修课程号、选修课程名；

● 学生与课程关系：学号、选修课程号。

第三范式消除了插入异常、删除异常、数据冗余和修改复杂等问题，是比较规范的关系。

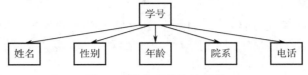

图 2-1　学生表的依赖关系

2.1.6　关系模型的特性

尽管关系与二维表格、传统的数据文件非常类似，但它们之间又有重要的区别。严格地说，关系是一种规范化后的二维表中行的集合，为了使相应的数据操作简化，在关系模型中，对关系进行了种种限制，关系模型具有如下特性。

（1）关系中不允许出现相同的元组。因为从数学角度，集合中没有相同的元素，而关系是元组的集合，所以作为集合元素的元组应该是唯一的。

（2）关系中元组的顺序（行序）是无关紧要的，在一个关系中可以任意交换两行的顺序。因为集合中的元素是无序的，所以作为集合元素的元组也是无序的。根据关系的这个性质，可以改变元组的顺序使其具有某种排序，然后按照顺序查询数据，从而提高查询速度。

（3）关系中属性的顺序是无关紧要的，即列的顺序可以任意交换。交换两列的顺序时，应连同属性名一起交换，否则将得到不同的关系。

（4）同一属性名下的各个属性值都必须来自同一个域，且是同一类型的数据。

（5）关系中的各个属性必须有不同的名字，不同的属性可来自同一个域，即它们的分量可以取自同一个域。

（6）关系中每一个分量都必须是不可分的数据项，或者说，所有属性值都是原子的，是一个确定的值，而不是值的集合。属性值可以为空值，表示"未知"或"不可使用"，即不可以"表中有表"。

2.2　MySQL 的功能及特点

MySQL 是一个关系型数据库管理系统，由瑞典 MySQL AB 公司开发，目前属于 Oracle 公司，MySQL 是目前最流行的关系型数据库管理系统之一。在 Web 应用方面，MySQL 是最好的关系数据库管理系统 （Relational Database Management System，RDBMS）应用软件之一。MySQL 是一个真正的多用户、多线程 SQL 数据库服务器，能够快速、有效和安全地处理大量的数据。相对于 Oracle 等数据库来说，MySQL 在使用时非常简单，MySQL 的主要开发目标是快捷、便捷和易用。

1．MySQL 的版本

MySQL 设计了多个不同的版本，不同的版本在性能、应用开发等方面均有一些差别，用户可以根据自己的实际情况进行选择。

1）MySQL 企业版

MySQL 企业版提供了最全面的高级功能、管理工具和技术支持，实现了最高水平的

MySQL 可扩展性、安全性、可靠性和无故障运行时间。它可在开发、部署和管理关键业务型 MySQL 应用的过程中降低风险、削减成本和减少复杂性。

2）MySQL 集群版

随着互联网不断地深入人们的日常生活，社交网络之间的信息共享，各种移动智能设备连接高速无线，以及新兴的 M2M（机器对机器）数据交互等需求带来了数据量和用户数的爆炸式增长。

凭借无可比拟的扩展能力、高可用性、正常运行时间和灵活性，MySQL 集群版使用户能够应对下一代 Web、云及通信服务的数据库挑战。

3）MySQL 标准版

MySQL 标准版提供了高性能和可扩展的在线事务处理（OLTP）应用。它提供了易用性，保证了 MySQL 行业应用的性能和可靠性。

MySQL 的标准版包含 InnoDB，从而成为一个完全集成事务安全的、支持事务处理的数据库。

当用户需要额外的功能时，可以很容易升级到 MySQL 企业版或 MySQL 集群版。

4）MySQL 经典版

MySQL 经典版是一个高性能、零管理的数据库，是开发密集型应用程序的理想选择，它使用 MyISAM 存储引擎。

同样，当用户需要额外的功能时，可以很容易就升级到 MySQL 企业版或 MySQL 集群版。

5）MySQL 社区版

MySQL 社区版是目前最流行的开源数据库，可以免费下载。MySQL 社区版可以在通用公共许可（GPL）协议下，由一个巨大的、活跃的开源开发者社区支持。MySQL 社区版不提供官方技术支持。

2．MySQL 的特点

（1）开源：MySQL 是开源的，可以免费使用和修改源代码，使得 MySQL 成为一个非常灵活和可定制的数据库系统。

（2）性能高：MySQL 使用了一种名为 MyISAM 的独特存储引擎，具有高性能、高并发的特点。MySQL 支持 InnoDB 存储引擎，提供了更好的事务处理和并发控制功能。

（3）易用性：MySQL 易于安装和使用，拥有简洁的命令行界面和图形化管理工具，MySQL 还提供了丰富的文档和社区支持，可以帮助用户更好地学习和使用。

（4）安全性：MySQL 提供多种安全机制，如用户权限管理、加密传输、SQL 注入防护等，以确保数据的安全性。

（5）可扩展性：MySQL 具有良好的可扩展性，可以通过主从复制、分区表、分布式数据库等技术实现数据的水平扩展和垂直扩展。

（6）跨平台：MySQL 支持多种操作系统，如 Windows、Linux、macOS 等，可以在不同的平台上运行。

（7）支持多种编程语言：MySQL 支持多种编程语言，如 C、C++、Java、Python、PHP 等，可以方便地与各种应用程序进行集成。

（8）丰富的数据类型：MySQL 支持大量的数据类型，包括整数、浮点数、字符串、日期时间等，可以满足各种数据存储需求。

（9）支持事务：MySQL 支持 ACID（原子性、一致性、隔离性、持久性）事务，从而可以确保数据的完整性和一致性。

（10）支持存储过程和触发器：MySQL 支持存储过程和触发器，可以实现复杂的业务逻辑和数据处理。

（11）支持视图和索引：MySQL 支持视图和索引，可以提高查询性能和数据管理效率。

（12）支持备份和恢复：MySQL 提供了强大的备份和恢复功能，可以方便地对数据库进行备份和恢复操作。

（13）支持大型数据库：MySQL 可以处理大量数据，适用于大型网站和企业级应用。

（14）支持分布式数据库：通过 XA 协议和 Galera Cluster 技术，MySQL 可以实现分布式数据库的部署和管理。

（15）支持实时分析：通过 MySQL Enterprise Monitor 和 Percona Monitoring and Management（PMM）工具，可以实时监控数据库性能和进行故障排查。

2.3　MySQL 的安装和配置

2.3.1　MySQL 安装

（1）MySQL 下载，登录官网下载 MySQL 的安装包。

登录官网，页面打开为最新版本，"MySQL 下载"窗口如图 2-2 所示。下载格式通常为 64-bit（代表 64 位系统），用户根据自己的系统和芯片选择合适的版本进行安装包下载即可。

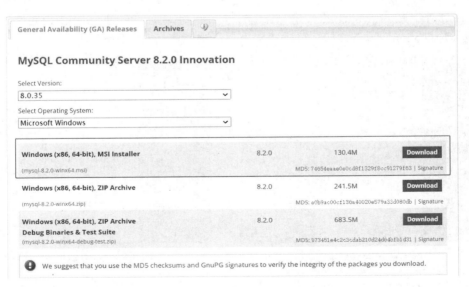

图 2-2　"MySQL 下载"窗口

下载完成后的"MySQL 安装包"窗口如图 2-3 所示，本书下载的 MySQL 版本为 8.0.17。

🖥 mysql-8.0.17-winx64.msi

图 2-3 "MySQL 安装包"窗口

（2）双击 msi 安装包，出现"License Agreement"（许可协议）窗口，如图 2-4 所示，勾选"I accept the license terms"复选框，单击"Next"按钮。

（3）打开"Choosing a Setup Type"（选择安装类型）窗口，如图 2-5 所示。安装类型有 Developer Default（默认安装类型）、Server only（仅作为服务器）、Client only（仅作为客户端）、Full（完全安装类型）和 Custom（自定义安装类型）。单击"Developer Default"单选按钮，单击"Next"按钮。

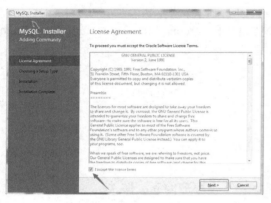

图 2-4 "许可协议"窗口

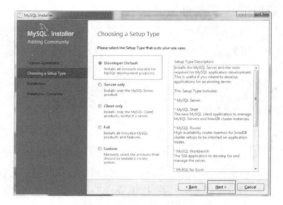

图 2-5 "选择安装类型"窗口

（4）打开"Installation"（安装）窗口，如图 2-6 所示，单击"Execute"按钮，开始安装程序，安装完成后弹出安装完成窗口，单击"Next"按钮。

（5）MySQL 安装完成后就可以配置服务器了。打开"Product Configuration"（配置对话框）窗口，选择"High Availability"选项，如图 2-7 所示，单击"Standalone MySQL Server/Classic MySQL Replication"单选按钮，单击"Next"按钮。

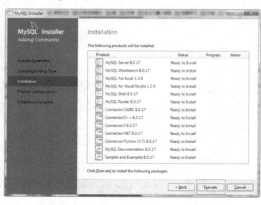

图 2-6 "安装"窗口

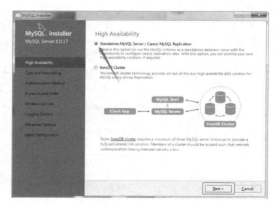

图 2-7 "配置对话框"窗口

（6）在"Type and Networking"（类型与网络）窗口，选择默认服务名称和启动类型，设置默认启用 TCP/IP 网络，默认端口为 3306，勾选"Show Advanced and Logging Options"复选框，单击"Next"按钮，如图 2-8 所示。

（7）在"Authentication Method"（身份验证方法）窗口，默认使用新的认证方式，单击"Next"按钮。

（8）在"Accounts and Roles"（账号与角色）窗口，设置管理员密码，单击"Next"按钮，如图 2-9 所示。

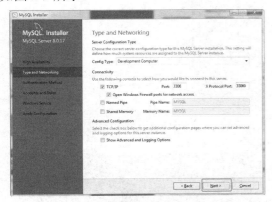

图 2-8 "类型与网络"窗口

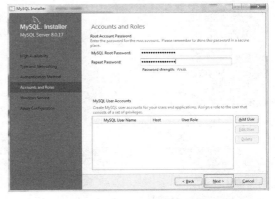

图 2-9 "账号与角色"窗口

（9）打开"Windows Service"窗口，可以不勾选开机启动 MySQL Server 项，其他保持默认，单击"Next"按钮，如图 2-10 所示。

（10）打开"Apply Configuration"窗口，单击"Execute"按钮，开始配置过程，如图 2-11 所示。配置完成后，单击"Finish"按钮。

图 2-10 "Windows Service"窗口

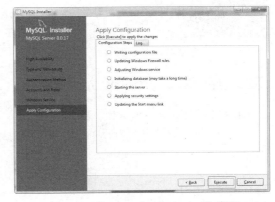

图 2-11 "Apply Configuration"窗口

（11）配置完成后进行连接服务器操作。再次打开产品配置窗口，单击"Next"按钮，打开"Connect To Server"（连接到服务器）窗口，在"User name"文本框中输入"root"，在"Password"文本框中输入之前设置的密码，单击"Check"按钮，显示连接成功，单击"Next"按钮，如图 2-12 所示。

（12）打开"Apply Configuration"窗口，单击"Execute"按钮，开始配置过程。配置完成后，单击"Finish"按钮，如图 2-13 所示，打开产品配置窗口。

（13）打开"Installation Complete"（安装完成）窗口，单击"Finish"按钮，完成 MySQL 安装配置，如图 2-14 所示。

（14）MySQL 启动后，可通过执行 cmd 命令，在打开的"命令行"窗口中以命令行的方式登录 MySQL 数据库，如图 2-15 所示。

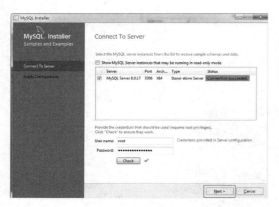

图 2-12 "连接到服务器"窗口

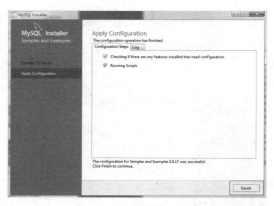

图 2-13 "Apply Configuration"窗口

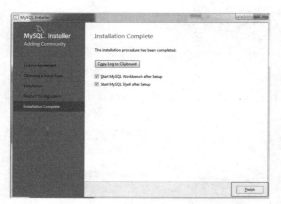

图 2-14 "安装完成"窗口

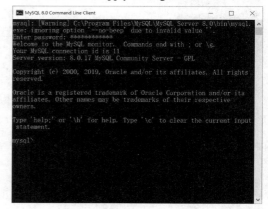

图 2-15 "命令行"窗口

2.3.2 MySQL Workbench 安装

（1）MySQL Workbench 下载。

登录官网，下载图形化界面 MySQL Workbench 的安装包，如图 2-16 所示。

图 2-16 下载"MySQL Workbench"窗口

单击"Download"按钮，下载完成后如图 2-16 所示，双击 msi 安装包。

mysql-workbench-community-8.0.34-winx64.msi

图 2-17　msi 安装包

（2）双击运行程序，打开"软件安装向导"窗口，单击"Next"按钮开始安装，如图 2-18 所示。

（3）自定义软件安装路径，默认安装路径为"C:\Program Files\MySQL\MySQL Workbench 8.0 CE\"，可自定义安装路径，在选择安装路径时不要选择带有中文符号的路径，单击"Next"按钮进行安装，如图 2-19 所示。

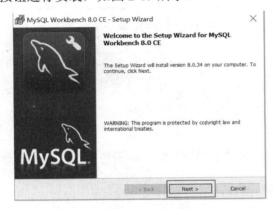
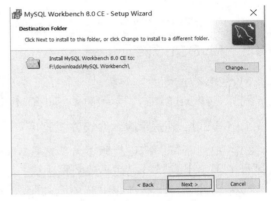

图 2-18　"软件安装向导"窗口　　　　　图 2-19　自定义软件安装路径

（4）选择安装类型，默认选择"Complete"以完整安装，单击"Next"按钮，如图 2-20 所示。

（5）单击"Install"按钮进行安装，等待安装进度完成，如图 2-21 所示。

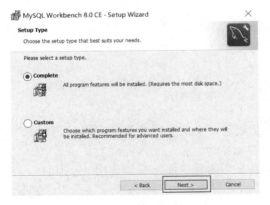

图 2-20　选择安装类型　　　　　　　图 2-21　进行安装

（6）启动 MySQL Workbench，"MySQL Workbench 启动"窗口如图 2-22 所示，"MySQL Workbench"窗口如图 2-23 所示。

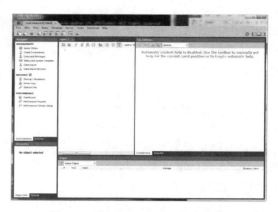

图 2-22 "MySQL Workbench 启动"窗口 　　　　图 2-23 "MySQL Workbench"窗口

2.3.3　MySQL 升级

MySQL 数据库版本升级是一个复杂且关键的过程，需要关注和解决多个方面的问题。通常，可以升级 MySQL 数据库版本，如将 MySQL5.7 升级至 MySQL8.0。

1．MySQL 数据库版本升级注意事项

（1）数据备份：在进行版本升级之前，必须对数据库进行完整的数据备份，以防止在升级过程中因出现意外情况而导致数据丢失。

（2）测试环境：在升级生产环境之前，应在测试环境中进行升级测试，以确保升级过程不会对生产系统造成影响。

（3）版本兼容性：在升级前应检查新版本与现有应用程序和存储过程的兼容性，以避免升级后出现不兼容等问题。

（4）对硬件和软件的要求：了解新版本对硬件和软件的要求，以确保升级后的系统能够顺利使用。

（5）权限管理：确保具有足够的权限来执行升级操作，并对升级过程中的权限变更进行记录和管理。

2．MySQL 数据库版本升级操作步骤

1）准备工作

（1）在升级前进行完整的数据备份。

（2）在测试环境中进行升级测试，以确保升级过程不会对生产系统造成影响。

（3）检查新版本与现有应用程序和存储过程的兼容性。

（4）了解新版本对硬件和软件的要求，确保升级后的系统能够顺利使用。

（5）确保具有足够的权限来执行升级操作，并对升级过程中的权限变更进行记录和管理。

2）执行升级

（1）下载并安装新版本的 MySQL 数据库服务器。

（2）根据安装向导完成安装过程，并确保将新版本安装到与旧版本不同的目录中（可选）。

（3）启动新版本的 MySQL 服务，并确保其正常运行。

（4）将旧版本的数据文件复制到新版本的 MySQL 数据库服务器中，并执行相应的导入操作。

（5）根据需要更新数据库结构和调整配置文件。

（6）测试新版本的 MySQL 服务，确保其与应用程序的兼容性和正常运行。

3）后期维护

（1）监控新版本的 MySQL 服务，确保其稳定性和性能。

（2）定期备份数据库，并测试备份数据的可恢复性。

（3）根据需要更新应用程序，以适应新版本的 MySQL 数据库。

（4）定期检查日志文件和性能指标，及时发现和解决潜在问题。

2.3.4　MySQL 系统数据库简介

系统数据库是指随安装程序一起安装，用于协助 MySQL 系统共同完成管理操作的数据库，它们是 MySQL 运行的基础。这些数据库中记录了一些必需的信息，用户不能直接修改这些系统数据库，也不能在系统数据库表上定义触发器。

MySQL 有 4 个自带的系统数据库，用于存储 MySQL 服务器、数据库和系统性能等信息。它们分别为 mysql、information_schema、performance_schema、sys。

1. mysql

mysql 数据库是 MySQL 的核心数据库，用于存储 MySQL 服务器运行时的所需信息，包括数据库的用户、权限设置等控制管理信息。mysql 数据库包含存储数据库对象元数据的数据字典表，以及用于其他操作目的的系统表。具体包括如下内容。

（1）数据字典表（Data Dictionary Tables）：包括 character_sets、collations、columns、events、foreign_keys、indexes、parameters、tables、triggers 等。这些数据字典表包含数据字典，其中包含有关数据库对象的元数据。数据字典表是不可见的。它们不能用 SELECT 语句读取，不在 SHOW TABLES 语句的输出中出现，不在 information_schema.tables 表中列出。但在大多数情况下，可以查询对应的 information_schema 表。从概念上讲，information_schema 提供一个视图，MySQL 通过该视图公开数据字典中的元数据。

（2）授权系统表（Grant System Tables）：包括 user、db、tables_priv、columns_priv、procs_priv 等。其中包含有关用户账户及其所拥有权限的信息。

（3）对象信息系统表（Object Information System Tables）：包含组件、可加载函数和服务器端插件的信息。

（4）日志系统表（Log System Tables）：包括通用查询日志表（general_log）和慢查询日志表（slow_log）。

（5）服务器端帮助系统表（Server-Side Help System Tables）：这些系统表包含服务器端帮助信息。

（6）时区系统表（Time Zone System Tables）：这些系统表包含时区信息。

（7）复制系统表（Replication System Tables）：包括 ndb_binlog_index、slave_master_info、slave_relay_log_info、slave_worker_info 等。服务器使用这些系统表来支持复制。

（8）优化器系统表（Optimizer System Tables）：包括 innodb_index_stats、innodb_table_stats、server_cost、engine_cost。这些系统表供优化器使用。

（9）杂项系统表（Miscellaneous System Tables）：包括 firewall_group_allowlist、innodb_dynamic_metadata 等。其中记录了自增计数器的值。

2. information_schema

information_schema 数据库存储 MySQL 服务器中所有数据库的元数据（元数据是关于数据的数据，如数据库名称、表名称、列的数据类型或访问权限等。有时用于表述该信息的其他术语，包括"数据词典"和"系统目录"）。

information_schema 数据库包含几个只读表。它们实际上是视图，而不是基表。例如，视图 TABLES 等。information_schema 数据库可作为 SHOW 语句的替代方案。

3. performance_schema

performance_schema 数据库在较低级别的运行过程中检查 MySQL 服务器内部运行状态，监视并收集 MySQL 服务器时间，用于收集 MySQL 服务器的性能参数。performance_schema 数据库提供了一种在运行时检查服务器内部执行的方法。performance_schema 数据库中的表是不使用持久磁盘存储的内存表，其内容在服务器启动时重新填充，并在服务器关闭时丢弃。

4. sys

sys 数据库中的数据用于调优和诊断 MySQL 实例，是 performance_schema 数据库收集的数据的优化处理结果。sys 数据库中的对象包括重新组织过的 performance_schema 数据库数据的视图，用于执行 performance_schema 数据库配置和生成诊断报告等操作的存储过程，查询 performance_schema 数据库配置并提供格式化服务和存储函数。

若删除以上系统数据库，则系统将无法正常运行。

2.4 MySQL 管理工具

相对于命令行工具，MySQL 图形化管理工具在操作上更直观和便捷，极大地方便了数据库的操作与管理。此外，常用的图形化管理工具还有 MySQL Workbench、phpMyAdmin、Navicat for MySQL 和 MySQLDumper 等。其中，phpMyAdmin 和 Navicat 提供中文操作界面；MySQL Workbench 和 MySQLDumper 为英文界面。

2.4.1 MySQL Workbench

MySQL Workbench 是 MySQL 官方提供的图形化管理工具，是著名的数据库设计工具 DBDesigner4 的继任者。MySQL Workbench 为数据库管理员、程序开发者和系统规划师提供可视化设计、模型建立及数据库管理等功能，可用于创建复杂的 E-R 模型、正向和反向数据库工程，也可用于建立数据库文档，以及进行复杂的 MySQL 迁移。MySQL Workbench 可在 Windows、Linux 和 Mac 环境中使用。MySQL Workbench 功能如下。

1. 设计

MySQL Workbench 可让 DBA、开发人员或数据架构师以可视化方式设计、建模、生成和管理数据库。它具有数据建模工具创建复杂 E-R 模型所需的一切功能，支持正向和反向数据库工程，还提供了一些关键特性来执行通常需要大量时间和工作的变更管理和文档任务。

2. 开发

MySQL Workbench 提供了一些可视化工具来创建、执行和优化 SQL 查询。SQL Editor

具有语法高亮显示、自动填充、SQL 代码段重用和 SQL 执行历史记录等功能。开发人员可以通过 Database Connections Panel 轻松管理标准数据库连接，包括 MySQL Fabric。使用 Object Browser 可以即时访问数据库模式和对象。

3．管理

MySQL Workbench 提供了一个可视化控制台，可以轻松管理 MySQL 环境，使开发人员可以更直观地了解数据库运行状况。开发人员和 DBA 可以使用这些可视化工具配置服务器、管理用户、执行备份和恢复、检查审计数据及查看数据库运行状况。

MySQL Workbench 提供了一套工具来提高 MySQL 应用的性能。DBA 可以使用性能仪表盘快速查看关键性能指标。开发人员可以通过性能报告轻松识别和访问 I/O 热点、占用资源较多的 SQL 语句等。此外，开发人员还可以通过改进后的简单易用的可视化解释计划一键查看他们设计的查询功能哪里需要优化。

4．数据库迁移

MySQL Workbench 现在为 Microsoft SQL Server、Microsoft Access、Sybase ASE、PostgreSQL 及其他 RDBMS 表、对象和数据迁移至 MySQL 提供了一个全面、简单易用的解决方案。开发人员和 DBA 可以轻松、快速地转换现有应用，使其可运行在 Windows 及其他平台的 MySQL 上。此外，它还支持从 MySQL 早期版本迁移至最新版本。

2.4.2　phpMyAdmin

phpMyAdmin 是一个以 PHP 为基础，以 Web-Base 方式架构在网站主机上的 MySQL 数据库管理工具。通过该工具，管理者可利用 Web 接口管理 MySQL 数据库。通过 phpMyAdmin，数据库管理员和 Web 开发人员均可以在图形化界面中方便地完成各种数据库管理任务，而无须使用复杂的 SQL 语句。

另外，由于 phpMyAdmin 与其他 PHP 程序一样在网页服务器上执行，因此可以在任何地方使用这些程序产生的 HTML 页面，也就是可以在远端管理 MySQL 数据库，从而可以方便地建立、修改、删除数据库及资料表。

phpMyAdmin 的缺点是必须安装在 Web 服务器中，所以如果没有合适的访问权限，其他用户有可能损害 MySQL 数据库。

用户可在官网下载 phpMyAdmin 安装包，找到适合操作系统的版本后下载并安装。

2.4.3　Navicat for MySQL

Navicat for MySQL 是一套专为 MySQL 设计的高性能数据库管理及开发工具，使用了极好的图形用户界面（GUI），可以用一种安全和更为容易的方式快速和简单地创建、组织、存取和共享信息。它可以用于任何 3.21 或以上版本的 MySQL 数据库服务器，并支持大部分 MySQL 最新版本的功能，包括触发器、存储过程、函数、事件、视图、管理用户等。

如图 2-24 所示，Navicat for MySQL 的窗口设计符合数据库管理员、开发人员及中小企业的需要。用户可完全控制 MySQL 数据库并显示不同的管理资料，包括一个多功能的图形化管理用户和访问权限的管理工具，便于将数据从一个数据库转移到另一个数据库中以进行数据备份。Navicat for MySQL 支持 Unicode 以及本地或远程 MySQL 服务器连接，用户可浏览数据库、建立和删除数据库、编辑数据、建立或执行 SQL queries、管理用户权限和安全设定、备份/还原数据库、导入/导出数据（支持 CSV、TXT、DBF 和 XML 数据格式）等。

用户可在官网下载 Navicat for MySQL 安装包，找到适合操作系统的版本进行下载安装。

图 2-24　Navicat for MySQL 窗口

2.4.4　MySQLDumper

MySQLDumper 是 MySQL 自带的逻辑备份工具，是基于 PHP 开发的 MySQL 数据库备份恢复程序，解决了绝大部分空间上 PHP 文件执行时间不能超过 30 秒而导致的大数据库难以备份的问题，以及大数据库下载速度太慢和下载容易中断等问题，非常方便易用。

2.4.5　MySQL 文档

MySQL 提供了大量的联机帮助文档，具有索引和全文搜索能力，可根据关键词来快速查找用户所需信息。MySQL 文档界面如图 2-25 所示。

图 2-25　MySQL 文档界面

2.4.6　MySQL 命令工具

　　MySQL 不仅提供了大量的图形化工具，还提供了大量的命令工具。在 MySQL 数据库的文件安装路径下的 bin 文件夹中，可以查看 MySQL 数据库自带的命令工具，如图 2-26 所示。

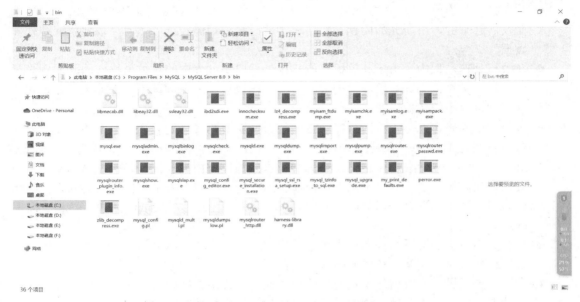

图 2-26　MySQL 数据库自带的命令工具

　　从图 2-26 中可以看出，MySQL 数据库中自带了多个命令工具，通过执行这些命令可以实现不同的操作，大多数的操作都是通过这些命令来实现的。表 2-10 对图 2-26 中的几个常用工具进行了简单说明。

表 2-10　MySQL 中的常用命令工具

命令名称（工具名称）	说　　明
myisampack	压缩 MyISAM 表以产生更小的只读表
mysql	交互式输入 SQL 语句或从文件以批处理模式执行它们
mysqladmin	执行管理操作的用户程序，例如，创建或删除数据库，重载授权表，将表刷新到硬盘上，以及重新打开日志文件。mysqladmin 还可以用来检索版本、进程，以及服务器的状态信息
mysqlbinlog	从二进制日志中读取语句。在二进制日志文件中包含的执行过的语句的日志可用来帮助系统从崩溃中恢复
mysqlcheck	检查、修复、分析及优化表
mysqldump	将 MySQL 数据库转储到一个文件
mysqlimport	使用 LOADDATAINFILE 将文本文件导入相关表
mysqlshow	显示数据库、表、列及索引相关信息
perror	显示系统或 MySQL 错误代码含义

本章小结

- 数据处理是当前计算机的主要应用领域之一，数据库技术是作为数据处理的一门技术而发展起来的，所研究的问题是如何科学地组织和存储数据，如何高效地获取和处理数据。

- 在数据处理过程中，由于计算机不能直接处理现实世界中的具体事物，因此人们必须将具体事物转换为计算机能够处理的数据。在数据库中用数据模型来抽象、表示和处理现实世界中的数据。

- 数据模型的好坏直接影响数据库的性能。数据模型的选择是设计数据库的一项首要任务。目前最常用的数据模型有层次模型（Hierarchical Model）、网状模型（Network Model）和关系模型（Relational Model）。这三种数据模型的区别是数据结构不同，即数据之间联系的表示方式不同。层次模型用"树结构"来表示数据之间的联系；网状模型用"图结构"来表示数据之间的联系；关系模型用"二维表"来表示数据之间的联系。

- 基于关系模型的关系数据库已成为目前应用最广泛的数据库系统，关系模型是用二维表格结构来表示实体及实体之间联系的模型。

- 为了维护数据库中数据与现实世界的一致性，对关系数据库的插入、删除和修改操作必须有一定的约束条件，这就是关系模型的三类完整性：实体完整性、参照完整性、用户定义完整性。

- 范式表示的是关系模式的规范化程序，即满足某种约束条件的关系模式，根据满足的约束条件的不同来确定范式。在六种范式中，通常只用到前三种。

- MySQL 设计了多个不同的版本（企业版、集群版、标准版、经典版、社区版），不同的版本在性能、应用开发等方面均有一些差别，用户可根据实际情况进行选择，按照提示逐步完成安装。

- MySQL 有 4 个自带的系统数据库，它们分别为 mysql、information_schema、performance_schema、sys，用于存储 MySQL 服务器、数据库和系统性能等信息。

- MySQL 管理工具除命令工具外，常用的图形化管理工具还有 MySQL Workbench、phpMyAdmin、Navicat for MySQL 和 MySQLDumper 等，其中 MySQL Workbench 是 MySQL 官方提供的图形化管理工具。

习题

选择题

1. MySQL 是一个（   ）的数据库管理系统。

A．网状型　　　　　　　B．层次型　　　　　　C．关系型　　　　　　D．以上都是

2. 若希望完全安装 MySQL，则应选择（   ）。

A．Client Only　　　　　　　　　　　　B．Server Only

C．Full　　　　　　　　　　　　　　　D．Developer Default

3．下列（　　）不是 MySQL 的安装版本。

A．社区版　　　　　　B．企业版　　　　　　C．标准版　　　　　　D．开发版

思考题

1．简述关系模型的三个组成部分。

2．关系模型拥有哪些特性？

3．关系模型的完整性包括哪三种？意义分别是什么？

4．关系数据库规范化中，第一、二、三范式的要求分别是什么？

5．MySQL 有哪几种系统数据库？它们的作用分别是什么？

上机练习题

1．在计算机上安装 MySQL，了解安装步骤和注意事项。

2．按照本书讲述的内容，学习使用 MySQL Workbench 图形化管理工具。

习题答案

第 3 章　SQL 语言

本章中，你将学习：

- 数据查询语言
- 数据定义语言
- 数据操纵语言
- 数据控制语言
- 标识符、注释、常量与变量、运算符、函数、流程控制语言
- 游标

SQL 的英文全称为 Structured Query Language，通常将它翻译为"结构化查询语言"，它是目前使用最广泛的数据库语言。SQL 语言最早是由 Boyce 和 Chamberliln 在 1974 年提出的，称为 SEQUEL 语言。1975—1979 年，IBM 公司的 San Jose Research Laboratory 在研制关系数据库管理系统原型系统 System R 时，又将其修改为 SEQUEL2 语言，也就是目前的 SQL 语言。1976 年，SQL 语言开始被应用于商品化关系数据库管理系统中。1982 年，美国国家标准化组织（ANSI）将 SQL 语言确认为数据库系统的工业标准，该标准被称为 SQL-86 标准。1989 年，ANSI 又颁布了增强了完整性特性的 SQL-89 标准。随后在 SQL-89 标准的基础上，国际标准化组织(ISO)对该标准进行了大量的修改和扩充，于 1992 年颁布了 SQL 语言的新标准，即 SQL92 标准，也称为 SQL2 标准。SQL92 标准分为三个级别，即基本级、标准级和完全级。之后又发布了 SQL99 标准，也称 SQL3 标准，该标准增加了对象数据、递归、触发器等的支持能力。

SQL 语言成为国际标准后，由于各种类型的计算机和 DBS 都采用 SQL 语言作为其存取语言和标准接口，从而使数据库世界有可能链接为一个统一的整体，这个意义十分重大。

SQL 标准的影响超越了数据库领域，它在数据库以外的其他领域也受到重视和采用，把 SQL 语言的数据检索功能和图形功能、软件开发工具结合在一起的产品也越来越多。因此，在未来很长一段时间里，SQL 语言仍将是关系数据库领域的主流语言。在软件工程、人工智能领域，SQL 语言已显示出相当大的潜力。

SQL 语言主要由以下几部分组成。

● 数据查询语言（Data Query Language，DQL）；
● 数据定义语言（Data Definition Language，DDL）；
● 数据操纵语言（Data Manipulation Language，DML）；
● 数据控制语言（Data Control Language，DCL）。

3.1　数据查询语言

在 MySQL 中，SELECT 语句是使用最为频繁的语句之一。使用该语句可以实现对数据库数据的查询操作，并可以对查询结果进行分析、统计、排序等处理操作。另外，还可以使用 SELECT 语句设置系统信息及局部变量等。在 MySQL 管理平台中，可以首先通过单击工具栏上的"SQL"按钮创建查询窗口，然后在查询窗口中输入 SELECT 语句，最后单击"执行" 按钮查看结果，如图 3-1 所示。

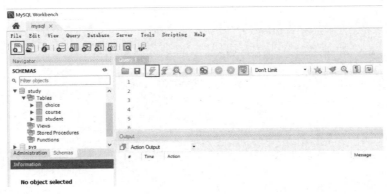

图 3-1　查询过程示意图

SELECT 语句的语法格式如下:

```
SELECT select_list
[INTO new_table]
FROM table_source
[WHERE search_condition]
[GROUP BY group_by_expression]
[HAVING search_condition]
[ORDER BY order_expression [ASC|DESC]]
[COMPUTE clause]
```

其中,SELECT 子句用于指定要查询的特定表中的列(字段),它可以是星号(*)、表达式、列表、变量等;INTO 子句用于指定所要生成的新表的名称;FROM 子句用于指定要查询的表或视图,最多可以指定 16 个表或视图,这些表或视图之间用逗号隔开;WHERE 子句用来限定查询的范围和条件,紧跟在 FROM 子句之后,若没有 WHERE 子句,则将表中的所有记录作为查询对象;GROUP BY 子句是分组查询子句;HAVING 子句用于指定分组子句的条件;GROUP BY 子句、HAVING 子句和集合函数一起可以实现对每组生成一行和一个汇总值;ORDER BY 子句可以根据一列或多列来排序查询结果,在该子句中,既可以使用列名,也可以使用相对列号;ORDER BY 子句中最多只能有 16 列,并且不能对 TEXT 和 IMAGE 数据类型进行排序;ASC 表示升序排列,DESC 表示降序排列;COMPUTE 子句使用集合函数在查询的结果集中生成汇总行。

3.2 数据定义语言

数据定义语言(DDL)是指用来定义和管理数据库及数据库中各种对象的语句,这些语句包括 CREATE、ALTER 和 DROP 等。在 MySQL 中,数据库对象包括表、视图、索引、同义词、聚簇等。这些对象的创建、修改和删除等都可以通过使用 CREATE、ALTER、DROP 等语句来完成。

下面给出几个使用数据定义语言的例子。

例 3-1　创建数据库表。

程序清单如下:

```
/*下面的例子将创建学生表 student*/
CREATE TABLE student
(
  s_no  CHAR(6)  NOT NULL,      /*学号字段*/
  s_name    CHAR(10)    NULL, /*姓名字段*/
  s_sex    CHAR(2)  NULL, /*性别字段*/
  s_age    TINYINT  NULL, /*年龄字段*/
  s_dept   VARCHAR(20)   NULL/*院系字段*/
  )
/*下面的例子将创建课程表 course*/
CREATE TABLE course
```

```
(
    course_no  CHAR(5)  PRIMARY KEY ,/*课程号字段，主键约束*/
    c_name  CHAR(40)     NULL, /*课程名字段*/
    c_hour SMALLINT   NULL    /*课时名字段*/
)
/*下面的例子将创建选课表 sc*/
CREATE TABLE sc
(
    s_no  CHAR(6), /*学号字段*/
    course_no  CHAR(5), /*课程号字段*/
    score NUMERIC(6,1), /*成绩字段*/
    PRIMARY KEY(s_no, course_no), /*主键由两个属性构成*/
    FOREIGN KEY(s_no)REFERENCES student(s_no),
     /*表级完整性约束，s_no 是外键，被参照表是 student */
    FOREIGN KEY(course_no)REFERENCES course(course_no)
    /*表级完整性约束，course_no 是外键，被参照表是 course */
)
```

例 3-2　修改 student 表，增加一个班号字段。

程序清单如下：

```
ALTER TABLE student
ADD
class_no CHAR(6)
```

例 3-3　删除 student 表。

程序清单如下：

```
DROP TABLE student
```

3.3　数据操纵语言

数据操纵语言主要执行对数据表中数据的插入、修改、删除等操作，这些语句包括 INSERT、UPDATE、DELETE 等。在默认情况下，只有 sysadmin、dbcreator、db_owner 或 db_datawriter 等人员才有权利执行数据操纵语言。

数据操纵语言包括的主要语句和功能如下。

● INSERT：将数据插入表或视图中。
● UPDATE：修改表或视图中的数据，既可以修改表或视图中的一行数据，也可以修改一组或全部数据。
● DELETE：从表或视图中根据条件删除指定的数据。

3.3.1 INSERT 语句

使用数据库时，往往需要向数据库中插入数据，MySQL 中使用 INSERT 语句向数据库中插入新的数据记录。使用 INSERT 语句可以插入完整记录、记录的一部分、多条记录及另一个选择的结果。

1. INSERT 语句为所有字段或指定字段插入数据

INSERT 语句用于向数据库表或视图中加入一行数据。

INSERT 语句的语法格式如下：

```
INSERT [INTO] table_or_view [(column_list)] VALUES(data_values)
```

其中，table_or_view 是指要插入新记录的表或视图；column_list 是可选项，用于指定待添加数据的列；VALUES 子句用于指定待添加数据的具体值。需要注意的是，列名的排列顺序不一定要和定义表时的顺序一致。但当指定列名表时，VALUES 子句中值的排列顺序必须与列名表中列名的排列顺序一致、个数相等、数据类型逐一对应。

例 3-4 在 student 表中插入一条学生记录。

程序清单如下：

```
INSERT INTO student VALUES ('3130050101','郑冬','女',21,'计算机');
```

例 3-5 插入一行的部分数据值。在 student 表中插入一条学生记录，记录中省略 sex、age、dept 值。

程序清单如下：

```
INSERT INTO student (s_no,s_name) VALUES('3130050102','王雪');
```

注意：在插入部分列的值时，一定要注意，省略的列的值在数据表中是否允许为空，插入的数据是否受到约束规则的限制。

例 3-6 插入与列顺序不同的数据。

程序清单如下：

```
CREATE TABLE T1
  ( column_1 INT,
column_2 VARCHAR(30));
INSERT T1 (column_2, column_1) VALUES ('This is a test',1) ;
```

在进行数据插入操作时需注意以下几点内容。

（1）必须用逗号将各个数据分开，字符型数据要用单引号括起来。

（2）若 INTO 子句中没有指定列名，则新插入的记录必须在每个属性列上均有值，且 VALUES 子句中值的排列顺序要和表中各属性列的排列顺序一致。

（3）将 VALUES 子句中的值按照 INTO 子句中指定列名的顺序插入到表中。

对于 INTO 子句中没有出现的列，则新插入的记录在这些列上将取空值，如例 3-5 的 sex、age 和 dept 取空值。但在表定义时，有 NOT NULL 约束的属性列不能取空值。

2．用 INSERT…SELECT 语句插入数据

INSERT 语句还可用于表间的复制，即将一个表中的数据抽取数行插入另一个表中，这可以通过子查询来实现。

插入多行数据的语法格式如下：

```
INSERT INTO table_or_view [(column_list)] /*子查询*/
```

例 3-7　求出各个院系学生的平均年龄，把结果存放在新表 AVGAGE 中。

程序清单如下：

```
/*首先建立新表 AVGAGE，用来存放院系和学生的平均年龄*/
  CREATE TABLE AVGAGE
  (DEPT VARCHAR(20),
  AVGAGE SMALLINT);

/*利用查询求出 student 表中各个院系的平均年龄，把结果存放在新表 AVGAGE 中*/
  INSERT INTO AVGAGE
  SELECT dept,AVG(s_age)
  FROM student
  GROUP BY s_dept;
```

3.3.2　UPDATE 语句

UPDATE 语句用于修改数据库表或视图中特定记录或字段的数据，其语法格式如下：

```
UPDATE table_or_view SET <column>=<expression>[,<column>=<expression>]…
[WHERE <search_condition>]
```

其中，table_or_view 是指要修改的表或视图；SET 子句给出要修改的列及其修改后的值，column 为要修改的列名，expression 为其修改后的值；WHERE 子句指定待修改的记录应当满足的条件，若省略 WHERE 子句，则修改表中的所有记录。

例 3-8　在学生表 student 中，把学号为 1172220001 的学生的年龄改为 19 岁。

程序清单如下：

```
UPDATE student SET s_age=19
WHERE s_no='1172220001';
```

例 3-9　将所有学生的年龄都增加 1 岁。

程序清单如下：

```
UPDATE student SET s_age=s_age+1;
```

例 3-10　通过 UPDATE 语句，把学生表 student 中能动院全体学生的成绩设置为 0（sc 为选课表）。

程序清单如下：

```
UPDATE course
    SET score=0
    WHERE '能动院'=(SELECT s_dept
                    FROM student
                    WHERE student.s_no=sc.s_no);
```

3.3.3 DELETE 语句

使用 DELETE 语句可以删除表中的一行或多行记录，其语法格式如下：

```
DELETE FROM table_or_view [WHERE <search_condition>]
```

其中，table_or_view 是指要删除数据的表或视图；WHERE 子句指定待删除的记录应当满足的条件，若省略 WHERE 子句时，则删除表中的所有记录。

当不再需要某个基本表时，可以使用 DROP TABLE 语句删除它。

例 3-11 删除学生表 student 中学生姓名为'郑冬'的记录。

程序清单如下：

```
DELETE FROM student WHERE s_name='郑冬';
```

下面是删除多行记录的例子。

例 3-12 删除学生表 student 中所有学生的记录。

程序清单如下：

```
DELETE FROM student;
```

执行此语句后，student 表为一个空表，但其定义仍存在于数据字典中。

例 3-13 删除选课表 sc 中学生姓名为'李明'的选课记录。

程序清单如下：

```
DELETE FROM sc WHERE s_no=
(SELECT s_no FROM student  WHERE s_name ='李明');
```

3.4 数据控制语言

数据控制语言用来授予或回收访问数据库的某种特权，并控制数据库操纵事务发生的时间及效果，以及对数据库实行监视等。

管理者可以将某些用户设置为某一种角色，这样只要对这一角色进行权限设置便可以实现对这些用户权限的设置，大大减少了管理员的工作量。用户还可以创建自己的数据库角色，以便表示某一类进行同样操作的用户。当用户需要执行不同的操作时，只需将该用户加入不同的角色中即可，而不必对该用户反复授权许可和收回许可。

另外，角色也可以表示为多种权限的集合，可以把角色授予用户或其他角色。当要对某一用户同时授予或收回多项权限时，可以把这些权限定义为一种角色，然后对该角色进行操作。这样就避免了许多重复性的工作，简化了管理数据库用户权限的工作。

3.4.1　GRANT 语句

数据库管理员拥有系统权限。而数据库的普通用户，只对自己创建的基本表、视图等数据库对象拥有对象权限。若要共享其他的数据库对象，则必须授予普通用户一定的对象权限。

GRANT 语句是授权语句，它可以把语句权限或对象权限授予其他用户和角色。SQL 语言使用 GRANT 语句为用户授予语句权限的语法格式如下：

```
GRANT ALL|<对象权限>[(列名[，列名]...)][,<对象权限>]...ON <对象名>
TO <用户名>|<角色>|PUBLIC[,<用户名>|<角色>]...
[WITH ADMIN OPTION]
```

语义为将指定的语句权限或对象权限授予指定的用户或角色。其中，

（1）ALL 代表所有的对象权限。

（2）列名用于指定要授权的数据库对象的一列或多列。若不指定列名，则被授权的用户将在数据库对象的所有列上均拥有指定的权限。实际上，只有当授予 INSERT、UPDATE 权限时才需指定列名。

（3）ON 子句用于指定要授予对象权限的数据库对象名，可以是基本表名、视图名等。

（4）WITH ADMIN OPTION 为可选项，指定后允许被授权的用户将权限再授予其他用户或角色。

例 3-14　给用户 Mary、John 及 Windows NT 组 Corporate\BobJ 授予多个语句权限。

程序清单如下：

```
GRANT CREATE DATABASE, CREATE TABLE
TO Mary, John, [Corporate\BobJ]
```

例 3-15　为用户 ZhangYiLin 授予 CREATE TABLE 语句权限。

程序清单如下：

```
GRANT CREATE TABLE
TO ZhangYiLin
```

例 3-16　在权限层次中授予对象权限。首先，给所有用户授予 SELECT 权限，然后，将特定的权限授予用户 Mary、John 和 Tom。

程序清单如下：

```
GRANT SELECT
ON student
TO public

GRANT INSERT, UPDATE, DELETE
ON student
TO Mary, John, Tom              /* 假定 Mary, John, Tom 是数据库中的三个用户名*/
```

例 3-17　　将查询 student 表和修改学生学号的权限授予 USER3，并允许 USER3 将此权限授予其他用户。

程序清单如下：

```
GRANT SELECT,UPDATE(s_no)
ON student TO USER3
WITH GRANT OPTION
```

例 3-17 中，USER3 具有此对象权限，并可使用 GRANT 命令给其他用户授权，USER3 将此权限授予 USER4 的程序清单如下：

```
GRANT SELECT,UPDATE(s_no)
ON student
TO USER4
```

3.4.2　REVOKE 语句

所有授予出去的权限在必要时都可以由数据库管理员和授权者收回。REVOKE 语句的作用与 GRANT 语句相反，它主要用于撤销已经授予用户的权限，以确保数据库的安全性和可靠性。通过 REVOKE 语句，数据库管理员可以收回之前授予用户的特定权限，从而控制用户对数据库对象的访问能力。

使用 REVOKE 语句的语法格式如下：

```
REVOKE  <对象权限>|<角色> [，<对象权限>|<角色>]…
FROM  <用户名>|<角色>|PUBLIC[，<用户名>|<角色>]…
```

例 3-18　　收回用户 USER3 查询 student 表和修改学生学号的权限。

程序清单如下：

```
REVOKE SELECT,UPDATE(s_no)
ON student
FROM USER3
```

在例 3-17 中，将 USER3 对 student 表的权限授予了 USER4，在收回 USER3 对 student 表的权限的同时，系统会同时自动收回 USER4 对 student 表的权限。

例 3-19　　首先收回 public 角色的 SELECT 权限，然后收回用户 Mary、John 和 Tom 的特定权限。

程序清单如下：

```
REVOKE  SELECT
ON student FROM public
REVOKE  INSERT, UPDATE, DELETE
ON student FROM Mary, John, Tom
```

例 3-20　收回用户 ZHANGYILIN 所拥有的 CREATE TABLE 权限。

```
REVOKE CREATE TABLE
FROM ZHANGYILIN
```

3.5　MySQL 增加的语言元素

为了用户编程方便，MySQL 在 SQL 语言的基础上增加了一些语言元素，这些元素包括标识符、注释、常量与变量、运算符、函数和流程控制语句等。每个 SQL 语句都以分号结束，并且 SQL 处理器忽略空格、制表符和回车符。

3.5.1　标识符

标识符指数据库中由用户定义的、可唯一标识数据库对象的有意义的字符序列。对象是 SQL 操作和可命名的目标，数据库对象包括表、视图、约束、索引、存储过程、触发器、用户定义函数、用户和角色等。除此之外，在 SQL 中常见的对象还有服务器实例、数据类型、变量、参数和函数等。标识符必须遵守以下命名规则。

（1）可以包含来自当前字符集的数字、字母、字符 "_" 和 "$"。

（2）可以以任何合法的字符开头；也可以以数字开头，但是不能全部由数字组成。

（3）标识符最长可为 64 个字符，而别名最长可为 256 个字符。

（4）数据库名和表名在 UNIX 操作系统上是区分大小写的，而在 Windows 操作系统上是忽略大小写的。

（5）不能使用 MySQL 关键字作为数据库名、表名。

（6）不允许包含特殊字符，如 "."、"/"、"\"。

另外，某些以特殊符号开头的标识符在 MySQL 中具有特定的含义，如以 "@" 开头的标识符表示一个局部变量或一个函数的参数，以 "@@" 开头的标识符表示一个全局变量。

例 3-21　创建一个标识符为 student 的表，该表中有两列的标识符分别为 s_no、s_dept。

程序清单如下：

```
CREATE TABLE student
(s_no INT PRIMARY KEY , s_dept VARCHAR(20));
```

此表还有一个未命名的约束。PRIMARY KEY 约束没有标识符。

如果要使用的标识符是一个关键字或包含特殊字符，必须用单引号 "'" 括起来（加以界定）。

例 3-22　创建一个标识符为 select 的表。

```
CREATE TABLE 'select'
('char-colum' CHAR(8),
'my/score' INT
);
```

3.5.2 注释

注释是程序代码中不执行的文本字符串（也称为注解）。使用注释对代码进行说明，不仅能使程序易读易懂，而且有助于日后的管理和维护。注释通常用于记录程序名称、作者姓名和主要代码更改的日期。注释还可以用于描述复杂的计算或者解释编程的方法。

在 MySQL 中，可以使用三种类型的注释符：第一种是 ANSI 标准的注释符"--"。第二种是"##"符号。这两种是单行语句的注释符，写在需要注释的行或编码前方。第三种是与 C 语言相同的程序注释符，即"/*　*/"。"/*"用于注释文字的开头，"*/"用于注释文字的结尾，利用它们可以在程序中标识多行文字为注释。当然，单行注释也可以使用"/*　*/"，只需将注释行以"/*"开头并以"*/"结尾即可。反之，段落注释也可以使用"--"，只需使段落的每一行都以"--"开头即可。

例 3-23 使用三种注释的例子。

程序清单如下：

```
##这里是注释内容，查询 student 表里面的数据查询语句
SELECT s_sex, s_name
FROM student
WHERE /*sname*/sno='1172220001'  -- 注释写错的部分
```

以上代码运行时，注释部分会以蓝色字体显示。

3.5.3 常量与变量

1. 常量

常量是指程序运行过程中，其值不可改变的量。一个数字、一个字母、一个字符串等都可以是一个常量。常量是数据值不会发生变化的量，相当于数学中的常数。在 SQL 程序设计过程中，定义常量的格式取决于它所表示的值的数据类型。表 3-1 列出了 MySQL 中可用的常量类型及常量的表示说明。

表 3-1　常量类型及常量的表示说明

常 量 类 型	常量的表示说明
字符串常量	包括在单引号（''）或双引号（""）中 示例：'北京'、"输出结果是："
整型常量	使用不带小数点的十进制数据表示 示例：1234、654、+678、-123
十六进制整型常量	使用前缀 0x 后跟十六进制数字串表示 示例：0x1EFF、0x18、0x4D79205315F
日期常量	使用单引号（''）将日期时间字符串括起来 示例：'2024/01/12'、'2024-01-12'
实型常量	有定点表示和浮点表示两种方式 示例：123.45、-897.11、11E24、-89E3

2．变量

变量是一种语言必不可少的组成部分。变量就是在程序执行过程中，其值是可以改变的量。可以利用变量存储程序执行过程中涉及的数据，如计算结果、用户输入的字符串及对象的状态等。

变量由变量名和变量值构成，变量名不能与命令和函数名相同，变量类型与常量一样。在 MySQL 中，存在两种类型的变量：一种是用户定义用来保存中间结果的局部变量，另一种是系统定义和维护的全局变量。

1）局部变量

局部变量是一个能够拥有特定数据类型的对象，它的作用范围仅限制在程序内部。局部变量可以作为计数器来计算循环执行的次数，或控制循环执行的次数。另外，利用局部变量可以保存数据值，以供控制流语句测试及保存由存储过程返回的数据值等。局部变量被引用时要在其名称前加上标志 "@"。

使用 DECLARE 语句声明局部变量，局部变量的作用范围在它被声明的 BEGIN…END 复合语句内。DECLARE 语句的语法格式如下：

```
DECLAER {@local_variable  data_type} [,...n];
```

其中，参数@local_variable 用于指定局部变量的名称，变量名必须以符号@开头，并且局部变量名必须符合 SQL 的命名规则。参数 data_type 用于设置局部变量的数据类型及其大小。data_type 可以是任何由系统提供的或用户定义的数据类型。但是，局部变量不能是 TEXT、NTEXT 或 IMAGE 数据类型。

使用 DECLARE 语句声明并创建局部变量之后，会将其初始值设为 NULL，如果想要设定局部变量的值，必须使用 SELECT 语句或 SET 语句。当使用 SELECT 语句或 SET 语句为局部变量赋值时，两者是有区别的：SET 语句每次只能给一个局部变量赋值，而 SELECT 语句可同时为多个局部变量赋值，其语法格式如下：

```
SET { @local_variable = expression } 或者
SELECT { @local_variable = expression } [ ,...n ]
```

其中，参数@local_variable 是给其赋值并声明的局部变量，参数 expression 是任何有效的SQL 表达式。

例 3-24　创建@myvar 变量，然后将一个字符串值放在变量中，最后输出@myvar 变量的值。

程序清单如下：

```
DECLARE @myvar  CHAR(20)
SET  @myvar = 'This is a test'
SELECT @myvar
```

例 3-25　通过查询给变量赋值。

程序清单如下：

```
USE study;
```

55

```
DECLARE @rows INT
SET @rows = (SELECT COUNT(*)  FROM  Student)
```

例 3-26　在 SELECT 语句中使用由 SET 赋值的局部变量，同时为多个局部变量赋值。

程序清单如下：

```
USE study;
DECLARE @sname CHAR(8);
DECLARE @sno CHAR(6);
DECLARE @ssex CHAR(2);
SET @sname= '张三';
SELECT @sno=s_no, @ssex=s_sex
FROM student
WHERE s_name = @sname;
```

2）全局变量

除局部变量外，MySQL 还提供了一些全局变量。全局变量是 MySQL 内部使用的变量，其作用范围并不仅仅局限于某一程序，任何程序均可以随时调用。用户不能建立全局变量，也不能用 SET 语句来修改全局变量的值。MySQL 中最常用的全局变量及其含义说明如下。

- @@BACK_LOG：返回 MySQL 主要连接请求的数量。
- @@BASEDIR：返回 MySQL 安装基准目录。
- @@LICENSE：返回服务器的许可类型。
- @@PORT：返回服务器侦听 TCP/IP 连接所用端口。
- @@STORAGE_ENGINE：返回存储引擎。
- @@VERSION：返回服务器版本号。

在使用全局变量时应该注意以下几点。

（1）全局变量不是由用户的程序定义的，它们是在服务器级定义的。

（2）用户只能使用预先定义的全局变量。

（3）引用全局变量时，必须以标记符 "@@" 开头。

（4）局部变量的名称不能与全局变量的名称相同，否则会在应用程序中出现不可预测的结果。

（5）用户可以查看全局变量，但不允许修改和删除。

例 3-27　查看当前使用的 MySQL 的版本号。

程序清单如下：

```
SELECT  @@VERSION;
```

3.5.4　运算符

运算符是一些符号，它们能够用来进行算术运算、字符串连接、赋值，以及在字段、常量和变量之间进行比较。MySQL 数据库支持多种类型的运算符的相关知识，数学中的加减乘除都可以在 MySQL 数据库中使用。本节将系统全面地介绍 MySQL 数据库运算符的相关知识，主要包括算术运算符、赋值运算符、位运算符、比较运算符、逻辑运算符、一元运算符和运算符的优先级。

1．算术运算符

算术运算符可以对两个表达式进行数学运算，这两个表达式可以是数字数据类型分类的任何数据类型。算术运算符包括加（+）、减（−）、乘（*）、除（/）和取模（%）。表 3-2 列出了这些运算符。

表 3-2　算术运算符

运　算　符	含　义	举　例	返　回　结　果
+	加法运算	2+3	5
−	减法运算	6-2	4
*	乘法运算	2*3	6
/，DIV()	除法运算，返回商	13/3	4
%，MOD()	取模运算，返回余数	13/3	1

2．赋值运算符

赋值运算符能够将数据值指派给特定的对象，使用赋值运算符还可以在列标题和为列定义值的表达式之间建立关系。常见的赋值运算符有以下几种：

（1）等号（=）：将一个值赋给一个变量或者列。
（2）加等号（+=）：将一个值与变量或者列的当前值相加，并将结果赋给变量或者列。
（3）减等号（−=）：将一个值与变量或者列的当前值相减，并将结果赋给变量或者列。
（4）乘等号（*=）：将一个值与变量或者列的当前值相乘，并将结果赋给变量或者列。
（5）除等号（/=）：将一个值与变量或者列的当前值相除，并将结果赋给变量或者列。

例 3-28　将学生表中某厂学号的学生姓名进行修改，赋值为字符串 xyz。

程序清单如下：

```
USE study;
UPDATE student SET s_name = 'xyz';
WHERE s_no = 'D01101';
```

3．位运算符

数据表中的图片数据通常使用二进制数来保存，二进制数只能使用位运算符来操作。位运算将给定的操作数转化为二进制数后，对各个操作数每一位都进行指定的逻辑运算，得到的二进制结果转换为十进制数就是位运算的结果。

位运算符能够在整型数据或者二进制数据（image 数据类型除外）之间执行位操作。此外，在位运算符左右两侧的操作数不能同时是二进制数据。表 3-3 列出了 MySQL 支持的 6 种位运算符及其含义。

表 3-3　位运算符及其含义

运　算　符	含　义
&	按位与（两个操作数）

运 算 符	含 义
|	按位或（两个操作数）
^	按位异或（两个操作数）
~	按位取反（一个操作数）
>>	按位右移（两个操作数）
<<	按位左移（两个操作数）

下面以&为例，讲述位运算符语法。&的语法格式如下：

```
<表达式 1>&<表达式 2>
```

表达式必须由整数数据类型分类中的任何数据类型组成。表达式是经过处理并转换为二进制数字以便进行位运算的整型参数。

其结果类型如下：若输入值类型为 INT，则返回类型 INT；若输入值类型为 SMALLINT，则返回类型 SMALLINT；若输入类型值为 TINYINT，则返回类型 TINYINT。通过从两个表达式取对应的位，位运算符&在两个表达式之间执行按位与运算。只有当输入表达式中两个位（正在被解析的当前位）的值都为 1 时，结果中的位才被设置为 1；否则，结果中的位被设置为 0。

例 3-29 按位与运算示例。首先创建一个具有两个 INT 数据类型字段的表，并对该表插入一行数据。

程序清单如下：

```
CREATE TABLE t1
( a INT NOT NULL, b INT NOT NULL )
  INSERT t1 VALUES (170, 75);
```

在 a 列和 b 列上执行按位与运算：

```
SELECT a& b FROM t1
```

下面是结果集：

```
------------
10
```

其执行过程如下：170（a）的二进制表示为 0000 0000 1010 1010，75（b）的二进制表示为 0000 0000 0100 1011。在这两个值之间执行按位与运算所产生的二进制结果是 0000 0000 0000 1010，即十进制数 10。

4．比较运算符

比较运算符用于比较两个表达式的大小或是否相同，包括大于、小于、等于、不等于等。MySQL 数据库允许用户对表达式的左边操作数和右边操作数进行比较，其比较的结果是布尔值。比较结果为真，则返回 TRUE（1）；比较结果为假，则返回 FALSE（0）；比较结果不确定则返回 NULL。比较运算符可以用于除 TEXT、NTEXT 或 IMAGE 数据类型的表达式外的所有表达式。在 MySQL 中，比较运算符及其含义如表 3-4 所示。

表 3-4　比较运算符及其含义

运　算　符	含　　义
=	等于
>	大于
<	小于
>=	大于或等于
<=	小于或等于
<>或!=	不等于
<=>	安全等于（NULL-safe）
BETWEEN AND	存在于两个指定值之间
IN	存在于指定列表
IS NULL	为 NULL
IS NOT NULL	不为 NULL
LIKE	通配符匹配
REGEXP 或 RLIKE	正则表达式匹配

表 3-4 中的运算符<=>是一个比较操作符，用于比较两个表达式是否相等，类似于=操作符，但它是安全的 NULL 比较。这个操作符在处理 NULL 值时非常有用。其规则如下。

若两个表达式的值都是 NULL，则结果为 TRUE（1）。

若其中一个表达式为 NULL，另一个表达式不为 NULL，则结果为 FALSE（0）。

若两个表达式都不为 NULL，并且值相等，则结果为 TRUE（1）；如果值不相等，则结果为 FALSE（0）。

比较运算符可以用于比较数字、字符串。数字作为浮点数比较，而字符串以不区分大小写的方式进行比较。

在使用比较运算符时要保证比较的操作数类型是一致的，这样可以避免由于操作数类型不一致而得出错误的数据。

5．逻辑运算符

逻辑运算符又称布尔运算符，可以把多个逻辑表达式连接起来，确认表达式的真和假。逻辑运算符包括 NOT、AND、OR 和 XOR 等运算符。逻辑运算符和比较运算符一样，返回 TRUE 或 FALSE。

NOT 运算符表示逻辑非，返回和操作数相反的结果。AND 运算符表示逻辑与，只有当所有条件都为真时才返回 TRUE，只要有一个条件为假便返回 FALSE。OR 运算符表示逻辑或，只要有一个条件为真，就返回 TRUE。XOR 运算符表示逻辑异或，只有当一个条件为真，另一个条件为假时，才返回 TRUE。4 个运算符的优先级为 NOT、AND、OR、XOR。

MySQL 数据库支持 4 种逻辑运算符，如表 3-5 所示。

表 3-5　逻辑运算符及其含义

运　算　符	含　　义
NOT 或 !	逻辑非，返回和操作数相反的结果
AND 或 &&	逻辑与
OR	逻辑或
XOR	逻辑异或

6．一元运算符

一元运算符对一个表达式进行操作，这个表达式可以是任意数据类型。

MySQL 中的 3 个一元运算符如表 3-6 所示。

表 3-6　一元运算符及其含义

运　算　符	含　　义
+	正
-	负
~	取反

7．运算符的优先级

当一个复杂的表达式中包含多种运算符时，运算符的优先级将决定表达式的计算和比较顺序。在 MySQL 中，运算符的优先级从高到低如下所示，若优先级相同，则按照从左到右的顺序进行运算。

- 括号：（）；
- 一元运算符：~（取反）；
- 乘、除、取模运算符：*（乘）、/（除）、%（取模）；
- 一元运算符、加减运算符：+（正）、-（负）、+（加）、-（减）；
- 比较运算符：=（等于）、>、<、>=、<=、<>、!=、!>、!<；
- 位运算符：^（按位异或）、&（按位与）、|（按位或）；
- 逻辑运算符：NOT（非）；
- 逻辑运算符：AND（与）；
- 逻辑运算符：OR（或）、XOR（异或）；
- 赋值运算符：=（赋值）。

例 3-30　在 SET 语句使用的表达式中，括号使其首先执行加法，表达式的结果为 18。

程序清单如下：

```
DECLARE @MyNumber INT
SET @MyNumber = 2 * (4 + 5)
SELECT @MyNumber
```

3.5.5　函数

MySQL 提供了很多功能强大的函数，可极大地提高用户对数据库的管理效率。在使用过程中，函数名称不区分大小写。根据数据类型，常用函数分为数学函数、字符串函数、日期和时间函数、系统信息函数、数据类型转换函数和聚合函数等。本节将对一部分常用函数进行介绍。

1. 数学函数

数学函数用于对数值表达式进行数学运算并返回运算结果。数学函数可以对 MySQL 提供的数值型数据（INT、FLOAT、SMALLINT 和 TINYINT 等）进行处理，函数的返回值也为数值型数据。MySQL 常用的数学函数如表 3-7 所示。

表 3-7　数学函数

函　　数	功　　能
ABS(X)	返回 X 的绝对值
ASIN(X)、ACOS(X)、ATAN(X)	返回 X 的反正弦、反余弦、反正切值
SIN(X)、COS(X)、TAN(X)、COT(X)	返回 X 的正弦、余弦、正切、余切值
ATAN2(X,Y)	返回 4 个象限的反正切弧度值
DEGREES(X)	返回弧度 X 的角度
RADIANS(X)	返回角度 X 的弧度
EXP(X)	返回 e（自然对数的底）的 X 次方值
LOG(X)	返回 X 的自然对数（以 e 为底的对数）
LOG10(X)	返回 X 的以 10 为底的对数值
SQRT(X)	返回非负数 X 的二次方根（平方根）
CEILING(X)、CEIL(X)	返回不小于（大于或等于）X 的最小整数值
FLOOR(X)	返回不大于（小于或等于）X 的最大整数值
ROUND(X)	返回离 X 最近的整数
ROUND(X,D)	保留 X 小数点后 D 位的值，第 D 位的保留方式为四舍五入
SIGN(X)	返回参数 X 的特号，X 是正数时返回 1，负数时返回-1，零时返回 0
POW(X,Y)、POWER(X,Y)	返回 X 的 Y 次方值
PI()	常量，返回圆周率 3.141592653589793
RAND()、RAND(N)	返回 0 和 1 之间的一个随机浮点数。若已指定一个整数参数 N，则它被用作种子值，用来产生重复序列

例 3-31　在同一表达式中使用 CEILING()、FLOOR()、ROUND()函数。

程序清单如下：

```
SELECT  CEILING(13.4),  FLOOR(13.4),  ROUND(13.4567,3)
```

运行结果为：

```
--------- --------- -------
14        13        13.457
```

2. 字符串函数

字符串函数主要用于处理数据库中的字符串数据，MySQL 中的字符串函数可以完成截取字符串、字符串大/小写转换、获取字符串的长度、合并字符串和查找指定字符串位置等操作。

字符串函数可以对二进制数据、字符串和表达式执行不同的运算，大多数字符串函数只能用于 CHAR 和 VARCHAR 数据类型及明确转换成 CHAR 和 VARCHAR 的数据类型，少数几个字符串函数也可以用于 BINARY 和 VARBINARY 数据类型。此外，某些字符串函数还能够处理 TEXT、NTEXT、IMAGE 数据类型的数据。MySQL 常用的字符串函数如表 3-8 所示。

表 3-8 字符串函数

函　　数	功　　能
CONCAT(str1, str2,…)	将 str1 和 str2 等多个字符串合并为一个字符串。如果参数是 NULL，返回 NULL
CONCAT_WS(separator, str1, str2,...)	是 CONCAT()的特殊形式，separator 是其他参数的分隔符，可以是字符串或其他参数。分隔符的位置放在要连接的两个字符串之间
ASCII(str)	返回字符串 str 最左边字符的 ASCII 代码值。如果 str 是空字符串，返回 0；如果 str 是 NULL，返回 NULL
CHAR(N,…)	CHAR()将参数解释为整数并且返回由这些整数的 ASCII 代码字符组成的一个字符串。NULL 值被省略
BIN(N)	返回 N 的一个二进制字符串表示，其中 N 是一个长整数（BIGINT）数字，等价于 CONV(N,10,2)。如果 N 是 NULL，返回值为 NULL
LENGTH(str)、OCTET_LENGTH(str)	返回值为字符串 str 的长度，即字节数
CHAR_LENGTH(str)、CHARACTER_LENGTH(str)	返回值为字符串 str 的长度，即字符数
CONV(N from_base, to_base)	不同数间转换数字。返回值为数字 N 的一个字符串表示，由 from_base 基转化为 to_base 基
EXPORT_SET(bits, on, off [,separator[,number_of_bits]])	返回值为一个字符串，用于将给定的 bits 值转换为字符串。bits 的每个比特位对应一个指定的字符串值，当位的值为 1 时返回的 on 字符串，0 时返回 off 字符串
FIELD(str, strl, str2, str3, ...)	返回第一个与字符串 str 匹配的字符串的位置
FIND_IN_SET(s1, s2)	返回在字符串 s2 中与 s1 匹配的字符串的位置
LEFT(str, len)	返回字符串 str 最左边的 len 个字符
RIGHT(str, len)	返回字符串 str 最右边的 len 个字符
SUBSTRING(str, pos, len)	从字符串 str 返回一个 len 个字符的子串，从位置 pos 开始
INSERT(str, pos, len, newstr)	将字符串 str 从位置 pos 开始且 len 个长度的子串由新的字符串 newstr 代替
UCASE(str)、UPPER(str)	将字符串 str 的所有字母都变成大写字母
LCASE(str)、LOWER(str)	将字符串 str 的所有字母都变成小写字母
LTRIM(str)	返回删除了其前置空格字符的字符串 str
RTRIM(str)	返回删除了其拖后空格字符的字符串 str
TRIM([[BOTH|LEADING|TRAILING][remstr] FROM str])	删除字符串 str 两端（指定 BOTH 或默认时）、开头（指定 LEADING 时）或结尾（指定 TRAILING 时）的指定字符 remstr（默认是空格）
REPLACE(str, from_str, to_str)	将字符串 str 中所有出现的字符串 from_str 由字符串 to_str 代替
REPEAT(str, count)	返回由重复 countTimes 次的字符串 str 组成的一个字符串。如果 count<=0，返回一个空字符串。如果 str 或 count 是 NULL，返回 NULL

续表

函　　数	功　　能
LPAD(str1, len, str2)	用字符串 str2 填充 strl 的开始处，使字符串长度达到 len
RPAD(strl,len,str2)	用字符串 str2 填充 strl 的结尾处，使字符串长度达到 len
SPACE(n)	返回一个由 n 间隔符号组成的字符串
LOCATE(substr,str)、POSITION(substr IN str)	返回子串 substr 在字符串 str 中第一次出现的位置，如果 substr 不在 str 里面，返回 0
LOCATE(substr, str, pos)	返回 substr 在 str 字符串中从 pos 开始第一次出现的位置。如果 substr 不在 str 里面，返回 0
INSTR(str, substr)	返回 substr 在字符串 str 中第一次出现的位置。与有 2 个参数形式的 LOCATE()相同，除了参数被颠倒
ELT(n, strl, str2, str3...)	返回第 n 个字符串；例如 n=2，返回 str2
MID(str, pos,len)	返回字符串 str 中从位置 pos 开始的 len 个字符
REVERSE(str)	返回颠倒字符顺序的字符串 str

例 3-32　使用 LTRIM 函数删除字符变量中的前置空格。

程序清单如下：

```
DECLARE @string_to_trim VARCHAR(60)
SET @string_to_trim = '     Five spaces are at the beginning of this
   string.'
SELECT CONCAT('Here is the string without the leading spaces: ',
   LTRIM(@string_to_trim));
```

运行结果为：

```
--------------------------------------------------------------------
Here is the string without the leading spaces: Five spaces are at the beginning
of this string.
```

例 3-33　显示如何只返回字符串的一部分。该查询在一列中返回 student 表中的学号，在另一列中返回 student 表中学号的前三位。

程序清单如下：

```
USE study;
SELECT s_no, SUBSTRING(s_no,1,3)
FROM student
ORDER BY s_no;
```

3．日期和时间函数

日期和时间函数用于对日期和时间数据进行各种不同的处理和运算，并返回一个字符串、数字值或日期和时间值。与其他函数一样，可以在 SELECT 语句的 SELECT 和 WHERE 子句及表达式中使用日期和时间函数。MySQL 中常见的日期和时间函数如表 3-9 所示；另外，表 3-10 列出了日期类型的名称、缩写和可接受的值。

表 3-9　日期和时间函数

函　　数	功　　能
CURDATE()、CURRENT DATE()	返回当前日期
DATEDIFF()	返回当前时间
NOW()、CURRENT_TIMESTAMP()、LOCALTIME()、SYSDATE()、LOCALTIMESTAMP()	返回当前日期和时间
UNIX_TIMESTAMP()	以 UNIX 时间戳的形式返回当前时间
UNIX_TIMESTAMP(D)	将时间 D 以 UNIX 时间戳的形式返回
FROM_UNIXTIME(D)	把 UNIX 时间戳的时间转换为普通格式的时间
UTC_DATE()	返回 UTC 日期
UTC_TIME()	返回 UTC 时间
MONTH(D)	返回日期 D 中的月份值，范围是 1～12 月
MONTHNAME(D)	返回日期 D 中的月份名称，如 January
DAYNAME(D)	返回日期 D 是星期几，如 Monday
DAYOFWEEK(D)	返回日期 D 是星期几，1 表示星期日，2 表示星期一
WEEKDAY(D)	返回日期 D 是星期几，0 表示星期一，1 表示星期二
WEEK(D)	计算日期 D 是本年的第几个星期，范围是 0～53
WEEKOFYEAR(D)	计算日期 D 是本年的第几个星期，范围是 1～53
DAYOFYEAR(D)	计算日期 D 是本年的第几天
DAYOFMONTH(D)	计算日期 D 是本月的第几天
YEAR(D)	返回日期 D 中的年份值
QUARTER(D)	返回日期 D 是第几季度，返回值为 1～4
HOUR(T)	返回时间 T 中的小时值
MINUTE(T)	返回时间 T 中的分钟值
SECOND(T)	返回时间 T 中的秒钟值
TO_DAYS(D)	返回从 0000 年 1 月 1 日至日期 D 的天数
FROM_DAYS(N)	计算从 0000 年 1 月 1 日开始 N 天后的日期
DATEDIFF(D1, D2)	计算日期 D1 和 D2 之间相隔的天数
ADDDATE(D, N)	计算起始日期 D 加上 N 天后的日期
ADDDATE(D, INTERVAL expr type)、DATE_ADD(D, INTERVAL expr type)	计算起始日期 D 加上一个时间段后的日期
SUBDATE(D, N)	计算起始日期 D 减去 N 天的日期
SUBDATE(D, INTERVAL expr type)	计算起始日期 D 减去一个时间段后的日期
ADDTIME(T, N)	计算起始时间 T 加上 N 秒的时间
SUBTIME(T, N)	计算起始时间 T 减去 N 秒的时间
DATE_FORMAT(D, F)	按照表达式 F 的要求显示日期 D
TIME_FORMAT(D, F)	按照表达式 F 的要求显示时间 T
GET_FORMAT(type, str)	根据字符串 str 获取 type 类型数据的显示格式

例 3-34　显示在 humanresources.employee 表中雇佣日期到当前日期间的天数。

程序清单如下：

```
USE adventureworks;
SELECT DATEDIFF(day, hiredate, getdate())  AS diffdays
FROM humanresources.employee;
```

例 3-35　从 getdate()函数返回的日期中提取月份名。

程序清单如下：

```
SELECT MONTHNAME(getdate())  AS  'Month Name'
```

表 3-10　日期类型的名称、缩写和可接受的值

日期类型的名称	缩　　写	可接受的值
Year	Y/y	1753～9999
Quarter	Q/q	1～4
Month	M/m	1～12
Day of year	D/y	1～366
Day	D/d	1～31
Week	W/k	0～51
Weekday	D/w	1～7（星期天的值为 1）
Hour	H/h	0～23
Minute	Mi	0～59
Second	S/s	0～59
Millisecond	Ms	0～999

4．系统信息函数

　　系统信息函数用于返回有关 MySQL 系统、用户、数据库和数据库对象的信息。系统信息函数可以让用户在得到信息后，使用条件语句，根据返回的信息进行不同的操作。与其他函数一样，可以在 SELECT 语句的 SELECT 和 WHERE 子句及表达式中使用系统信息函数。常用的系统信息函数如表 3-11 所示。

表 3-11　系统信息函数

函　　数	功　　能
BENCHMARK(count, expr)	返回值通常为 0，通过显示表达式 expr 重复运行 count 次的时间，来测试表达式的执行速度
CHARSET(str)	返回字符串自变量的字符集
COERCIBILITY(str)	返回字符串自变量的可压缩性值
CONNECTION_ID()	返回连接 ID（线程 ID）。每个连接都有各自的唯一 ID
CURRENT_USER()	返回当前话路被验证的用户名和主机名组合
DATABASE()、SCHEMA()	返回使用 utf8 字符集的默认（当前）数据库名

函　　数	功　　能
SESSION_USER()、SYSTEM_USER()、USER()	返回当前 MySQL 数据库的用户名和主机名
VERSION()	返回指示 MySQL 数据库版本的字符串，这里使用 utf8 字符集

例 3-36　查询当前 MySQL 数据库用户名、连接 ID 和版本等信息。

程序清单如下：

```
SELECT USER(),CURRENT_USER(),CONNECTION_ID(),VERSION();
```

5. 数据类型转换函数

数据类型转换函数用于把一个值的数据类型转换为指定的数据类型。数据类型转换函数有两个：CONVERT 和 CAST。

CAST 函数允许把一种数据类型强制转换为另一种数据类型，其语法格式如下：

```
CAST( expression AS data_type );
```

CONVERT 函数允许用户把表达式从一种数据类型转换成另一种数据类型，还允许把日期转换成不同的样式，其语法格式如下：

```
CONVERT (expression, data_type);
```

例 3-37　将学生表 student 中的 age 列的数据类型转换为 CHAR(20)，从而可以对该列使用 LIKE 谓词。

程序清单如下：

```
USE study;
SELECT s_no,s_age
FROM student
WHERE CAST(s_age AS CHAR(20)) LIKE '2%';
```

例 3-38　将当前日期转换为不同格式的字符串。

程序清单如下：

```
SELECT CONVERT(NOW(), CHAR) AS N1,
 DATE_FORMAT(NOW(), '%Y%m%d') AS N2,
 DATE_FORMAT(NOW(), '%Y年%m月%d日') AS N3;
```

运行结果为：

```
+---------------------+----------+-----------------+
| N1                  | N2       | N3              |
+---------------------+----------+-----------------+
| 2024-01-10 16:20:36 | 20240110 | 2024年01月10日  |
+---------------------+----------+-----------------+
```

6. 聚合函数

聚合函数用于对一组值进行计算并返回一个单一的值。所有聚合函数均为确定性函数。这说明任何时候使用一组特定的输入值调用聚合函数，返回的值都是相同的。除 COUNT 函数外，聚合函数忽略空值。聚合函数经常与 SELECT 语句的 GROUP BY 子句一同使用。聚合函数仅在下列项中被允许作为表达式使用：SELECT 语句的选择列表（子查询或外部查询）、COMPUTE 或 COMPUTE BY 子句、HAVING 子句。

常用的聚合函数如表 3-12 所示。

表 3-12 聚合函数

函　　数	功　　能
AVG()	返回某个表达式的平均值
COUNT()	返回在某个表达式中数据值的数量
COUNT(*)	返回所选择行的数量
GROUPING()	计算某些行的数据是否由 ROLLUP 或 CUBE 选项得到
MAX()	返回表达式中的最大值
MIN()	返回表达式中的最小值
SUM()	返回表达式中所有值的和
STDEV()	返回表达式中所有数据的标准差
STDEVP()	返回总体标准差
VAR()	返回表达式中所有值的统计变异数
VARP()	返回总体变异数

下面介绍常用聚合函数的语法。

（1）AVG 函数。AVG 函数返回组中值的平均值，空值将被忽略，其语法格式如下：

```
AVG([ALL|DISTINCT] expression)
```

其中，ALL 表示对所有的值进行聚合函数运算，ALL 是默认设置；DISTINCT 指定 AVG 操作只使用每个值的唯一实例，而不管该值出现了多少次；expression 为精确数字或近似数字数据类型的表达式（bit 数据类型除外）。返回类型由表达式的运算结果类型决定。

（2）COUNT 函数。COUNT 函数返回组中项目的数量，其语法格式如下：

```
COUNT({[ALL|DISTINCT]expression]|*})
```

其中，ALL 表示对所有的值进行聚合函数运算，ALL 是默认设置；DISTINCT 指定 COUNT 返回唯一非空值的数量；expression 为表达式，其类型是除 UNIQUEIDENTIFIER、TEXT、IMAGE 和 NTEXT 之外的任何类型；*指定应该计算的所有行以返回表中行的总数。COUNT(*) 不需要任何参数，而且不能与 DISTINCT 一起使用。COUNT(*)返回指定表中行的数量而不消除副本。它对每行分别进行计数，包括含有空值的行。

（3）MAX（MIN）函数。MAX（MIN）函数返回表达式的最大值（最小值），其语法格式如下：

```
MAX(MIN) ( [ALL|DISTINCT] expression )
```

其中，ALL 对所有的值进行聚合函数运算，ALL 是默认设置；DISTINCT 表示指定每个唯一值都被考虑，DISTINCT 对于 MAX（MIN）无意义，使用它仅仅是为了符合 SQL-92 兼容性；expression 为常量、列名、函数及算术运算符、按位运算符和字符串运算符的任意组合。MAX 可用于数字列、字符列和 datetime 列，但不能用于 bit 列。

注意，MAX（MIN）忽略任何空值。对于字符列，MAX（MIN）查找排序序列的最大值（最小值）。

（4）SUM 函数。SUM 函数返回表达式中所有值或 DISTINCT 值的和。SUM 只能用于数字列。空值将被忽略，其语法格式如下：

```
SUM([ALL|DISTINCT]expression)
```

其中，ALL 对所有的值进行聚合函数运算，ALL 是默认设置；DISTINCT 指定 SUM 返回唯一值的和；expression 是精确数字或近似数字数据类型（bit 数据类型除外）的表达式。

例 3-39　查找所有学生的平均成绩，用值 80 替代选课表 sc 中所有 NULL 条目。

程序清单如下：

```
USE study;
SELECT AVG(IFNULL(score, 80))
FROM sc;
```

例 3-40　计算选课表 sc 中学号为 1172220001 的学生的平均成绩和总成绩。对于检索到的所有行，每个聚合函数都生成一个单独的汇总行。

程序清单如下：

```
USE study;
SELECT AVG(score) AS '平均成绩', SUM(score) as '总成绩'
FROM sc
WHERE s_no = '1172220001';
```

例 3-41　返回课程号为 C01 的课程的平均成绩。如果不使用 DISTINCT，AVG 函数将计算出选课表 sc 中所有课程的平均成绩。

程序清单如下：

```
USE study;
SELECT AVG(DISTINCT score)
FROM sc
WHERE course_no = 'C01';
```

例 3-42　统计学生表 student 中姓名字段的数量。

程序清单如下：

```
USE study;
SELECT COUNT(DISTINCT s_name)
FROM student;
```

例 3-43　返回学生表 student 中年龄最小的学生。

程序清单如下：

```
USE study;
SELECT MIN(s_age)
FROM student;
```

3.5.6　流程控制语句

流程控制语句是指那些用来控制程序执行和流程分支的语句，也称流控制语句或控制流语句。在 MySQL 中，流程控制语句主要用来控制 SQL 语句、语句块或者存储过程的执行流程。下面将详细介绍 MySQL 提供的流程控制语句。

1. BEGIN…END 语句

BEGIN…END 语句能够将多个 SQL 语句组合成一个语句块，并将它们视为一个单元处理。在条件语句和循环等控制流程语句中，当符合特定条件便要执行两个或多个语句时，就需要使用 BEGIN…END 语句。BEGIN…END 语句的语法格式如下：

```
BEGIN
    statement_list
END
```

（1）statement_list 表示一条或多条 SQL 语句。
（2）BEGIN…END 语句块允许嵌套。

例 3-44　BEGIN…END 语句的示例。

程序清单如下：

```
USE study;
DELIMITER$$
CREATE FUNCTION search1(xh CHAR(9))
RETURNS CHAR(9)
BEGIN
    RETURN (SELECT * FROM student WHERE s_no = xh);
END$$
DELIMITER ;
```

2. IF…ELSE 条件判断语句

IF…ELSE 条件判断语句是流程控制语句中最常用的判断语句，它利用布尔表达式来进行流程控制。当布尔表达式成立时，SQL 将执行该表达式对应的语句；当布尔表达式不成立时，程序会执行另一个流程。IF…ELSE 条件判断语句的语法格式如下：

```
IF search_condition THEN statement_list
    [ELSEIF search_condition THEN statement_list]…
    [ELSE statement_list]
END IF
```

（1）search_condition：指定判断条件。

（2）statement_list ： 表示一条或多条 SQL 语句。

（3）只有当判断条件 search_condition 的值为真时，才会执行关键字 THEN 后面的 SQL 语句，否则直接执行后面的指令。

（4）ELSEIF：条件的嵌套。

例 3-45 IF...ELSE 语句的示例。

程序清单如下：

```
IF val IS NULL
    THEN SELECT 'val is NULL';
    ELSE SELECT 'val is NOT NULL';
END IF
```

3. CASE 语句

CASE 语句可以计算多个条件表达式，并将其中一个符合条件的结果表达式返回。CASE 语句按照使用形式的不同，可以分为简单 CASE 语句和搜索 CASE 语句。它们的语法格式分别如下：

```
CASE case_value
    WHEN when_value  THEN statement_list
    [WHEN when_value  THEN statement_list]…

    [ELSE statement_list]
END CASE
```

```
CASE
    WHEN search_condition THEN statement_list
    [WHEN search_condition THEN statement_list]…

    [ELSE statement_list]
END CASE
```

其中，简单 CASE 语句的执行过程为：将 CASE 后面的表达式与 WHEN 后面的表达式逐个进行比较，若相等则返回 THEN 后面的表达式，否则返回 ELSE 后面的表达式。搜索 CASE 语句的执行过程为：如果 WHEN 后面的逻辑表达式为真，则返回 THEN 后面的表达式，然后判断下一个逻辑表达式，若所有的逻辑表达式都为假，则返回 ELSE 后面的表达式。

例 3-46 使用 CASE 语句判断成绩级别。

程序清单如下：

```
DECLARE @score int
SET @score=95
SELECT
CASE
    WHEN @score>=90 THEN '优秀'
```

```
    WHEN @score>=80 THEN '良好'
    WHEN @score>=70 THEN '中等'
    WHEN @score>=60 THEN '及格'
    ELSE '不及格'
END CASE
AS '级别';
```

4．WHILE 循环控制语句

WHILE 循环控制语句用于设置重复执行 SQL 语句或语句块的条件。只要指定的条件为真，就重复执行语句，其语法格式如下：

```
[begin_label:]WHILE search_condition DO
    statement_list
END WHILE [end_label]
```

（1）WHILE 语句执行时，首先判断条件 search_condition 是否为真，若为真，则执行 statement_list 中的语句，然后进行判断，若仍然为真则继续循环，直至条件判断不为真时结束循环。

（2）begin_label 和 end_label 是 WHILE 的标注，必须使用相同的标注名，并成对出现。

例 3-47　利用 WHILE 循环控制语句计算 1～100 之和。

程序清单如下：

```
DELIMITER ##
CREATE FUNCTION sum1()
RETURNS INT
BEGIN
    DECLARE s INT DEFAULT 0;
    DECLARE i INT DEFAULT 1;
    WHILE i<= 100 DO
        SET s = s+i;
        SET i=i+1;
    END WHILE;
    RETURN s;
END##
DELIMITER ;
```

5．REPEAT 循环控制语句

REPEAT 循环控制语句实现的是一个带条件判断的循环控制语句，其语法格式如下：

```
[begin_label:] REPEAT
    statement_list
UNTIL search_condition
END REPEAT [end_label]
```

（1）首先执行 statement_list 中的语句，然后判断条件 search_condition 是否为真，倘若为真则结束循环，若不为真则继续循环。

（2）begin_label 和 end_label 是 REPEAT 语句的标注，必须使用相同的标注名，并成对出现。

（3）REPEAT 语句和 WHILE 语句的区别在于：REPEAT 语句先执行语句，后进行判断；而 WHILE 语句先判断，条件为真时才执行语句。

例 3-48　使用 REPEAT 循环控制语句实现当 id 值小于 10 时执行循环过程。

程序清单如下：

```
DECLARE id INT DEFAULT 0;
REPEAT
SET id= id+1;
UNTIL id>=10
END REPEAT;
```

上述循环执行 id 加 1 的操作。当 id 值小于 10 时，执行循环；当 id 值大于或等于 10 时，退出循环。

6. LOOP 循环控制语句

LOOP 循环控制语句本身没有包含中断循环的条件，其语法格式如下：

```
[begin_label:] LOOP
    statement_list
END LOOP [end_label]
```

（1）LOOP 循环控制语句允许重复执行某个特定语句或语句块，实现一个简单的循环，其中 statement_list 用于指定需要重复执行的语句。

（2）begin_label 和 end_label 是 LOOP 的标注，必须使用相同的标注名，并成对出现。

（3）在循环体 satement_list 中的语句会一直重复执行，直至使用 LEAVE 语句来中断循环。而 ITERATE 语句则表示再次循环。

例 3-49　使用 LOOP 循环控制语句实现当 id 值小于 10 时执行循环过程。

程序清单如下：

```
DECLARE id INT DEFAULT 0;
add_loop: LOOP
SET id= id+1;
IF id>=10 THEN LEAVE add_loop;
END IF;
END LOOP add_loop;
```

7. LEAVE 语句

LEAVE 语句用来退出任何被标注的流程控制结构，其语法格式如下：

```
LEAVE label
```

其中，label 参数表示循环的标注名。LEAVE 和 BEGIN…END 或循环语句一起使用。

例 3-50　　使用 LEAVE 语句退出循环。

程序清单如下：

```
DECLARE @count INT DEFAULT 0;
add_num: LOOP
SET @count=@count+1;
IF @count=50 THEN LEAVE add_num;
END LOOP add_num;
```

8．ITERATE 语句

ITERATE 语句将执行顺序转到语句段开头处，其语法格式如下：

```
ITERATE label
```

（1）label 参数是循环语句中自定义的标注名。

（2）ITERATE 只能出现在循环语句的 WHILE、REPEAT 和 LOOP 子句中，用于表示退出当前循环，且重新开始一个循环。

（3）ITERATE 语句和 LEAVE 语句的区别在于：LEAVE 语句用于结束整个循环，而 ITERATE 语句只是退出当前循环，重新开始一个新的循环。

3.6　游标

在数据库中，游标是一个十分重要的概念。游标提供了一种对从表中检索出的数据进行操作的灵活手段。就本质而言，游标实际上是一种能从包括多条数据记录的结果集中每次提取一条记录的机制。

在 MySQL 中，游标主要包括游标结果集和游标位置两部分，游标结果集是由定义游标的 SELECT 语句返回行的集合，游标位置则是指向这个结果集中的某一行的指针。当决定对结果集进行处理时，必须声明一个指向该结果集的游标。游标能够以与传统程序读取平面文件类似的方式处理来自基础表的结果集，从而把表中数据以平面文件的形式呈现给程序。

游标的优点是：游标允许应用程序对查询语句 SELECT 返回的行结果集中的每一行进行相同或不同的操作，而不是一次对整个结果集进行同一种操作；它还提供对基于游标位置对表中数据进行删除或更新的功能；而且，正是游标把作为面向集合的数据库管理系统和面向行的程序设计两者联系起来，使两个数据处理方式能够进行沟通。游标的缺点是：速度较慢。

使用游标时需要注意以下几点。

（1）MySQL 对游标的支持从 MySQL 5.0 版本开始，之前的 MySQL 版本无法使用游标。

（2）游标只能用于存储过程或存储函数中，不能单独在查询操作中使用。

（3）在存储过程或存储函数中可以定义多个游标，但是在一个 BEGIN…END 语句块中每个游标的名字必须是唯一的。

（4）游标不是一条 SELECT 语句，而是被 SELECT 语句检索出的结果集。

使用游标的具体步骤如下：声明（定义）游标、打开游标、使用游标、关闭游标、删除游标。

1．声明（定义）游标

在使用游标之前，必须先声明（定义）它。这个过程实际上没有检索数据，只是定义要使用的 SELECT 语句。MySQL 中使用 DECLARE CURSOR 语句创建游标，其语法格式如下：

```
DECLARE cursor_name CURSOR FOR select_statement;
```

（1）cursor_name：要创建的游标，其命名规则与表相同。

（2）select_statement：表示 SELECT 语句的内容，会返回一行或多行数据，即返回一个用于创建游标的结果集。注意：这里的 SELECT 语句不能有 INTO 子句。

例 3-51　对表 student 表声明游标 cursor_stu。

程序清单如下：

```
DECLARE cursor_stu CURSOR FOR SELECT * FROM student;
```

2．打开游标

当定义完游标后，必须打开该游标才能使用，这个过程实际上是将游标连接到由 SELECT 语句返回的结果集中。在 MySQL 中使用 OPEN 语句打开游标，其语法格式如下：

```
OPEN cursor_name;
```

其中，cursor_name 为要打开的游标。注意，当全局游标和局部游标重名时，默认会打开局部游标。

在实际应用中，一个游标可以被多次打开，由于其他用户或应用程序可能随时更新数据表，因此每次打开游标的结果集可能会不同。

例 3-52　打开名称为 cursor_stu 的游标。

程序清单如下：

```
OPEN cursor_stu;
```

3．使用游标

游标的使用分为两部分，一部分是操作游标在数据集内的指向，另一部分是对游标所指向的行的部分或全部内容进行操作。

在打开游标以后，就可以根据需要提取数据。MySQL 中使用 FETCH…INTO 语句读取数据，其语法格式如下：

```
FETCH cursor_name INTO var_name[,var_name]…
```

（1）cursor_name：指定已打开的游标。

（2）var_name：指定存放数据的变量。

FETCH…INTO 语句与 SELECT…INTO 语句具有相同的意义，FETCH 语句将游标指向的一行数据赋给一些变量，这些变量的数目必须等于声明游标时 SELECT 子句中选择列的数目。游标相当于一个指针，它指向当前的一行数据。

例 3-53　在打开 cursor_stu 游标之后，使用 FETCH 语句来检索游标中的可用数据。

程序清单如下：

```
FETCH cursor_stu INTO xh;
WHILE found DO
    SET i= i+1;
    FETCH cursor_stu INTO xh;
END WHILE;
```

4．关闭游标

打开游标以后，MySQL 会专门为游标开辟一定的内存空间，以存放游标操作的数据结果集，同时游标的使用也会占用锁资源，所以在不使用游标的时候，一定要关闭游标，以通知服务器释放游标所占用的资源。关闭游标的语法格式如下：

```
CLOSE cursor_name;
```

其中，cursor_name 为要关闭的游标。

当一个游标被关闭后，若没有重新被打开，则不能使用。对于声明过的游标，关闭后再打开不需要再次声明，可直接使用 OPEN 语句打开。另外，如果没有明确关闭游标，MySQL 将会在到达 END 语句时自动关闭它。

例 3-54　关闭名称为 cursor_stu 的游标。

程序清单如下：

```
CLOSE cursor_stu;
```

5．删除游标

删除游标，释放资源。删除游标的语法格式如下：

```
DEALLOCATE cursor_name;
```

其中，cursor_name 是游标的名称。删除游标后，游标将被销毁，释放游标所占用的资源。

例 3-55　删除名称为 cursor_stu 的游标。

程序清单如下：

```
DEALLOCATE cursor_stu;
```

游标使用示例：

```
USE study;
DELIMITER %%
CREATE FUNCTION curl(chl CHAR(9))
RETURNS CHAR(255)
BEGIN
DECLARE i INT DEFAULT 0;
DECLARE flag BOOLEAN DEFAULT TRUE;
```

```
DECLARE sid CHAR(9);
DECLARE student_cur CURSOR
    FOR SELECT s_no FROM student;
DECLARE CONTINUE HANDLER FOR NOT FOUND
    SET flag = FALSE;
OPEN student_cur:
FETCH student_cur INTO sid;
WHILE flag DO
    RETURN (SELECT s_no FROM student WHERE s_no =sid)
    FETCH student_cur INTO sid;
END WHILE;
CLOSE student_cur;
END%%
DELIMITER;
```

本章小结

在本章中，我们主要学习了以下问题。

● SQL 的英文全称为 Structured Query Language，即结构化查询语言。SQL 语言主要由以下几部分组成：数据查询语言（Data Query Language，DQL）、数据定义语言（Data Definition Language，DDL）、数据操纵语言（Data Manipulation Language，DML）、数据控制语言（Data Control Language，DCL）及 MySQL 增加的语言元素。

● 数据查询语言是指用来查询数据库中数据的语句，使用它可以实现对数据库数据的查询操作，并可以对查询进行分析、统计、排序等处理操作。SELECT 功能最为丰富和复杂，也非常重要，本书在第 6 章详细讲解。

● 数据定义语言是指用来定义和管理数据库及数据库中各种对象的语句，这些语句包括 CREATE（创建）、ALTER（修改）和 DROP（删除）等。在 MySQL 中，数据库对象包括表、视图、触发器、存储过程等。这些对象的创建、修改和删除等都可以通过使用 CREATE、ALTER、DROP 等语句来完成。

● 数据操纵语言是指用来添加、修改和删除数据库中数据的语句，这些语句包括 INSERT（添加数据）、UPDATE（修改数据）、DELETE（删除数据）等。注意，ALTER（修改）和 DROP（删除）作用的对象为数据库或者数据库中的对象，用来修改或删除数据库或者数据库对象的结构；而 UPDATE（修改数据）、DELETE（删除数据）用来修改或删除表或视图中的数据。

● 数据控制语言是用来设置或更改数据库用户或角色权限的语句，包括 GRANT、DENY、REVOKE 等语句。数据控制语言可以进行语句权限和对象权限的授予、解除、拒绝。

● 注释是程序代码中不执行的文本字符串（也称为注解）。使用注释对代码进行说明，不仅能使程序易读易懂，而且有助于日后的管理和维护。在 MySQL 中，可以使用的注释字符有：ANSI 标准的注释符 "--" 和 "##" 符号，用于单行注释；还有与 C 语言相同的程序注释符号，即 "/* */"。"/*" 用于注释文字的开头，"*/" 用于注释文字的结尾，利用它们可以在程序中标识多行文字为注释。

- 变量是一种语言必不可少的组成部分。SQL 语言中有两种形式的变量，一种是用户自己定义的局部变量，另一种是系统提供的全局变量。局部变量是一个能够拥有特定数据类型的对象，它的作用范围仅限制在程序内部。局部变量被引用时要在其名称前加上标志"@"，而且必须先用 DECLARE 命令定义后才可以使用。使用 DECLARE 命令声明并创建局部变量之后，会将其初始值设为 NULL，如果想要设定局部变量的值，必须使用 SELECT 命令或者 SET 命令。全局变量是 MySQL 系统内部使用的变量，其作用范围并不仅仅局限于某一程序，任何程序均可以随时调用。全局变量通常存储一些 MySQL 的配置设定值和统计数据。全局变量不是由用户的程序定义的，它们是在服务器级定义的。用户只能使用预先定义的全局变量。引用全局变量时，必须以标记符"@@"开头。
- 运算符是一些符号，它们能够用来进行算术运算、字符串连接、赋值及在字段、常量和变量之间进行比较。在 MySQL 中，运算符主要有六大类：算术运算符、赋值运算符、位运算符、比较运算符、逻辑运算符和一元运算符。
- 在 SQL 语言中，函数被用来执行一些特殊的运算以支持 MySQL 的标准命令。SQL 编程语言提供的函数主要有数学函数、字符串函数、日期和时间函数、系统信息函数、数据类型转换函数和聚合函数等。数学函数用于对数值表达式进行数学运算并返回运算结果。数学函数可以对 MySQL 提供的数值数据（INT、FLOAT、SMALLINT 和 TINYINT 等）进行处理。字符串函数可以对二进制数据、字符串执行不同的运算，大多数字符串函数只能用于 CHAR 和 VARCHAR 数据类型及明确转换成 CHAR 和 VARCHAR 的数据类型，少数几个字符串函数也可以用于 BINARY 和 VARBINARY 数据类型。日期和时间函数用于对日期和时间数据进行各种不同的处理和运算，并返回一个字符串、数字值或日期和时间值。系统信息函数用于返回有关 MySQL 系统、用户、数据库和数据库对象的信息。数据类型转换函数有 CAST 和 CONVERT：CAST 函数允许把一种数据类型强制转换为另一种数据类型；CONVERT 函数允许用户把表达式从一种数据类型转换成另一种数据类型，还允许把日期转换成不同的样式。聚合函数用于对一组值进行计算并返回一个单一的值。聚合函数经常与 SELECT 语句的 GROUPBY 子句一同使用。
- 流程控制语句是指那些用来控制程序执行和流程分支的语句，在 MySQL 中，流程控制语句主要用来控制 SQL 语句、语句块或者存储过程的执行流程，主要包括以下几类：将多个 SQL 语句组合成一个语句块的 BEGIN...END 语句、IF...ELSE 条件判断语句、CASE 多条件选择语句、WHILE 循环控制语句、REPEAT 循环控制语句、LOOP 循环控制语句、用来退出任何被标注的流程控制结构的 LEAVE 语句、将执行顺序转到语句段开头处的 ITERATE 语句等。

习题

思考题

1．SQL 语言主要由哪几部分组成？
2．数据定义语言的含义和作用是什么？

3．数据操纵语句包括哪些？它们的功能分别是什么？

4．MySQL 增加的语言元素有哪些？

5．流程控制语句包括哪些语句？它们各自的作用是什么？

6．游标的使用步骤和优缺点是什么？

上机练习题

1．根据书上例子，创建学生基本情况表 student。

2．应用 INSERT 语句向 student 表中添加数据。

3．使用 UPDATE、DELETE 语句对 student 表中的数据进行修改和删除。

4．使用 GRANT 语句将查询、修改 student 表的 s_dept 列的权限授予所有用户。

5．执行 SELECT @@VERSION 来确定 MySQL 的版本，执行 SELECT USER()、CONNECTION_ID()来查询用户名、连接 ID 信息。

6．在计算机上练习本章中有关变量、函数的例子。

习题答案

第 4 章   数据库管理

学习目标

本章中，你将学习：
- 数据库存储引擎
- 创建、查看、修改和删除数据库
- 数据库备份
- 数据库还原
- 数据库维护

数据库技术是计算机科学发展最为迅速的领域之一。20 世纪 70 年代初以来，数据库理论逐步成熟起来，现在已经成为计算机软件方面的一个独立分支，并且还在不断发展和完善。无论是 MySQL 等开源数据库，还是其他各种类型的数据库，都已经广泛应用于人们的学习和工作中。下面将重点介绍 MySQL 数据库创建、查看、修改、删除、备份与还原等内容。

4.1 数据库存储引擎

数据库存储引擎是数据库底层软件组件，数据库管理系统（DBMS）使用数据库存储引擎进行数据的存储、检索和管理操作。不同的存储引擎在数据存储格式、检索效率、事务支持、并发控制和故障恢复等方面有不同的实现方式和特点，这些特性直接影响数据库的性能和功能。MySQL 的核心就是存储引擎。

4.1.1 概述

MySQL 数据库中典型的数据库对象包括表、视图、索引、存储过程、函数和触发器等。表是其中最为重要的数据库对象。使用 SQL 语句创建数据库表之前，必须首先明确该表的存储引擎。

存储引擎实际上就是如何存储数据、如何为存储的数据建立索引和如何更新、查询数据的机制。因为在关系数据库中数据是以表的形式存储的，所以存储引擎也可以被称为表类型。MySQL 数据库提供了多种存储引擎，用户可以根据不同的需求为表选择不同的存储引擎，也可以根据自己的需要编写自己的存储引擎。

在 Oracle 和 SQL Server 等数据库中只有一种存储引擎，所有数据存储管理机制都是一样的，但是 MySQL 数据库提供了很多种存储引擎。MySQL 中的每一种存储引擎都有各自的特点，为了提升性能，数据库开发人员应该选用更合适的存储引擎。MySQL 常用的存储引擎有 InnoDB 存储引擎及 MyISAM 存储引擎。

查看当前 MySQL 数据库支持的存储引擎有两种方式：第一种方式是使用 SHOW ENGINES 命令；第二种方式是使用 SHOW VARIABLES LIKE'have%';语句。第一种方式的语法格式如下：

```
SHOW ENGINES;
```

或

```
SHOW ENGINES \G
```

上述语句可以使用分号"；"结束，也可以使用"\g"或者"\G"结束，其中"\g"的作用与分号作用相同，而"\G"可以让结果更加美观。

例 4-1 登录 MySQL 控制台成功后执行 SHOW ENGIENS 命令并查看结果。

程序清单如下：

```
SHOW ENGINES
```

执行结果如图 4-1 所示。

```
1 ●    SHOW ENGINES
```

Engine	Support	Comment	Transactions	XA	Savepoints
▶ InnoDB	DEFAULT	Supports transactions, row-level locking, and foreign keys	YES	YES	YES
FEDERATED	NO	Federated MySQL storage engine	NULL	NULL	NULL
MEMORY	YES	Hash based, stored in memory, useful for temporary tables	NO	NO	NO
MRG_MYISAM	YES	Collection of identical MyISAM tables	NO	NO	NO
CSV	YES	CSV storage engine	NO	NO	NO
PERFORMANCE_SCHEMA	YES	Performance Schema	NO	NO	NO
MyISAM	YES	MyISAM storage engine	NO	NO	NO
BLACKHOLE	YES	/dev/null storage engine (anything you write to it disappears)	NO	NO	NO
ARCHIVE	YES	Archive storage engine	NO	NO	NO

图 4-1   执行结果

图 4-1 表示当前版本的 MySQL 数据库支持 MRG_MYISAM、MyISAM、BLACKHOLE、CSV、MEMORY、ARCHIVE、InnoDB 和 PERFORMANCE_SCHEMA 存储引擎。输出的参数说明如下。

● Engine：数据库存储引擎的名称。
● Support：表示 MySQL 是否支持该类引擎。YES 表示支持，NO 表示不支持，DEFAULT 表示默认引擎。
● Comment：表示对该引擎的解释说明。
● Transactions：表示是否支持事务处理。YES 表示支持，NO 表示不支持。（数据库事务是指作为单个逻辑工作单元执行的一系列操作，要么完全执行，要么完全不执行。）
● XA：表示是否支持分布式交易处理的 XA 规范。YES 表示支持，NO 表示不支持。
● Savepoints：表示是否支持保存点，以便事务回滚到保存点。YES 表示支持，NO 表示不支持。

例 4-2   执行 SHOW VARIABLES LIKE 'have%' ;语句并查看结果。

程序清单如下：

```
SHOW VARIABLES LIKE 'have%' ;
```

执行结果如图 4-2 所示。其中，Value 中显示"DISABLED"和"YES"表示支持该存储引擎，前者表示数据库启动的时候被禁用；"NO"表示不支持。

```
1 ●    SHOW VARIABLES LIKE 'have%' ;
```

Variable_name	Value
▶ have_compress	YES
have_dynamic_loading	YES
have_geometry	YES
have_openssl	YES
have_profiling	YES
have_query_cache	NO
have_rtree_keys	YES
have_ssl	YES
have_statement_timeout	YES
have_symlink	DISABLED

图 4-2   执行结果

例 4-3 执行 SHOW VARIABLES LIKE '%storage_engine%' ;语句查看当前数据库默认引擎。

程序清单如下：

```
SHOW VARIABLES LIKE '%storage_engine%' ;
```

执行结果如图 4-3 所示。

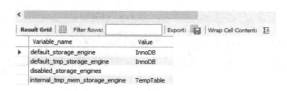

图 4-3　数据库默认引擎查询结果

4.1.2　InnoDB 引擎

InnoDB 是事务型数据库的首选引擎，支持事务安全表（ACID），支持行锁定和外键。在 MySQL 5.5.5 之后的版本中，InnoDB 是默认存储引擎。InnoDB 的主要特性如下。

（1）InnoDB 给 MySQL 提供了具有提交、回滚和崩溃恢复能力的事物安全（ACID 兼容）存储引擎。InnoDB 锁定在行级并且也在 SELECT 语句中提供一个类似 Oracle 的非锁定读取。这些功能提高了并发性能和系统的可扩展性。在 SQL 查询中，可以自由地将 InnoDB 类型的表与其他类型的 MySQL 表混合起来，甚至在同一个查询中也可以混合。

（2）InnoDB 是为处理大量数据提供最优性能而设计的。它的 CPU 效率可能是任何其他基于磁盘的关系数据库引擎所不能匹敌的。

（3）InnoDB 存储引擎完全与 MySQL 服务器整合，InnoDB 存储引擎为在主内存中缓存数据和索引而维持它自己的缓冲池。InnoDB 将它的表和索引存储在一个逻辑表空间中，表空间可以包含数个文件（或原始磁盘分区）。这与 MyISAM 表不同，比如，在 MyISAM 表中，每个表被存储在分离的文件中，InnoDB 表可以是任何大小。

（4）InnoDB 支持外键完整性约束（FOREIGNKEY）。存储表中的数据时，每张表都按主键顺序存储，如果没有在表定义时指定主键，lnnoDB 会为每一行生成一个 6 字节的 ROWID，并以此作为主键。

（5）InnoDB 被用在众多需要高性能的大型数据库站点上。InnoDB 不创建目录，使用 InnoDB 时 MySQL 将在 MySQL 数据目录下创建一个名为 ibdatal 的 10MB 自动扩展数据文件，以及两个名为 ib_logfile0 和 ib_logfile1 的 5MB 日志文件。

4.1.3　MyISAM 存储引擎

MyISAM 基于 ISAM 存储引擎，并对其进行扩展。它是在 Web、数据仓储和其他应用环境下最常使用的存储引擎之一。MyISAM 拥有较高的插入、查询速度，但不支持事务。在 MySQL 5.5.5 之前的版本中，MyISAM 是默认存储引擎。MyISAM 的主要特性如下。

（1）在支持大文件（达 63 位文件长度）的文件系统和操作系统上被支持。

（2）当把删除和更新及插入操作混合使用时，动态尺寸的行产生更少碎片。这要通过合并相邻被删除的块，以及如果下一个块被删除就扩展到下一块来自动完成。

（3）每个 MyISAM 表最大索引数是 64，可以通过重新编译来改变。每个索引最大的列数是 16 个。

（4）最大的键长度是 1000 字节，也可以通过编译来改变。对于键长度超过 250 字节的情况，一个超过 1024 字节的键将被用上。

（5）BLOB 和 TEXT 列可以被索引。

（6）在索引的列中 NULL 值被允许，这个值占每个键的 0 或 1 字节。

（7）所有数字键值以高字节优先为原则被存储，以允许一个更高的索引压缩。

（8）每个 MyISAM 类型的表都有一个 AUTO_INCREMENT 内部列，当执行 INSERT 和 UPDATE 操作的时候该列被更新，所以说，MyISAM 类型表的 AUTO_INCREMENT 列更新比 InnoDB 类型的 AUTO_INCREMENT 更快。

（9）可以把数据文件和索引文件存储在不同的目录。

（10）每个字符列可以有不同的字符集。

（11）VARCHAR 的表可以固定或动态地记录长度。VARCHAR 和 CHAR 列可以多达 64KB。

使用 MyISAM 引擎创建数据库，将生成 3 个文件。文件名以表的名字开始，扩展名指出文件类型：存储表定义文件的扩展名为*.FRM，数据文件的扩展名为*.MYD(MYData)，索引文件的扩展名为*.MYI(MYIndex)。

4.1.4　MEMORY 存储引擎

MEMORY 存储引擎（之前称为 HEAP 存储引擎）将表中的数据存储在内存中，如果数据库重启或发生崩溃，表中的数据都将消失。它非常适合用于存储临时数据的临时表，以及数据仓库中的纬度表。它默认使用哈希（HASH）索引，而不是 B+树索引。

MEMORY 的主要特性如下。

（1）每个 MEMORY 表可以有多达 32 个索引，每个索引 16 列，以及 500 字节的最大键长度。

（2）MEMORY 存储引擎执行 HASH 和 B 树索引。

（3）在一个 MEMORY 表中可以有非唯一键。

（4）MEMORY 表使用一个固定的记录长度格式。

（5）MEMORY 不支持 BLOB 或 TEXT 列。

（6）MEMORY 支持 AUTO_INCREMENT 列和对可包含 NULL 值的列的索引。

4.1.5　MERGE 存储引擎

MERGE 存储引擎是一组 MyISAM 表的组合，这些 MyISAM 表必须结构完全相同，MERGE 表本身没有数据，对 MERGE 类型的表可以进行查询、更新、删除操作，这些操作实际上是内部的 MyISAM 表进行的。对 MERGE 类型表的插入操作，是通过 INSERT_METHOD 子句进行的。

对 MERGE 表进行 DROP 操作，这个操作只是删除 MERGE 的定义，对内部的表没有任何影响。MERGE 表在磁盘上保留两个文件，文件名以表的名字开始：一个*.frm 文件存储表定义；另一个*.MRG 文件包含组合表的信息，包括 MERGE 表由哪些表组成、插入新的数据时的记录。可以通过修改*.MRG 文件来修改 MERGE 表，但是修改后要通过 FLUSH TABLES 刷新。

4.1.6 其他的存储引擎

MySQL 数据库还支持其他存储引擎，这里进行简单的介绍。

1. BLACKHOLE 存储引擎

BLACKHOLE 存储引擎恰如其名，就是一个"黑洞"。就像 UNIX 系统下面的"/dev/null"设备一样，不管写入任何信息，都是有去无回的。它虽然不能存储数据，但是 MySQL 数据库还是会正常记录 Binlog（二进制日志，记录使数据发生或潜在发生更改的 SQL 语句，并以二进制的形式保存在磁盘中），而这些 Binlog 还会被正常地同步到 Slave 上，可以在 Slave 上对数据进行后续处理。

BLACKHOLE 存储引擎一般用于以下 3 种场合。

（1）充当备份服务器：在主从复制架构中，如果主服务器需要挂载多个从服务器，可以使用 BLACKHOLE 存储引擎来充当备份服务器。这样可以在不实际存储数据的情况下，减轻主服务器的负载，缓解延迟问题。

（2）充当日志服务器：在主服务器上启用 log_slave_updates 参数，可以使用 BLACKHOLE 存储引擎作为日志服务器，在需要记录和同步 SQL 语句的场景中，解析相关的 SQL 语句来进行审计或观测服务器的负载情况。

（3）充当增量备份服务器：在数据迁移、备份和恢复方案中，使用 BLACKHOLE 存储引擎可以减少对实际数据的写入和存储开销，提高系统的性能。

2. CSV 存储引擎

CSV 存储引擎实际上操作的就是一个标准的 CSV 文件，它不支持索引，主要用途是将数据库中的数据导出成一份报表文件，而 CSV 是很多软件都支持的一种较为标准的格式，所以先在数据库中建立一张 CSV 表，然后将生成的报表信息插到该表，即可得到一份 CSV 报表文件。

3. ARCHIVE 存储引擎

ARCHIVE 存储引擎是 MySQL 数据库中一个特殊的存储引擎，主要用于通过较小的存储空间来存储过期的很少访问的历史数据、归档数据或安全审计信息。ARCHIVE 存储引擎的主要特点是具有高压缩比和快速的插入性能，适合用于日志和数据采集等场景。由于其所存储的数据的特殊性，ARCHIVE 表不支持删除和修改操作，仅支持插入和查询操作。锁定机制为行级锁定。

4.1.7 存储引擎的选择

应根据应用特点选择合适的存储引擎。对于复杂的应用系统，还可根据实际情况选择多种存储引擎进行组合。

1. MyISAM

适用于不需要事务支持、并发性相对较低、数据修改相对较少、以读为主和数据一致性要求不是非常高的场景。

尽量采用索引（缓存机制）；调整读写优先级；根据实际需求确保重要操作更优先执行；启用延迟插入改善大批量写入性能；尽量顺序操作，让插入的数据都写入到尾部，减少阻塞；分解大的操作，缩短单个操作的阻塞时间，降低并发性；某些高并发场景通过应用来进行排队机制，对于相对静态的数据，充分利用 Query Cache，可以极大地提高访问效率，MyISAM 的 Count 只有在全表扫描的时候特别高效，带有其他条件的 Count 都需要进行实际的数据访问。

2. InnoDB

适用于需要事务支持、行级锁定、对高并发有很好的适应能力，但需要确保查询是通过索引完成的，数据更新较为频繁的场景。

主键要尽可能小，避免给 Secondary Index（辅助键索引）带来过大的空间负担；避免全表扫描，因为会使用表锁；尽可能缓存所有的索引和数据，提高响应速度；在大批量、小插入的时候，合理设置 innodb_flush_log_at_trx_commit 参数值；尽量自己控制事务而不要使用 autocommit 自动提交，不要过度追求安全性，避免主键更新，因为这会带来大量的数据移动。

3. MEMORY

适用于需要很快的读写速度、对数据的安全性要求较低的场景。

MEMORY 存储引擎对表的大小有要求，不能是太大的表。

总之，使用哪一种存储引擎要根据需要灵活选择，一个数据库中多个表可以使用不同引擎以满足各种性能和实际需求。使用合适的存储引擎，将会提高整个数据库的性能。

4.2 管理数据库

4.2.1 创建数据库

创建数据库的过程实际上就是为数据库设计名称、设计所占用的存储空间和存放文件位置的过程。创建数据库需要一定许可，在默认情况下，只有系统管理员和数据库所有者可以创建数据库。当然，也可以授权其他用户这种许可。数据库被创建后，创建数据库的用户自动成为该数据库的所有者。

每个数据库都由以下几个部分的数据库对象所组成：关系图、表、视图、存储过程、用户、角色、规则、默认值、用户自定义数据类型和用户自定义函数。数据库的名称必须遵循系统标识符命名规则，最好使用有意义的名称命名数据库。

在 MySQL 中，主要使用两种方法创建数据库：一是使用图形化管理工具 MySQL Workbench 创建数据库，此方法简单、直观，以图形化方式完成数据库的创建和数据属性的设置；二是使用 SQL 语句创建数据库，此方法可以将创建数据库的脚本保存下来，在其他计算机上运行以创建相同的数据库。

1. MySQL Workbench 创建数据库

（1）首先创建一个数据库连接，然后选中左侧数据库列表中的某一项右击，在弹出的快捷菜单中选择 "Create Schema" 命令，该命令就是用来创建数据库的，选择该命令后弹出创建数据库的页面，如图 4-4 所示。图 4-4 中 Name 表示要创建的数据库的名称，Charset 表示数据库的字符集，Collation 表示数据库的校对规则，这里保持默认的字符集和校对规则。输入创建的数据库名称，单击"Apply"按钮。

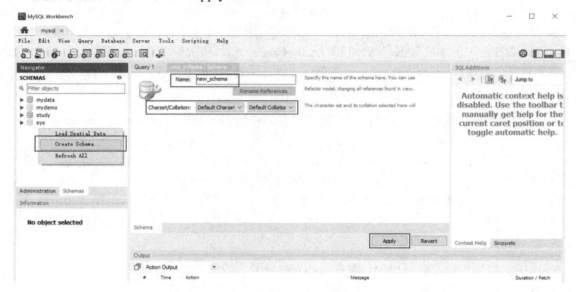

图 4-4　创建数据库页面

（2）弹出图 4-5 所示的对话框，可以在该对话框中添加或修改脚本内容，若审查 SQL 脚本无误，则会将该脚本应用到数据库中。

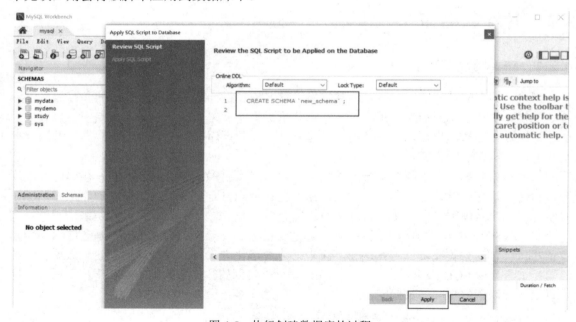

图 4-5　执行创建数据库的过程

（3）如果确定图 4-5 所示的脚本没有错误，直接单击"Apply"按钮进行添加，创建完成后自动在左侧列表中显示，成功时的效果如图 4-6 所示。单击"Finish"按钮，完成数据库的创建。

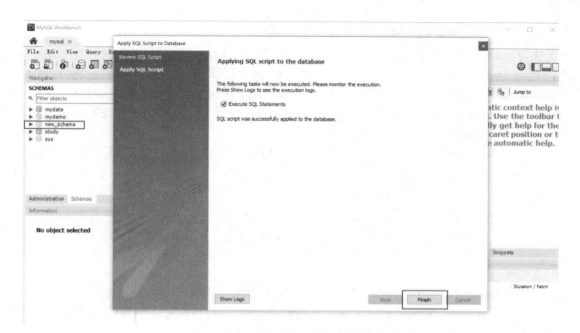

图 4-6　MySQL Workbench 创建数据库成功

创建数据库成功后会包含 Tables、Views、Stored Procedures 和 Functions 4 项内容，Tables 表示数据库表，Views 表示视图列表，Stored Procedures 表示存储过程，Functions 表示函数。默认情况下，不会向数据库中添加任何内容。如果要进行添加，可以选中其中一项，右击后选择合适的内容进行数据库表、视图、存储过程和函数等内容的添加。

2. 数据库字符集和校对规则

图 4-4 中创建数据库时需要选择其字符集和校对规则。字符集是一套符号和编码，校对规则是在字符集内用于比较字符的一套规则。MySQL 数据库支持多种字符集，可以通过执行 SHOW CHARACTER SET;语句查看可用的字符集，部分截图如图4-7所示。在图4-7中，Charset 表示字符集，Description 表示描述内容，Default collation 表示默认的校对规则。

```
mysql> SHOW CHARACTER SET;
+----------+-----------------------------------+---------------------+--------+
| Charset  | Description                       | Default collation   | Maxlen |
+----------+-----------------------------------+---------------------+--------+
| armscii8 | ARMSCII-8 Armenian                | armscii8_general_ci |      1 |
| ascii    | US ASCII                          | ascii_general_ci    |      1 |
| big5     | Big5 Traditional Chinese          | big5_chinese_ci     |      2 |
| binary   | Binary pseudo charset             | binary              |      1 |
| cp1250   | Windows Central European          | cp1250_general_ci   |      1 |
| cp1251   | Windows Cyrillic                  | cp1251_general_ci   |      1 |
| cp1256   | Windows Arabic                    | cp1256_general_ci   |      1 |
| cp1257   | Windows Baltic                    | cp1257_general_ci   |      1 |
| cp850    | DOS West European                 | cp850_general_ci    |      1 |
| cp852    | DOS Central European              | cp852_general_ci    |      1 |
| cp866    | DOS Russian                       | cp866_general_ci    |      1 |
| cp932    | SJIS for Windows Japanese         | cp932_japanese_ci   |      2 |
| dec8     | DEC West European                 | dec8_swedish_ci     |      1 |
| eucjpms  | UJIS for Windows Japanese         | eucjpms_japanese_ci |      3 |
| euckr    | EUC-KR Korean                     | euckr_korean_ci     |      2 |
| gb18030  | China National Standard GB18030   | gb18030_chinese_ci  |      4 |
| gb2312   | GB2312 Simplified Chinese         | gb2312_chinese_ci   |      2 |
| gbk      | GBK Simplified Chinese            | gbk_chinese_ci      |      2 |
| geostd8  | GEOSTD8 Georgian                  | geostd8_general_ci  |      1 |
| greek    | ISO 8859-7 Greek                  | greek_general_ci    |      1 |
| hebrew   | ISO 8859-8 Hebrew                 | hebrew_general_ci   |      1 |
| hp8      | HP West European                  | hp8_english_ci      |      1 |
| keybcs2  | DOS Kamenicky Czech-Slovak        | keybcs2_general_ci  |      1 |
| koi8r    | KOI8-R Relcom Russian             | koi8r_general_ci    |      1 |
| koi8u    | KOI8-U Ukrainian                  | koi8u_general_ci    |      1 |
```

图 4-7　当前可用的字符集

3. 使用 CREATE DATABASE 语句创建数据库

在使用 MySQL Workbench 工具创建数据库时默认生成的语句是 CREATE SCHEMA，因此，也可以直接在控制台中通过执行该语句创建数据库。虽然有些资料会将 CREATE SCHEMA 语句看作创建架构，但是实际上，MySQL 数据库中的 CREATE SCHEMA 语句和 CREATE DATABASE 语句的作用是一致的。因此，控制台中除可以使用 CREATE SCHEMA 语句外，还可以使用 CREATE DATABASE 语句。

每一个数据库都有一个数据库字符集和一个数据库校对规则，不能够为空。CREATE DATABASE 语句有一个可选的子句来指定数据库字符集和校对规则，SQL 语言使用 CREATE DATABASE 语句创建数据库的语法格式如下：

```
CREATE DATABASE database_name
    [[DEFAULT] CHARACTER SET charset_name]]
    [[DEFAULT] COLLATE collation_name];
```

各参数说明如下。

（1）database_name：数据库名称，尽量不要使用数字开头，并且要有实际意义。

（2）charset_name 和 collation_name：指数据库字符集和数据库校对规则。设置字符集的目的是避免在数据库中存储的数据出现乱码。如果在创建数据库时不指定字符集，那么就使用系统默认的字符集和校对规则。

上述 CREATE DATABASE 创建数据库的语法中，数据库字符集和数据库校对规则如下。

（1）如果指定了 CHARACTER SET charset_name 和 COLLATE collation_name，那么采用字符集 charset_name 和校对规则 collation_name。

（2）如果指定了 CHARACTER SET charset_name 而没有指定 COLLATE collation_name，那么采用 CHARACTER SET charset_name 和 COLLATE collation_name 的默认校对规则。

（3）如果 CHARACTER SET charset_name 和 COLLATE collation_name 都没有指定，那么采用默认的服务器字符集和服务器校对规则。

例 4-4 使用 MySQL 命令创建名为"test"的数据库。

程序清单如下：

```
CREATE DATABASE test;
```

一般情况下，在创建数据库之前需要判断该数据库是否存在，如果不存在再进行创建，执行语句如下：

```
mysql> CREATE DATABASE IF NOT EXISTS test;
Query OK, 1 row affected (0.02 sec)
```

例 4-5 使用 MySQL 命令创建名为"test_cs"并带校对规则的数据库，并设置其字符集为 big5。

程序清单如下：

```
mysql> CREATE DATABASE test_cs CHARACTER SET big5 COLLATE big5_chinese_ci;
Query OK, 1 row affected (0.01 sec)
```

4.2.2　查看数据库

创建数据库成功后，还可以通过执行相关的语句查看数据库的信息。执行与 SHOW 有关的语句不仅可以查看数据库系统中的数据库，还可以查看单个数据库的相关信息。

1．查看所有数据库

创建数据库成功后会在控制台中输出结果，为了验证数据库系统中是否已经存在创建的数据库，可以使用 SHOW 语句进行查看。执行 SHOW DATABASES;语句时的输出结果如下：

```
mysql> SHOW DATABASES;
+--------------------+
| Database           |
+--------------------+
| information_schema |
| mydata             |
| mydemo             |
| mysql              |
| new_schema         |
| performance_schema |
| study              |
| sys                |
| test               |
| test_cs            |
+--------------------+
10 rows in set (0.00 sec)
```

从上述输出结果可以看出，例 4-4 和例 4-5 中的 test 数据库和 test_cs 数据库都已经创建成功。最后一行信息表示集合中有 10 条信息，处理时间为 0.00s。时间为 0.00s 并不代表没有花费时间，而是时间非常短暂，小于 0.01s。

2．查看数据库详细信息

通过 SHOW DATABASES 语句可以查看数据库系统中的所有数据库。如果要查看某一个数据库的详细信息，基本语法如下：

```
SHOW CREATE DATABASE 数据库名称;
```

为了使查询的信息显示更加直观，可以使用以下语法：

```
SHOW CREATE DATABASE 数据库名称\G
```

例 4-6　通过执行 SHOW 语句查看 study 数据库的详细信息。

程序清单如下：

```
mysql> SHOW CREATE DATABASE study \G
*************************** 1. row ***************************
       Database: study
    Create Database: CREATE DATABASE `study` /*!40100 DEFAULT CHARACTER SET
utf8mb4 COLLATE utf8mb4_0900_ai_ci */ /*!80016 DEFAULT ENCRYPTION='N' */1 row in
set (0.00 sec)
```

3．选择数据库

数据库只需创建一次，但是每次使用前必须先选择它。如果要选择某一个数据库，使其成为当前数据库，可以使用 USE 命令。

选择某一个数据库的语法格式如下：

```
USE db_name;
```

例 4-7 使用命令选择 study 数据库。

程序清单如下：

```
mysql> USE study;
Database changed
```

如果要查看当前选择的数据库，可以用 SELECT 语句，程序清单如下：

```
SELECT DATABASE();
```

例 4-8 使用命令查看当前数据库。

程序清单如下：

```
mysql> SELECT DATABASE();
+------------+
| DATABASE() |
+------------+
| study      |
+------------+
1 row in set (0.00 sec)
```

4.2.3 修改数据库

数据库创建以后，可以使用 MySQL Workbench 修改数据库，也可以使用 ALTER DATABASE 语句来修改数据库。

1. 使用 MySQL Workbench 修改数据库

在 MySQL Workbench 中，右击所要修改的数据库，从弹出的快捷菜单中选择 "Alter Schema" 命令，如图 4-8 所示。

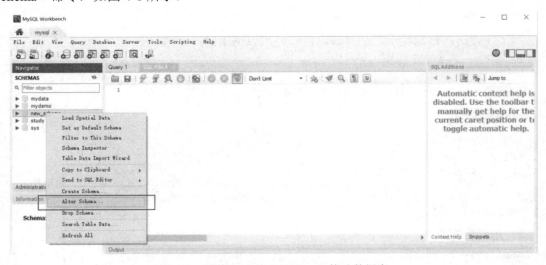

图 4-8　通过 MySQL Workbench 修改数据库

　　如果 MySQL 数据库的存储引擎是 MyISAM，那么只要修改 DATA 目录下的库名文件夹就可以了，但如果存储引擎是 InnoDB，是无法修改数据库名称的，如图 4-9 所示，在该图中只能修改字符集和校对规则。

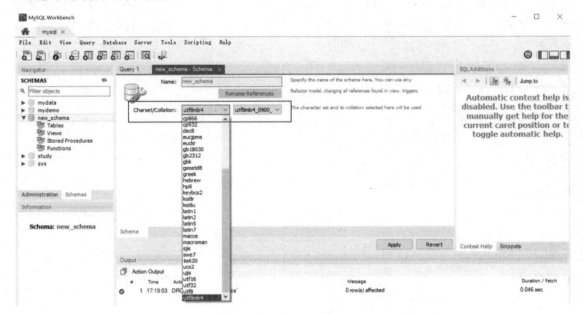

图 4-9　MySQL Workbench 修改字符集和校对规则

2. 使用 ALTER DATABASE 语句修改数据库

　　虽然 InnoDB 存储引擎无法修改默认数据库名称，但是 ALTER DATABASE 语句可以对字符集和校对规则进行设置。语法格式如下：

```
ALTER DATABASE database_name
    [[DEFAULT] CHARACTER SET charset_name]]
    |[[DEFAULT] COLLATION collation_name]
```

　　ALTER DATABASE 语句用于更改数据库的全局特性，用户必须有数据库修改权限，才可以使用 ALTER DATABASE 语句修改数据库。

例 4-9　　查看 test 数据库，并把该数据库的字符集修改为 gb2312。

程序清单如下：

```
mysql> ALTER DATABASE test CHARACTER SET gb2312;
Query OK, 1 row affected (0.01 sec)
```

4.2.4　删除数据库

　　删除数据库是指在数据库系统中删除已经存在的数据库，删除数据库成功后，原来分配的空间将被收回，释放在磁盘上所占用的空间。注意，系统数据库不能被删除。在 MySQL 数据库中删除数据库有两种方法：一种是直接通过 MySQL Workbench 工具删除；另一种是执行 DROP DATABASE 语句进行删除。

1. MySQL Workbench 删除数据库

在 MySQL Workbench 窗口中,右击所要删除的数据库,从弹出的窗口中选择"Drop Now"选项即可删除数据库,如图 4-10 所示。删除数据库一定要慎重,因为系统无法轻易恢复被删除的数据,除非做过数据库备份。需要注意的是,使用这种方法每次只能删除一个数据库。

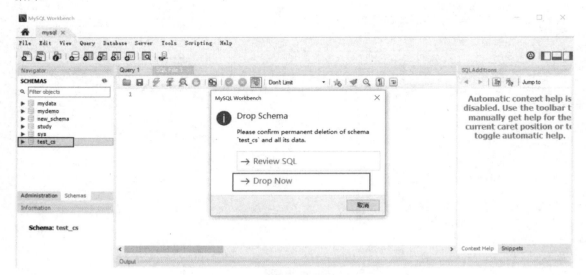

图 4-10 确认删除数据库对话框

2. 使用 DROP DATABASE 语句删除数据库

DROP DATABASE 语句可以从 MySQL 中删除数据库,其语法格式如下:

```
DROP DATABASE database_name;
```

例 4-10 删除创建的数据库 test。

程序清单如下:

```
mysql> DROP DATABASE test;
Query OK, 0 rows affected (0.09 sec)
```

通过执行 DROP DATABASE 语句可以删除指定的数据库。与创建数据库之前判断数据库是否存在一样,删除数据库之前也可以判断该数据库是否存在,若存在则删除,语法格式如下:

```
DROP DATABASE IF EXISTS database_name;
```

另外,并不是所有的数据库在任何时候都是可以被删除的,只有处于正常状态下的数据库,才能使用 DROP DATABASE 语句删除。当数据库处于以下状态时不能被删除:数据库正在使用;数据库正在恢复;数据库包含用于复制的已经出版的对象。

4.3　数据库备份

4.3.1　数据库备份概述

数据库备份是指通过复制数据或者表文件的方式来制作数据库的副本。为了保证数据库的可靠性和完整性，数据库管理系统通常会采取各种有效的措施进行保护，尽管如此，在数据库的实际使用过程中，仍然存在一些不可预估的因素，会造成数据运行事务的异常中断，从而影响数据的正确性，甚至会破坏数据库，使数据库汇总的数据部分或全部丢失。

数据的备份需要根据其具体用途的不同而执行不同的操作。有为了防止数据丢失而进行的定期备份、有数据需要转移的备份、有数据丢失而需要找回的数据还原等。在 MySQL 数据库中实现备份数据库的方法很多，可分为以下几种。

- 完全备份：将数据库中的数据及所有对象全部进行备份。
- 表备份：仅将一张或多张表中的数据进行备份。
- 增量备份：在某一次完全备份的基础，只备份其后数据的变化。

1．完全备份

完全备份最简单也最快速的方法是复制数据库文件夹，当然在复制时对 MySQL 数据库会有些要求。也可以使用 mysqdump 命令工具或 mysqlhotcopy 命令工具对数据库进行 SQL 语句级别的备份，它们的速度要微慢一些，不过通用性更强。

使用复制的方法直接将数据表文件备份，也属于完全备份。只要服务器不再进行更新，可以复制所有表文件（*.frm、*.MYD 和*.MYI 文件）。对于 InnoDB 表，可以进行在线备份，不需要对表进行锁定。

mysqldump 是对 MySQL 数据库进行备份和还原的重要工具，它可以在 MySQL 数据库的安装目录中找到，该程序用于转储数据库或搜集数据库进行备份或将数据转移到另一个支持 SQL 语句的服务器（不一定是一个 MySQL 服务器）。它提供了对 MySQL 数据库表的备份和还原、对 MySQL 数据库的备份和还原、对多个 MySQL 数据库的备份还原，以及对服务器中所有数据库的备份和还原。备份后产生的备份文件是一个文本文件，文件内容为创建表和往表中插入数据的 SQL 语句。

下面详细介绍 mysqldump 对数据的备份。

1）备份一个数据库或一张表

对指定的数据库或指定的表进行备份，可提供其所生成的备份文件的路径和名称，也可以不提供。若不提供所备份文件的路径或名称，那么所备份的内容将直接显示在系统 DOS 窗口；否则其备份内容被记录在备份文件中。

备份一个数据库或一张表，而不提供备份文件的路径，语法格式如下：

```
mysqldump  [选项] 数据库名[表名]
```

备份一个数据库或一张表，指明备份文件的名称和路径，语法格式如下：

```
mysqldump  [选项] 数据库名[表名] >文件路径(文件名称)
```

上述两条语句中，[选项]中的内容必须包括 MySQL 数据库的登录用户名和密码。

2）同时备份多个数据库

对指定的数据库列表进行备份，可提供其所生成的备份文件的名称和路径，也可以不提供。若不提供所备份文件的路径或名称，那么所备份的内容将直接显示在系统 DOS 窗口；否则其备份内容被记录在备份文件中。同时备份多个数据库，语法格式如下：

```
mysqldump  [选项]  --databases 数据库 1[数据库 2 数据库 3…]
```

同时备份多个数据库，指定备份文件路径，语法如下：

```
mysqldump  [选项]  --databases 数据库 1[数据库 2 数据 3…] >文件路径 (文件名称)
```

3）备份服务器上所有的数据库

备份服务器上所有的数据库，语法格式如下：

```
mysqldump  [选项]  --all-databases
```

而 mysqldump 用于备份一个完整的数据库，语法格式如下：

```
mysqldump --opt 数据库名 > 备份文件名称.sql
```

4）备份所有数据库中的所有 InnoDB 表

下面的命令可以完全备份所有数据库中的所有 InnoDB 表：

```
mysqldump  --single-transaction --all-databases > 文件路径.sql
```

该备份为在线备份，不会干扰对表的读写。由于所备份的表为 InnoDB 表，因此 --single-transaction 使用一致性地读，并且保证 mysqldump 所看见的数据不会更改。

2．表备份

如果只想对数据库中的某些表进行备份，可以使用 SELECT INTO…OUTFILE 或 BACKUP TABLE 语句，只提取数据表中的数据，而不备份表的结构和定义。这两条语句都可以输出文件，将需要输出的结果以文件形式输出。但其所输出的文件会覆盖指定位置的同名文件，因此需要确定指定位置没有相同名称的文件。

1）SELECT INTO…OUTFILE 语句

SELECT INTO…OUTFILE 语句是 MySQL 对 SELECT 语句的扩展应用，其语法格式如下：

```
SELECT 列名列表 INTO OUTFILE|DUMPFILE '文件名称'，输出选项
FROM 表名 [其他 SELECT 子句]
```

SELECT INTO…OUTFILE 语句的主要作用是快速地把一个表转储到服务器机器上，如果想在服务器主机之外的客户主机上创建结果文件，不能使用此语句。

2）BACKUP TABLE 语句

BACKUP TABLE 语句提供在线备份能力，但 MySQL 数据库不推荐使用这种方法，如果可能的话，应尽量使用 mysqlhotcopy 语句替代本语句。

BACKUP TABLE 语句刷新了所有对磁盘的缓冲变更后，把恢复表所需的最少数目的表文件复制到备份目录中。本语句只对 MyISAM 表起作用。它可以复制.frm 定义文件和.MYD 数据文件。.MYI 索引文件可以在这两个文件中重建。

BACKUP TABLE 语句的语法格式如下：

```
BACKUP TABLE 表名 1[,表名 2]…
TO '/文件路径/文件名称'
```

3．增量备份

事务日志备份是对数据库发生的事务进行备份，包括从上次进行事务日志备份、差异备份和数据库完全备份之后，所有已经完成的事务。它可以在相应的数据库备份的基础上，尽可能地还原最新的数据库记录。由于它仅对数据库事务日志进行备份，因此其需要的磁盘空间和备份时间都比数据库备份少得多。执行事务日志备份主要有两个原因：首先，要在一个安全的介质上存储自上次事务日志备份或数据库备份以来修改的数据；其次，是要合适地关闭事务日志到它的活动部分的开始。

4．自动备份

mysqlbinlog 用于处理二进制日志文件，如果 MySQL 服务器启用了二进制日志，可以使用 mysqlbinlog 工具来恢复：从指定的时间点开始，到现在或另一个指定的时间的数据。使用自动恢复，需要注意执行以下几个事项。

- 一定要用--log-bin 或使用--log-bin=log_name 选项运行 MySQL 服务器，其中日志文件名位于某个安全媒介上，不同于数据目录所在驱动器。
- 定期进行完全备份，使用 mysqldump 命令进行在线自动备份。
- 使用 FLUSH LOGS 或 mysqladmin flush-logs 清空日志进行定期增量备份。

要想从二进制日志中恢复数据，需要知道当前二进制日志文件路径和文件名称。一般可以从选项文件（后缀名.cnf 或.ini）中找到路径。如果未包含在选项文件中，当服务器启动时，可以在命令行中以选项的形式给出。

启用二进制日志的选项为--log-bin。确定当前的二进制日志文件的文件名称，使用下面的 SQL 语句：

```
SHOW BINLOG EVENTS \G
```

还可以从命令行输入下面的内容：

```
mysql --user=root -pmy_pwd -e 'SHOW BINLOG EVENTS \G'
```

上述代码中，密码 pmy_pwd 为服务器的 root 密码。

4.3.2　数据库备份方法

MySQL 数据库备份可以通过多种方法来实现，本节介绍 3 种常用的数据库备份操作的方法：MySQL Workbench 备份数据库、使用 SQL 语句备份数据库和使用 MySQL 客户端实用程序备份数据。

1．MySQL Workbench 备份数据库

（1）在 MySQL Workbench 窗口中，选择 "Server" → "Data Export" 菜单命令，如图 4-11 所示。

（2）在 "Data Export" 的窗口中选择要备份的数据库和表，可选择备份数据库的结构和数据、只备份数据库的数据或者只备份数据库的结构，同时设置备份文件路径和文件名称。如图 4-12 所示。

图 4-11　MySQL Workbench 窗口

图 4-12　Data Export 窗口

（3）单击"Export Progress"按钮，在该窗口中单击"Start Export"按钮开始备份，如图 4-13 所示。

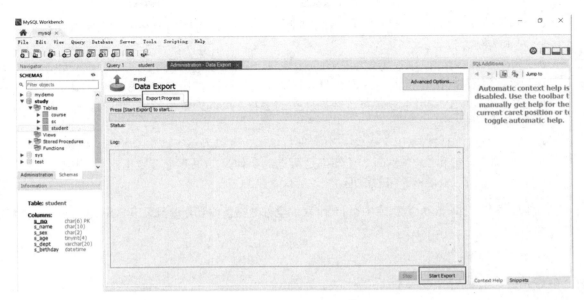

图 4-13　Export Progress 窗口

2. 使用 SQL 语句备份数据库

在使用 MySQL 数据库的过程中，有时需要将数据库中的数据导出到外部存储文件，包括 SQL 文件、XML 文件或者 HTML 文件等。同时，这些文件也可以导入 MySQL 数据库，通过对数据的导入、导出，可以实现在 MySQL 数据库服务器与其他数据库服务器之间移动数据。

可以使用 SELECT INTO…OUTFILE 语句将表的内容导出成一个文本文件，其语法格式如下：

```
SELECT 列名列表 INTO OUTFILE|DUMPFILE '文件名称'，输出选项
FROM 表名 [其他 SELECT 子句]
```

该语句将 SELECT 语查询的结果写入导出文件中，该文件在服务器主机上自动创建，如果文件同名，将会覆盖原文件。如果需要将该文件写入一个指定位置，需要在文件名前加上具体路径。

输出选项中包含两个可选子句，分别是 FIELDS 子句和 LINES 子句，其语法格式如下：

```
[FIELDS
      [TERMINATED BY 'string']
      [[OPTIONNLLY] ENCLOSED BY 'char']
      [ESCAPED BY'char']
]
```

```
[LINES
[STARTING BY 'string']
[TERMINSTED BY 'string']
]
```

说明如下。

- TERMINATED BY：用于指定字段之间的分隔符号，可以为单个或多个字符，默认情况下为制表符"\t"。
- ENCLOSED BY：用于指定字段的包围字符，只能为单个字符。
- ESCAPED BY：设置如何读取或写入特殊字符，即用来指定转义字符，默认为"\"。
- STARTING BY：用于设置每行数据开头的字符，可以为单个或多个字符，默认情况下不使用任何字符。
- TERMINATED BY：用于指定一个数据行结束，可以为单个或多个字符，默认为"\n"。
- FIELDS 子句和 LINES 两个子句都是可选的，但是如果两个都被指定了，FIELDS 子句必须位于 LINES 子句的前面。

例 4-11 将 study 数据库中 student 表的全部数据备份到 F 盘目录下名为 backupfile 1.txt 的文件中。

程序清单如下：

```
mysql> SELECT* FROM study.student INTO OUTFILE 'F:\backupfile1.txt';
```

导出成功后，可以使用 Windows 记事本看 F 盘 backupfile1.txt 文件。

可以看出，默认情况下，MySQL 使用制表符""分隔不同的字段，字段之间没有被其他字符分隔。

例 4-12 在例 4-11 的基础上进行修改，将 study 数据库中 student 表备份到 backupfile2.txt 文件中，要求使用","分隔字符，要求字段之间使用","隔开，所有字段值用 """ 括起来，每一行的开头用"-"开头。

程序清单如下：

```
mysql> SELECT* FROM study.student INTO OUTFILE 'F:\backupfile1.txt'
    ->FIELDS
    ->TERMINATED BY '\,'
    ->ENCLOSED BY '\"'
    ->LINES STARTING BY '\-';
```

导出成功后，使用 Windows 记事本查看 F 盘 backupfile2.txt 文件。

3．使用 MySQL 客户端实用程序备份数据库

MySQL 提供了很多免费的客户端实用程序，均存放在 MySQL 安装目录下的 bin 子目录中。这些客户端实用程序可以连接到 MySQL 服务器进行数据库的访问，或者对 MySQL 执行不同的管理任务。

打开 DOS 命令窗口，如图 4-14 所示，进入 MySQL 安装目录下的 bin 子目录，如 C:\Program Files\MySQL\MySQL Server 8.0\bin，可以在该界面光标处输入所需的 MySQL 客户端实用程序的相关命令。

可以使用客户端实用程序 mysqldump 来实现 MySQL 数据库的备份，mysqldump 命令执行时，可以将数据库中的数据备份成一个文本文件。数据表的结构和数据将存储在生成的文本文件中。

图 4-14　MySQL 客户端实用程序运行界面

使用 mysqldump 备份数据库的语法格式如下：

```
mysqldump -u username [-p] dbname [tbname …]> filename.sql
```

说明如下。

- username：表示用户名称。
- dbname：表示需要备份的数据库名称。
- tbname：表示数据库中需要备份的数据表，可以指定多个数据表。省略该参数时会备份整个数据库。
- 右箭头 ">"：将备份数据表的定义和数据写入备份文件。
- filename.sql：表示备份文件的名称，文件名称前面可以加绝对路径。通常将数据库备份成一个后缀名为.sql 的文件。

需要注意的是，mysqldump 程序备份的文件并非一定要求扩展名为.sql，备份成其他格式的文件也是可以的。例如，后缀名为.txt 的文件。通常情况下，建议备份成扩展名为.sql 的文件。

例 4-13　使用 mysqldump 程序备份 study 数据库中 student 表。

程序清单如下：

```
mysqldump -h localhost -u root -p study student >f:\file.sql
```

命令执行完后，会在指定的目录下生成一个 student 表的备份文件 file.sql，该文件中存储了创建 student 表的一系列 SQL 语句，以及该表中所有的数据，如图 4-15 所示。

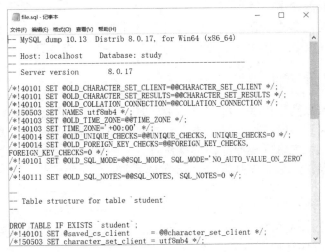

图 4-15　file.sql 文件内容

例 4-14 使用 mysqldump 程序备份 study 数据库。

程序清单如下：

```
mysqldump -h localhost -u root -p study >f:\database.sql
```

命令执行完后，会在指定的目录下生成一个包含数据库 study 的备份文件 database.sql，该文件中存储了创建这个数据库及其内部数据表的全部 SQL 语句，以及数据库中所有的数据。

mysqldump 程序还能够一次备份多个数据库系统，需要在数据库名称前添加"databases"参数。当需要一次性备份 MySQL 服务器上所有数据库时，则需要使用"--all--databases"参数。

```
mysqldump[ options]--all-databases[ options]>filename;
```

例 4-15 备份 MySQL 服务器上所有数据库。

程序清单如下：

```
mysqldump -u root -p -all-databases >f:\alldata.sql
```

命令执行完后，会在指定的目录下生成一个包含所有数据库的备份文件 alldata.sql。

4.4 数据库还原

4.4.1 数据库还原概述

数据库备份后，一旦系统发生崩溃或者执行了错误的数据库操作，就可以从备份文件中还原数据库。数据库还原是指将数据库备份加载到系统中的过程。系统在数据库还原的过程中，自动执行安全性检查、重建数据库结构及完成填写数据库内容。安全性检查是还原数据库时必不可少的操作。这种检查可以防止偶然使用了错误的数据库备份文件或者不兼容的数据库备份覆盖已经存在的数据库。MySQL 还原数据库时，根据数据库备份文件自动创建数据库结构，并且还原数据库中的数据。

还原数据库之前，首先要保证所使用的备份文件的有效性，并且在备份文件中包含所要还原的数据内容，SQL 语言提供了详细的查看备份文件信息的语句。

4.4.2 数据库还原方法

数据库还原是当数据库出现故障或遭到破坏时，将备份的数据库加载到系统，从而使数据库从错误状态还原到备份时的正确状态。数据库还原以备份为基础，是与备份相对应的系统维护和管理操作。系统进行还原数据库操作时，先执行一些系统安全性的检查，包括所要还原的数据库是否存在、数据库是否变化及数据库文件是否兼容等，再根据所采用的数据备份类型采取相应的还原措施。

接下来就可以进行数据库还原的操作了，与数据库备份相对应，本节介绍 3 种常用的数据库还原的操作方法：MySQL Workbench 还原数据库、使用 SQL 语句还原数据库和使用 MySQL 客户端实用程序还原数据库。

1. MySQL Workbench 还原数据库

MySQL Workbench 也可以用于数据库还原。以下是使用 MySQL Workbench 进行数据库还原的步骤。

（1）打开 MySQL Workbench 窗口，选择"Server"→"Data Import"菜单命令，如图 4-16 所示。

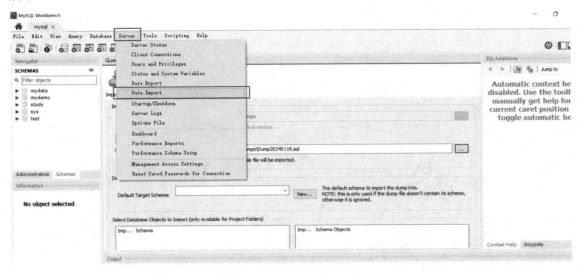

图 4-16　MySQL Workbench 窗口

（2）配置还原选项。在弹出的窗口中，配置还原选项，包括要还原的备份文件的路径、名称，以及选择正确的目标数据库，如图 4-17 所示。

图 4-17　配置还原选项

（3）开始还原。打开"Import Progress"窗口，单击窗口底部的"Start Import"按钮，MySQL Workbench 将开始还原备份数据到目标数据库。还原完成后，目标数据库将包含备份文件中的数据，如图 4-18 所示。

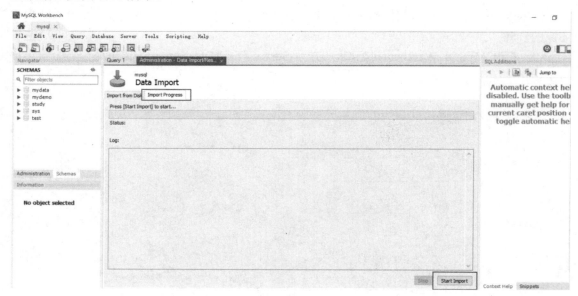

图 4-18　还原数据库

2. 使用 SQL 语句还原数据库

使用 SELECT INTO…OUTFILE 语句可以将表的内容导出成一个文本文件进行备份，相应地，使用导入恢复语句 LOAD DATA…INFILE 可以还原先前备份的数据。这种方法的不足在于只能导出或导入数据的内容，而不包括表的结构，若表的结构文件损坏，则必须设法还原原来表的结构。

LOAD DATA…INFILE 语句的语法格式如下：

```
LOAD DATA INFILE 'file_name' INTO TABLE table_name [IMPORT_OPTIONS]
```

说明如下。

（1）file_name 为导入数据的来源，table_name 表示待导入的数据表名称。

（2）IMPORT_OPTIONS 为可选参数选项，包含两个自选子句，分别是 FIELDS 和 LINES 字句，有关语句的说明请参见 SELECT INTO…OUTFILE 语句中的 EXPORT_OPTIONS 部分。

例 4-16　将例 4-12 中备份后的数据 backupfile2.txt 导入 student 表的备份表 student_copy。

程序清单如下：

```
mysql> LOAD DATA INFILE 'F:\backupfile2.txt' into table student_copy
->FIELDS
->TERMINATED BY '\,'
->ENCLOSED BY '\"'
->LINES STARTING BY '\-';
```

执行语句后，原来的数据还原到了表 student_copy 中，在导入数据时需要特别注意，必须根据数据备份文件中数据行的格式来指定判断的符号，即与 SELECT INTO…OUTFILE 语句相对应。

3. 使用 MySQL 客户端实用程序还原数据库

1）使用 mysql 命令还原数据库

通过 mysql 命令可以将由 mysqldump 程序备份文件中的全部数据还原到 MySQL 服务器中。

例 4-17　假设数据库 study 需还原成原来的样子，可以用例 4-14 中生成的数据库备份文件 database.sql 将其还原。

程序清单如下：

```
mysql -u root study < database.sql
```

如果数据库中表的结构发生损坏，也可以使用 mysql 命令对其进行单独还原处理，但是表中原有的数据将会被全部清空。

例 4-18　假设数据库 study 需还原成原来的样子，可以用例 4-14 中生成的数据库备份文件 database.sql 将其还原。假设数据库 study 中 student 表的结构被损坏，可以利用例 4-13 生成的存储表结构的备份文件 file.sql 恢复到服务器中。

首先，登录 MySQL，删除 student 表的记录。

程序清单如下：

```
mysql> use study
Database changed
mysql> delete from student
Query OK,rows affected(0.00sec)
```

此时，student 表中不再有任何数据记录，使用 mysql 命令还原数据。采用 source 命令从指定路径中将例 4-13 中的备份文件还原到 student 表中。

程序清单如下：

```
mysql> source f:\file.sql
Query OK, 0 rows affected (0.00 sec)
```

2）使用 mysqlimport 命令还原数据库

倘若只是为了恢复数据表中的数据，可以使用 mysqlimport 命令来完成。mysqlimport 程序的语法格式如下：

```
mysqlimport [ OPTIONS ] database textfile
```

说明如下。

（1）OPTIONS：mysqlimport 命令支持的选项，分别说明如下。

-d，--delete：在导入文本文件之前清空表中所有的数据行。

-1，--lock-tables：在处理任何文本文件之前锁定所有的表，以保证所有的表在服务器上同步。

（2）database：指定需要恢复的数据库名称。

（3）textfile：存储备份数据的文本文件名称。使用 mysqlimport 命令恢复数据时，

103

mysqlimpot 会剥去这个文件名称的扩展名，并使用它来决定向数据库中哪个表导入文件的内容。例如，"file.txt""file.sql""file"都会被导入名为 file 的表，因此备份的文件名称应根据需要恢复表命名。另外，在该命令中需要指定备份文件的具体路径，若没有指定，则选取文件的默认位置，即 MySQL 安装目录的 DATA 目录。

与 mysqldump 命令一样，使用 mysqlimport 命令恢复数据时，也需要提供-h、-u、-p 等选项来连接 MySQL 服务器。

例 4-19 参照例 4-11 生成 student 表的备份数据文件 backupfile1.txt，并利用该文件恢复数据。

程序清单如下：

```
mysqlimport -h localhost -u root student f:\ backupfile1.txt
```

4.5 数据库维护

数据库创建后，所有的对象和数据均已添加且都在使用中，需要对其进行维护，数据库维护可以使它保持运行的最佳状态。

4.5.1 数据库维护概述

定期对数据库中的表进行检查能够很好地维护表数据，检查和修复 MyISAM 表的一个方法是使用 CHECK TABLE 和 REPAIR TABLE 语句。

检查数据库表的另一个方法是使用 myisamchk 命令。为达到维护目的，可以使用 myisamchk -s 检查表。-s 选项（--silent）使 myisamchk 命令以沉默模式运行，只有当错误出现时才打印消息。要想自动检查 MyISAM 表，需要用--myisam-recover 选项启动服务器。

在正常系统操作期间定期检查表，运行 cron 任务，使用如下命令：

```
35 0 * * 0 /path/to/myisamchk -fast -silent  /path/to/datadir/*/*.MYI
```

可以打印损坏的表的信息，以便在需要时能够检验并且修复它们。对有问题的表需要执行 OPTIMIZE TABLE 来优化。要暂停 MySQL 服务器，进入数据目录，使用如下命令：

```
myisamchk -r -s --sort-index -O sort_buffer_size=16M */*.MYI
```

上述命令和选项只是表维护中的一部分，接下来详细介绍表的维护和恢复。

使用 myisamchk 命令可以获得数据库表的信息，可以检查、修复、优化数据表。尽管用 myisamchk 命令修复表很安全，在修复（或任何可以大量更改表的维护操作）之前先进行备份也是很好的习惯。

影响索引的 myisamchk 命令会使 ULLTEXT 索引用 full-text 参数重建，不再与 MySQL 服务器使用的值兼容。

在许多情况下，使用 SQL 语句实现 MyISAM 表的维护比执行 myisamchk 命令要容易得多，具体做法如下。

● 检查或维护 MyISAM 表，使用 CHECK TABLE 或 REPAIR TABLE 命令。
● 优化 MyISAM 表，使用 OPTIMIZE TABLE 命令。

● 分析 MyISAM 表，使用 ANALYZE TABLE 命令。

可以直接使用这些命令，或使用 mysqlcheck 客户端程序，提供命令行接口。

4.5.2　myisamchk 工具

myisamchk 工具可以获得有关数据库表的信息或用于表的维护、检查和修复，适用 MyISAM 表（对应*.MYI 和*.MYD 文件的表），其语法格式如下。

```
myisamchk [options] tbl_name…
```

tbl_name 是需要检查或修复的数据库表。若不在数据库目录的某处运行 myisamchk，则需要指定数据库目录的路径。

[options]为 myisamchk 可使用的选项。可使用-help 选项来获取代码及其输出结果如图 4-19 所示。

```
C:\Program Files\MySQL\MySQL Server 8.0\bin>myisamchk --help
myisamchk  Ver 8.0.17 for Win64 on x86_64 (MySQL Community Server - GPL)
Copyright (c) 2000, 2019, Oracle and/or its affiliates. All rights reserved.

Oracle is a registered trademark of Oracle Corporation and/or its
affiliates. Other names may be trademarks of their respective
owners.

Description, check and repair of MyISAM tables.
Used without options all tables on the command will be checked for errors
Usage: myisamchk [OPTIONS] tables[.MYI]

Global options:
  -H, --HELP          Display this help and exit.
  -?, --help          Display this help and exit.
  -t, --tmpdir=path   Path for temporary files. Multiple paths can be
                      specified, separated by semicolon (;), they will be used
                      in a round-robin fashion.
  -s, --silent        Only print errors.  One can use two -s to make
                      myisamchk very silent.
  -v, --verbose       Print more information. This can be used with
                      --description and --check. Use many -v for more verbosity.
  -V, --version       Print version and exit.
  -w, --wait          Wait if table is locked.

Check options (check is the default action for myisamchk):
  -c, --check         Check table for errors.
  -e, --extend-check  Check the table VERY throughly.  Only use this in
                      extreme cases as myisamchk should normally be able to
                      find out if the table is ok even without this switch.
  -F, --fast          Check only tables that haven't been closed properly.
  -C, --check-only-changed
                      Check only tables that have changed since last check.
  -f, --force         Restart with '-r' if there are any errors in the table.
                      States will be updated as with '--update-state'.
  -i, --information   Print statistics information about table that is checked.
  -m, --medium-check  Faster than extend-check, but only finds 99.99% of
                      all errors.  Should be good enough for most cases.
  -U  --update-state  Mark tables as crashed if you find any errors.
  -T, --read-only     Don't mark table as checked.
```

图 4-19　myisamchk 选项

由于 myisamchk 的选项繁多，在图 4-19 中无法全部展示，其较为常用的选项如下。

● --help：显示帮助消息并退出。

● --debug=debug_options，-# debug_options：输出调试记录文件。debug_options 字符串经常是'd:t:o,filename'。

● --silent、-s：沉默模式。仅当发生错误时写输出。能使用-s 两次（-ss）使 myisamchk 沉默。

● --verbose、-v：冗长模式。打印更多的信息。能与-d 和-e 一起使用。为了更冗长，可使用-v 多次（-vv,-vvv）。

● --version、-V：显示版本信息并退出。

● --wait、-w：如果表被锁定，不是提示错误终止，而是在继续前等待到表被解锁。请注意，如果用--skip-external-locking 选项运行 mysqld，只能用另一个 myisamchk 命令锁定表。

4.5.3 myisamchk 选项

充分了解 myisamchk 选项，能够对表的维护和恢复进行准确操作。myisamchk 选项根据其功能的不同可分为用于检查的选项、用于修复的选项和其他选项。

1．myisamchk 的检查选项

myisamchk 支持下面的表检查操作选项。

- --chek、-c：检查表的错误。如果不明确指定操作类型选项，这是默认操作。
- --check-only-changed、-C：只检查上次检查后有变更的表。
- -extend-check：非常仔细地检查表。如果表有许多索引将会相当慢。该选项只能用于极端情况。一般情况下，可以使用 myisamchk 或 myisamchk-medium-check 来确定表内是否有错误。如果使用了--extend-check 并且有充分的内存，将 key_buffer_size 变量设置为较大的值可以使修复操作运行得更快。
- --fast、-F：只检查没有正确关闭的表。
- --force、-f：若 myisamchk 发现表内有任何错误，则自动进行修复。维护类与--repair 或-r 选项指定的相同。
- --information、-I：打印所检查表的统计信息。
- --medium-check、-m：比--extend-chek 更快速地进行检查。只能发现 99.99%的错误，在大多数情况下足够。
- --read-only、-T：不要将表标记为已经检查。通常使用 myisamhk 来检查正被其他应用程序使用而没有锁定的表，如用--skip-external-locking 选项运行 mysqld。
- --update-state、-U：将信息保存在.myi 文件中，来表示表检查的时间及表是否崩溃。该选项用来充分利用--check-only-changed 选项，但如果 MySQL 服务器正在使用表并且正用--skip-external-locking 选项运行时不应使用该选项。

2．myisamchk 的修复选项

myisamchk 支持下面的表修复操作的选项。

- --backup、-B：将.MYD 文件备份为 file_name-time.BAK。
- --character-sets-dir=path：字符集安装目录。
- --correct-checksum：纠正表的校验和信息。
- --data-file-length=len、-D len：数据文件的最大长度（当重建数据文件且为"满"时）。
- --extend-check、-e：进行修复，试图从数据文件恢复每一行。一般情况会发现大量的垃圾行。
- --force、-f：覆盖旧的中间文件（文件名类似 tbl_name.tmd），而不是中断。
- --keys-used=val、-k val：对于 myisamchk，该选项值为位值，说明要更新的索引。选项值的每一个二进制位对应表的一个索引，其中第一个索引对应位 0。选项值 0 禁用对所有索引的更新，可以保证快速插入。通过 myisamchk -r 可以重新激活被禁用的索引。
- --parallel-recover、-p：与-r 和-n 的用法相同，但使用不同的线程并行创建所有键。
- --quick、-q：不修改数据文件，快速进行修复。出现复制键时，可以两次指定该项以强制 myisamchk 修改原数据文件。

- --recover、-r：可以修复几乎所有一切问题，除非唯一的键不唯一时（对于 MyISAM 表，这是非常不可能的情况）。如果要恢复表，这是首先要尝试的选项。
- -safe-recover、-0：使用一个老的恢复方法读取，按顺序读取所有行，并根据找到的行更新所有索引树。
- --set-collation=name：更改用来排序表索引的校对规则。校对规则名的第一部分包含字符集名。
- --sort-recover、-n：强制 myisamchk 通过排序来解析键值，即使临时文件将可能很大。
- --tmpdir=path、-t path：用于保存临时文件的目录的路径。如果未设置，myisamchk 使用 TMPDIR 环境变量的值。
- --unpack、-u：将用 myisampack 打包的表解包。

3．myisamchk 的其他选项

myisamchk 支持以下表检查和修复之外的其他操作的选项。

- --analyze、-a：分析键值的分布。
- --description、-d：打印出关于表的描述性信息。
- -set-auto-increment[=value]、-A[value]：强制从给定值开始的新记录使用 AUTO_INCREMENT 编号（或如果已经有 AUTO_INCREMENT 值大小的记录，应使用更高值）。如果未指定 value，新记录的 AUTO_INCREMENT 编号应使用当前表的最大值加上 1。
- --sort-index、-S：以从高到低的顺序排序索引树块。这将优化搜寻并且将使按键值的表扫描得更快。
- --sort-records=N、-R N：根据一个具体索引排序记录。这使数据更局部化并且可以加快在该键上的 SELECT 和 ORDER BY 的范围搜索。为了找出一张表的索引编号，使用 SHOW INDEX，它以 myisamchk 获取的相同顺序显示一张表的索引。索引从 1 开始编号。

4.5.4　表的检查

使用 myisamchk 命令行可以命名表，还可以通过命名索引文件（用.myi 后缀）来指定一个表。它允许通过使用模式*.myi 指定在一个目录所有的表。以下列举对表检查的常用方法。

- 在目录下检查所有的 MyISAM 表，代码如下：

```
myisamchk *.MYI
```

- 通过指定到目录的路径检查所有在那里的表，代码如下：

```
myisamchk /path/to/database_dir/*.MYI
```

- 可以通过为 MySQL 数据库目录的路径指定一个通配符来检查所有的数据库中的所有表，代码如下：

```
myisamchk /path/to/datadir/*/*.MYI
```

- 快速检查所有 MyISAM 表，代码如下：

```
myisamchk --silent --fast /path/to/datadir/*/*.MYI
```

● 检查所有 MyISAM 表并修复任何破坏的表，代码如下：

```
myisamchk --silent --force --fast --update-state \
          -O key_buffer=64M -O sort_buffer=64M \
          -O read_buffer=1M -O write_buffer=1M \
          /path/to/datadir/*/*.MYI
```

上述代码假定有大于 64MB 的自由内存。

当运行 myisamchk 时，必须确保其他程序不使用表，这与表的备份需要确保表数据不改变的原理一样。否则，运行 myisamchk 时，会显示下面的错误消息：

```
warning:clients are using or haven't closed the table properly
```

如果 MySQL 正在运行，必须通过 FLUSH TABLES 强制清空仍然在内存中的任何表修改。

除了上述应用，还可以通过--var_name=value 选项设置 myisamchk 变量，其变量将响应其对表的检查。这些变量的默认值如表 4-1 所示。

表 4-1 myisamchk 变量及其默认值

变　　量	默　认　值
decode_bits	9
ft_max_word_len	取决于版本
ft_min_word_len	4
ft_stopword_file	内建列表
key_buffer_size	523264
myisam_block_size	1024
read_buffer_size	262136
sort_buffer_size	2097144
sort_key_blocks	16
stats_method	nulls_unequal
write_buffer_size	262136

可以用 myisamchk--help 检查 myisamchk 变量及其默认值。上述变量的用法如下。

● 当用排序键值修复键值时使用 sort_buffer_size，通常使用--recover 时使用。

● 当用--extend-check 检查表或通过一行一行地将键值插入表中（如同通插入）来修改键值时使用 Key_buffer_size。

● 当直接创建键值文件时，需要对键值排序的临时文件有 2 倍大。通常是指当 CHAR、VARCHAR 或 TEXT 列的键值较大的情况。因为排序操作在处理过程中需要保存全部键值。如果有大量临时空间，可以通过排序强制使用 myisamchk 来修复，可以使用--sort-recover 选项。

● 如果想要快速修复，将 key_buffer_size 和 sort_buffer_size 变量设置到大约可用内存的 25%。可以将两个变量设置为较大的值，因为一个时间只使用一个变量。

● myisam_block_size 是用于索引块的内存大小。

● stats_method 影响当给定--analyze 选项时，如何为索引统计搜集处理 NULL 值。

- ft_min_word_len 和 ft_max_word_len 表示 FULLTEXT 索引的最小和最大字长。
- ft_stopword_file 指定不进行全文索引的文件名，MySQL 会从 ft_stopword_file 变量指定的文件中读取不进行全文索引的过滤词表，一行一个。若将该变量设置为空字符串，则禁用过滤词表。

如果使用 myisamchk 来修改表索引（如修复或分析），使用最小字长、最大字长、停止文件的默认全文参数值重建 FULLTEXT 索引。这样会导致查询失败。

出现这些问题是因为只有服务器知道这些参数，它们没有保存在 MyISAM 索引文件中。如果修改了服务器中的文件，要避免该问题，为用于 MySQL 的 myisamchk 指定相同的 ft_min_word_len、ft_max_word_len 和 ft_stop_word_file 值。

4.5.5　崩溃恢复

执行表恢复时，需要保证服务器没有使用该表，如果服务器和 myisamchk 同时访问表，表可能会被破坏。

使用--skip-external-locking 一般是系统的默认启用选项，MySQL 数据库一般应禁用该选项，因为使用系统的 lock 和 mysql 很容易产生死锁。

执行 myisamchk 表的恢复是修复表的 3 个文件，其后缀名及其作用如表 4-2 所示。

表 4-2　表恢复文件及其作用

文 件 名	作 用
tbl_name.frm	定义（格式）文件
tbl_name.MYD	数据文件
tbl_name.MYI	索引文件

这 3 类文件的每一类都可能遭受不同形式的损坏，但是问题最常发生在数据文件和索引文件。

myisamchk 通过一行一行地创建一个.MYD 数据文件的副本来工作，它通过删除旧的.MYD 文件并且重命名新文件到原来的文件名结束修复阶段。

如果使用--quick、myisamchk 不创建一个临时.MYD 文件，只是假定.MYD 文件是正确的，并且仅创建一个新的索引文件，不接触.MYD 文件，因为 myisamchk 自动检测.MYD 文件是否损坏并且在这种情况下放弃修复，所以这种方法较为安全。

也可以给 myisamchk 两个--quick 选项。在这种情况下，myisamchk 不会在一些错误放弃，而试图通过修改.MYD 文件解决。

通常，只有在太少的空闲磁盘空间上实施正常修复，使用两个--quick 选项时才有用。在这种情况下，应该在运行 myisamchk 前进行备份。恢复步骤如下。

（1）检查 MyISAM 表的错误，如果有错误，用 perror 命令查看错误码。

（2）初级修复 MyISAM 表，试图不接触数据文件来修复索引文件。

（3）中级修复 MyISAM 表，只有在索引文件的第一个 16KB 块被破坏，或包含不正确的信息，或索引文件丢失时，才到这个阶段。

需要把数据文件移到安全的地方；使用表描述文件创建新的（空）数据文件和索引文件；将原数据文件复制到新创建的数据文件之中。

（4）从一个备份恢复描述文件，然后执行 myisamchk -r tablename 命令。

4.5.6　检查 MyISAM 表的错误

检查 MyISAM 表，有多种方法可以使用。每一种方法可以检查不同程度的错误。

使用下面的命令能找出 99.99% 的错误，它不能找出的仅仅是涉及数据文件的损坏（这很不常见）。如果想要检查一张表，通常应该没有选项地运行 myisamchk 或用-s 或-silent 选项的任何一个。

```
myisamchk tbl_name
```

使用下面的命令能找出 99.99% 的错误。它首先检查所有索引条目的错误并通读所有行。它还计算行内所有键值的校验和，并确认校验和与索引树内键的校验和相匹配。

```
myisamchk -m tbl_name
```

使用下面的命令可以完全彻底地检查数据（-e 意思是"扩展检查"）。它对每一行做每个键的读检查以证实它们确实指向正确的行。这在一个有很多键的大表上可能花很长时间。myisamchk 通常将在它发现第一个错误以后停止。如果想要获得更多的信息，可以增加--verbose（-v）选项。这使得 myisamchk 继续一直到最多出现 20 个错误。

```
myisamchk -e tbl_name
```

如下命令的-i 选项告诉 myisamchk 打印出一些统计信息。

```
myisamchk -e -i tbl_name
```

4.5.7　修复表

通过对表的检查，可以获取表的错误，用 perror 命令可以根据错误码查看具体的错误信息。一张损坏的表的症状通常是查询意外中断并且能看到下述错误。

- "tbl_name.frm"被锁定不能更改。
- 不能找到文件"tbl_name.MYI"（Errcode：nnn）。
- 文件意外结束。
- 记录文件被毁坏。
- 从表处理器得到错误 nnn。

运行"perror 错误编号"可以查看具体的错误，如分别查看错误编号为 126、127、135、136 的信息，代码和输出结果如下：

```
C:\Program Files\MySQL\MySQL Server 8.0\bin>perror 126 127 135 136
OS error code 126:  not connected
MySQL error code MY-000126 (handler): Index file is crashed
Win32 error code 126: 找不到指定的模块。
OS error code 127:  state not recoverable
MySQL error code MY-000127 (handler): Record file is crashed
Win32 error code 127: 找不到指定的程序。
OS error code 135:  protocol not supported
MySQL error code MY-000135 (handler): No more room in record file
```

```
Win32 error code 135: 试图在已被合并的驱动器上使用 JOIN 或 SUBST 命令。
OS error code 136:  wrong protocol type
MySQL error code MY-000136 (handler): No more room in index file
Win32 error code 136: 系统试图解除未合并驱动器的 JOIN。
```

错误 135（记录文件中没有更多的空间）和错误 136（索引文件中没有更多的空间）不是可以通过简单修复可以修复的错误。在这种情况下，必须使用 ALTER TABLE 来增加 MAX_ROWS 和 AVG_ROW_LENGTH 表选项值，语法格式如下：

```
ALTER TABLE tbl_name MAX_ROWS=XXX AVG_ROW_LENGTH=yyy;
```

如果不知道当前的表的选项值，使用 SHOW CREATE TABLE 或 DESCRIBE 来查询。对于其他的错误，必须修复表。myisamchk 可以检测和修复大多数问题。表的修复步骤如下。

（1）检查表，执行下列代码：

```
myisamchk *.MYI 或 myisamchk -e *.MYI。
```

可使用-s（沉默）选项禁止不必要的信息。如果 MySQL 服务器处于宕机状态，应使用--update-state 选项来告诉 myisamchk 将表标记为"检查过的"。

如果在检查时，得到异常的错误（如 out of memory 错误），或如果 myisamchk 崩溃，到步骤（3）。

（2）简单安全的修复。如果想更快地进行修复，当运行 myisamchk 时，应将 sort_buffer_size 和 Key_buffer_size 变量的值设置为可用内存的大约 25%。

首先，尝试执行 myisamchk -r -q tbl_name（-r -q 意味着"快速恢复模式"）。这将试图不接触数据文件来修复索引文件。如果数据文件包含它应有的一切内容和指向数据文件内正确地删除连接，那么可以执行，并且表可被修复。

开始修复下一张表，在继续修复前对数据文件进行备份。

使用 mvisamchk -r tbl_name（-r 意味着"恢复模式"）。这将从数据文件中删除不正确的记录和已被删除的记录并重建索引文件。

如果前面的步骤失败，执行 myisamchk --safe-recover tbl_name 命令。安全恢复模式使用一个老的恢复方法，处理常规恢复模式无法实现的少数情况（但是更慢）。

（3）困难的修复。只有在索引文件的第一个 16KB 块被破坏，或包含不正确的信息，或如果索引文件丢失，才进行到这个阶段。在这种情况下，需要创建一个新的索引文件，步骤如下。

● 把数据文件移到安全的地方。
● 使用表描述文件创建新的数据文件和索引文件：

```
mysql dbname
  SET AUTOCOMMIT=1;
  TRUNCATE TABLE tbl_name;
quit
```

● 若 MySQL 版本没有 TRUNCATE TABLE，则使用 DELETE FROM tbl_name。
● 将老的数据文件复制到新创建的数据文件之中（不要只是将老文件移回新文件之中；要保留一个副本以防某些东西出错）。

● 回到步骤（2）。

还可以使用 REPAIR TABLE tbl_name USE_FRM 命令，将自动执行整个程序。

（4）非常困难的修复。只有*.fm 描述文件也破坏了，才应该到达这个阶段。这种情况应该从未发生过，因为在表被创建以后，描述文件就不再改变了。

从一个备份恢复描述文件然后回到步骤（3）。也可以恢复索引文件然后回到步骤（2）。对后者，应该用 myisamchk -r 启动。

如果没有进行备份但是确切地知道表是怎样创建的，在另一个数据库中创建表的一个副本。删除新的数据文件，然后从其他数据库将描述文件和索引文件移到被破坏的数据库中。这样提供了新的描述文件和索引文件，但是让*.MYD 数据文件独自留下来了。回到步骤（2）并且尝试重建索引文件。

本章小结

在本章中，我们主要学习了以下问题。

● MySQL 中的数据库由数据库对象组成，这些数据库对象包括表、视图、索引、存储过程、函数和触发器等。

● 存储引擎是存储数据、为存储的数据建立索引和更新、查询数据的机制。在关系数据库中数据的存储是以表的形式存储的，所以存储引擎也可以称为表类型。MySQL 数据库提供了多种存储引擎，如 InnoDB 存储引擎、MyISAM 存储引擎、MEMORY 存储引擎和 MERGE 存储引擎等。用户可以根据不同的需求为数据表选择不同的存储引擎也可以根据自己的需要编写自己的存储引擎。

● MySQL 常用的存储引擎有 InnoDB 存储引擎及 MyISAM 存储引擎。除此之外，MySQL 数据库还支持 FEDERATED、MRG_MYISAM、BLACKHOLE、CSV、MEMORY、ARCHIVE 和 PERFORMANCE_SCHEMA 存储引擎。

● 在 MySQL 中，主要使用两种方法创建数据库：一是使用图形化管理工具 MySQL Workbench 创建数据库，此方法简单、直观，以图形化方式完成数据库的创建和数据属性的设置；二是使用 SQL 语句创建数据库，此方法可以将创建数据库的脚本保存下来，在其他计算机上运行以创建相同的数据库。

● 删除数据库是指在数据库系统中删除已经存在的数据库，删除数据库成功后，原来分配的空间将被收回，释放在磁盘上所占用的空间。注意，系统数据库不能被删除。在 MySQL 数据库中删除数据库有两种方法：一种是直接通过 MySQL Workbench 工具删除；另一种是执行 DROP DATABASE 语句进行删除。

● 数据库备份可以创建备份完成时数据库内存在的数据的副本，这个副本能在遇到故障时恢复数据库。在 MySQL 数据库中具体实现数据库备份的方法很多，可分为完全备份、表备份、增量备份和自动备份。完全备份是指将数据库中的数据及所有对象全部进行备份。表备份指仅将一张或多张表中的数据进行备份。增量备份指在某一次完全备份的基础，只备份其后数据的变化。MySQL 系统常用的 3 种数据库备份操作的方法：MySQL Workbench 备份数据库、使用 SQL 语句备份数据库和使用 MySQL 客户端实用程序备份数据库。

- 数据库备份后，一旦系统发生崩溃或者执行了错误的数据库操作，就可以从备份文件中还原数据库。数据库还原是指将数据库备份加载到系统中的过程。MySQL 还原数据库时，根据数据库备份文件自动创建数据库结构，并且还原数据库中的数据。相应地，MySQL 系统常用的 3 种数据库还原操作的方法：MySQL Workbench 还原数据库、使用 SQL 语句还原数据库和使用 MySQL 客户端实用程序还原数据库。
- 数据库创建后，所有的对象和数据均已添加且都在使用中，需要对其进行维护，数据库维护可以使它保持运行的最佳状态。使用 myisamchk 命令可以获得数据库表的信息，可以检查、修复、优化数据表。

习题

思考题

1．MySQL 数据库提供的存储引擎数据库主要有哪些，主要特征分别是什么？
2．使用 MyISAM 存储引擎创建数据库生成的 3 个文件分别是什么？
3．为什么要备份系统数据库？
4．MySQL 提供了哪几种备份方法？

上机练习题

1．如何查看当前 MySQL 数据库支持的存储引擎？
2．使用创建数据库语句创建一个名为 PXGL 的数据库。
3．查看数据库并修改 2 题中创建的数据库的字符集。
4．用 DROP 命令删除 2 题中创建的数据库，再用 CREATE 命令创建一个相同的数据库。
5．备份所有数据库。
6．备份和恢复 PXGL 数据库。

习题答案

第 5 章　表的操作与管理

学习目标

本章中，你将学习：

- 数据类型
- 表的创建与管理
- 约束的创建与维护
- 索引操作

数据库对象是数据库的组成部分，它们主要包括表、视图、索引、存储过程、触发器及关系图等。在关系数据库中，关系就是表，表是数据库中最重要的数据库对象，用来储存数据库中的信息。

在 MySQL 数据库中，表是数据库的主要对象，用来存储各种各样的信息。每个表代表一类对其用户有意义的对象。数据库中的表同我们日常工作中使用的表格类似，也是由行和列组成的。

列由同类的信息组成，每列又称为一个字段，每列的标题称为字段名。

行包括了若干列信息项，一行数据称为一条记录，它表达有一定意义的信息组合。一个数据库表由一条或多条记录组成，没有记录的表称为空表。每个表通常都有一个主关键字，用于唯一地确定一条记录。

索引是根据指定的数据库表的列建立起来的顺序，它提供了快速访问数据的途径，并且可以监督表的数据，使其索引所指向的列中的数据不重复。

以下具体介绍 MySQL 的数据类型，以及表和索引的操作等。

5.1　数据类型

严格控制 MySQL 表中各列的数据是确保数据驱动型应用顺利运行的核心要素。例如，我们可能需要保证数值不超出设定的上限且符合特定的格式要求，或者只能从一组预设的值中进行选择。为了实现这些功能，MySQL 为表中的列提供了一系列可选的数据类型。这些数据类型都遵循着一套预定义的规则，涵盖了数据的大小、类别（如文本、整数或小数）及格式（如确保日期和时间的正确表达）。

在创建数据库表的列时，必须明确指定其数据类型，因为数据类型直接决定了该列所能接受的数据值、其数值范围及存储格式。MySQL 数据库系统提供了丰富的数据类型，包括用于数值的数值类型、日期和时间类型、处理文本数据的字符串类型、JSON 类型等。这些数据类型如表 5-1 所示。

表 5-1　MySQL 提供的数据类型

数 据 类 型	符 号 标 志
数值类型	BIGINT、INT、SMALLINT、MEDIUMINT、TINYINT、FLOAT、DOUBLE、DECIMAL
日期和时间类型	TIME、DATE、YEAR、DATETIME、TIMESTAMP
字符串类型	CHAR、VARCHAR、BINARY、VARBINARY、TEXT、BLOB、ENUM、SET
JSON 类型	JSON

在讨论数据类型的相关概念时，我们主要关注精度、小数位数和长度这三个方面。其中，精度和小数位数主要针对数值型数据进行描述：

- 精度是指数值型数据中十进制数的总位数，它决定了数据的整体大小；
- 小数位数则是指数值型数据中小数点右侧的数字的最大位数，它定义了小数部分的精细度。例如，对于数值型数据 3560.697，其精度为 7 位，小数位数为 3 位。

而长度这一概念则与数据的存储相关，它表示存储特定类型数据所需的字节数。通过明确这些概念，我们可以更准确地理解和使用不同的数据类型。

5.1.1　数值类型

MySQL 支持 ANSI/ISO SQL 92 标准的多种数值类型，包括整数和小数。整数采用整数类型，而小数采用浮点数或定点数类型。例如，学生年龄可用整数类型，成绩可用浮点数类型。不同的数据库对 SQL 标准有所拓展，MySQL 也不例外，它在标准数值类型（如严格和近似数值类型）之外，还引入了 BIT 等新类型。

5.1.1.1　整数类型

整数类型专为存储整数设计。MySQL 不仅支持标准的 INT/INTEGER 和 SMALLINT，还扩展了 TINYINT、MEDIUMINT 和 BIGINT 等类型。不同的整数类型因存储空间差异而具有不同的数据范围。具体所占空间大小和表述范围如表 5-2 所示。

表 5-2　整数类型特性

整 数 类 型	大　　小	表述范围（有符号）	表述范围（无符号）	作　　用
TINYINT	1 字节	−128～127	0～255	小整数值
SMALLINT	2 字节	−32768～32767	0～65535	大整数值
MEDIUMINT	3 字节	−8388608～8388607	0～16777215	大整数值
INT/INTEGER	4 字节	−2147483648～2147483647	0～4294967295	大整数值
BIGINT	8 字节	−9233372036854775808～9223372036854775807	0～18446744073709551615	极大整数值

从表 5-2 中可以看出，MySQL 支持 5 种主要的整数类型：TINYINT、SMALLINT、MEDIUMINT、INT/INTEGER 和 BIGINT，它们在功能上相似但存储空间和数值范围有所不同。在选择数据类型时，应根据实际需求的数值范围来确定，以避免出现"Out of range"错误。

使用 HELP INT 命令查看对 INT 类型的描述：

```
mysql> HELP INT;
Name:'INT'
Description:
INT[(M)] [UNSIGNED] [ZROFILL]
```

INT 数据类型有 3 个可选属性。首先是(M)，它指定了 INT 数据的显示宽度。例如，INT(4)表示数据宽度为 4，配合 ZEROFILL 使用时，数值 10 会显示为 0010，而 100000 按原样输出，因为已超 4 位。(M)只是指定了预期的显示宽度，并不影响该字段所选取的数据类型的储存空间大小。其次是 UNSIGNED，表示字段只存正数，从而节省存储空间并扩大数值范围。最后是 ZEROFILL，它用 0 填充数值以达到指定宽度，并阻止存储负值，若某个字段使用了 ZEROFILL 修饰，则该字段会默认添加 UNSIGNED 修饰符。

5.1.1.2　浮点数和定点数类型

若要在数据库中妥善存储小数类型的数值，必须选择适当的数值类型以确保数值的精确性或可接受的近似性。在 MySQL 中，提供了两种主要的数值类型：浮点数类型和定点数类型。

浮点数类型在数据库中存储近似值。这种类型适用于那些对精度要求不高或可以容忍一定范围内误差的场景。浮点数类型可进一步细分为 FLOAT 和 DOUBLE 两种类型。FLOAT，即单精度浮点数，它占用的存储空间较小，但精度有限；而 DOUBLE，也就是双精度浮点数，虽然占用了更多的存储空间，但却提供了更高的数值精度，适用于对精度有较高要求的场景。

与浮点数类型形成鲜明对比的是定点数类型。这类数据在数据库中存储的是精确的小数值，不存在任何精度损失。定点数类型在 MySQL 中主要通过 DEC、DECIMAL 或 NUMERIC 来表示，它们实际上是同一种数据类型的不同命名方式。在实际应用中，人们更倾向于使用 DEC 或 DECIMAL 作为定点数类型的标识。

1．浮点数类型

浮点数类型所占空间大小及表述范围如表 5-3 所示。

表 5-3　浮点数类型特性

浮点数类型	大　　小	表述范围（有符号）	表述范围（无符号）	作　　用
FLOAT	4 字节	(−3.402823466E+38, −1.175494351E-38)	0,(1.175494351E-38,3.402823466E+38)	单精度浮点数值
DOUBLE	8 字节	(−1.7976931348623157E+308, −2.2250738585072014E-308)	0,(2.2250738585072014E-308, 1.7976931348623157E+308)	双精度浮点数值

使用 HELP DOUBLE 查看 DOUBLE 数据类型：

```
mysql> HELP DOUBLE;
Name:'DOUBLE'
Description:
DOUBLEL[(M,D)][UNSIGNED] [ZEROFILL]
```

可以看到浮点数类型与整数类型类似，均有 3 个可选属性：(M,D)、UNSIGNED 和 ZEROFILL。其中，UNSIGNED 与 ZEROFILL 的含义与使用方法均已在上节中讲述过，所以在此重点讲解(M,D)。

(M,D)中的 M 表示浮点数据类型中数字的总个数，D 表示小数点后数字的个数。若某字段定义为 DOUBLE(6.3)而要存储的数据是 314.15926，则由于该数据小数点后的位数超过 3，因此会在保存数据时四舍五入，从而使数据库中实际存放的是 314.15926 的近似值 314.159；若要存放的数据是 3.1415926，则实际存放的是 3.142；但是当要存放的数据为 3141.5926 时，会提示"Out of range"错误。需要注意的是，与整数类型不一样的是，浮点数类型的宽度不会自动扩充。

在未明确指定 FLOAT 和 DOUBLE 中的 M 和 D 值时，它们的默认值均为 0。这意味着，在不超出数值类型表示范围的前提下，数字的总位数和小数点后的位数都不会受到限制，而是根据实际精度进行显示的。

若需要具体指定 M 和 D 的值，必须注意它们的取值范围及相互间的约束关系。首先，M 代表总位数，其取值范围为 0～255。然而，需要注意的是，FLOAT 类型只能确保前 6 位有效数字的准确性。因此，在 FLOAT(M,D)格式中，当 M 小于或等于 6 时，数字通常是准确的。类似地，DOUBLE 类型能够保证前 16 位有效数字的准确性，所以在 DOUBLE(M,D)格式中，当 M 小于或等于 16 时，数字也通常是准确的。其次，D 代表小数点后的位数，其取值范围为 0～30。但重要的是，D 的值必须小于或等于 M 的值，否则会导致错误。这是因为小数点后的位数不能超过总位数，否则无法正确表示该数字。因此，在设置 M 和 D 的值时，务必确保 D 的值不超过 M，以保证数据的准确性和有效性。

2．定点数类型

定点数类型在数据库中以字符串的形式进行存储，从而确保了其精确性。定点数所占空间大小及表述范围如表 5-4 所示。

表 5-4　定点数类型特性

类　　型	大　小	表 述 范 围	作　　用
DECIMAL(M,D)	M+2	最小和最大取值范围与 DOUBLE 相同；指定 M 和 D 时，有效取值范围由 M 和 D 的大小决定	精度较高的小数值

使用 HELP DECIMAL 查看 DECIMAL 数据类型：

```
mysql> HELP DECIMAL;
Name:'DECIMAL'
Description:
DECIMAL[(M[, D])][UNSIGNED][ZEROFILL]
```

DECIMAL(M,D)与浮点数类型(M,D)的用法在大体上是相似的，但在一些关键细节上存在差异。

首先，对于 DECIMAL 类型，M 的默认值是 10，而 D 的默认值是 0。这意味着，如果在创建数据库表时定义了一个字段为 DECIMAL 类型但没有指定任何参数，那么它实际上等同于 DECIMAL(10,0)。举个例子，如果要存储的数据是 1.23，由于 D 的默认值为 0，因此实际保存到数据库中的值将是 1，而不是 1.23。如果只指定了一个参数，那么这个参数会被解释为 M 的值，而 D 则保持其默认值 0。

其次，M 的取值范围是 1～65。如果尝试将 M 设置为 0，系统会自动将其调整为默认值 10。如果超出了这个范围，系统将会报错。

最后，D 的取值范围是 0～30，但有一个重要的限制条件：D 的值必须小于或等于 M 的值。如果不满足这个条件，系统同样会报错。这一规定确保了小数点后的位数不会超过总位数，从而保证了数据的完整性和准确性。

5.1.1.3　BIT 类型

在 MySQL 5.0 之前的版本中，BIT 和 TINYINT 被视作相同的数据类型，它们在功能和存储方式上没有明显的区别。然而，从 MySQL 5.0 版本开始，BIT 被赋予了新的定义和功能，成为一个独立且独特的数据类型。

BIT 数据类型被专门设计用来存储位字段值，这使得它能够非常高效地存储二进制数据。与之前的版本相比，BIT 数据类型在 MySQL 5.0 及更高版本中的引入，为用户提供了更多的灵活性和选择，特别是在处理需要精确控制位数或进行位运算的场景中。

BIT 数据类型所占空间大小及表述范围如表 5-5 所示。

表 5-5　BIT 数据类型特性

BIT 类型	大　　小	表 述 范 围	作　　用
BIT(M)	1～8 字节	BIT(1)～BIT(64)	位字段值

使用 HELP BIT 查看 BIT 数据类型：

```
mysql> HELP BIT
Name:'BIT'
Description:
BIT[(M)]
```

M 代表位数，其取值范围是 1～64。当未明确指定 M 的值时，系统会默认 M 为 1。这意味着，BIT(1)只能取 0 或 1 这两个值；BIT(4)可以取 0～15 范围内的任何值；而 BIT(64)的取值范围则从 0 一直到 $2^{64}-1$。

BIT 数据类型以"bvalue"的格式存储二进制数据，其中"value"是由 0 和 1 组成的二进制序列。例如，b'111'和 b'10000000'分别对应十进制数 7 和 128。若给定的"value"位数少于指定的 M 值，系统会自动在其左侧用 0 来补齐。举个例子，如果一个字段被定义为 BIT(6)，但实际存储的数据是 b'111'，那么数据库中实际保存的数据将会是 b'000111'。这种补齐机制确保了数据总是以固定长度的二进制形式存储的，从而方便了数据的处理和查询。

5.1.2　日期和时间类型

为了更方便地在数据库中管理和存储日期与时间相关的信息，MySQL 提供了多种专门的数据类型，包括 TIME、DATE、YEAR、DATETIME 及 TIMESTAMP。这些数据类型广泛应用于各种场景，如记录商场活动的持续时长、职员的出生日期等。

从表现形式上看，MySQL 中的日期类型与字符串类型颇为相似，都是用单引号括起来的。然而，在本质上，MySQL 的日期类型数据是数值型的。这意味着它们不仅可以像字符串那样进行存储和检索，还可以直接参与数学运算，尤其是简单的加减运算。这种灵活性使得日期类型数据在处理时间间隔、日期计算等方面具有得天独厚的优势。

5 种日期和时间类型数据的取值范围及相应的"0"值如表 5-6 所示。

表 5-6　日期和时间类型数据

类　　型	格　　式	取 值 范 围	"0"值
TIME	'HH:MM:SS'	('-838:59:59',838.59:59')	'00:00:00'
DATE	'YYYY-MM-DD'	('1000-01-01','9999-12-31')	'0000-00-00'
YEAR	YYYY	(1901,2155)	0000
DATETIME	'YYYY-MM-DD HH:MM:SS'	('1000-01-01 00:00:00','9999-12-31 23:59:59')	'0000-00-00 00:00:00'
TIMESTAMP	'YYYY-MM-DD HH:MM:SS'	('1970-01-01 00:00:01'UTC, '2038-01-19 03:14:07'UTC)	'0000-00-00 00:00:00'

在 MySQL 中，每种日期和时间类型都有其特定的取值范围和"0"值设定。在数据库的非严格模式下，如果尝试存储格式不正确的数据，系统会发出警告，并将"0"值作为占位符插入到数据库中。而当插入的数据虽然格式正确，但超出了该数据类型的允许范围时，MySQL 会将其裁剪至最接近的端点值，即该数据类型的最大值或最小值。然而，在严格模式下，MySQL 对数据的完整性和准确性有着更高的要求。无论是格式非法的数据，还是格式合法但超出范围的数据，系统都不会允许其存入数据库，而是会返回错误提示。这种严格的数据验证机制有助于确保数据库中数据的准确性和一致性。下面将在严格模式下讲解各种日期与时间类型。

5.1.2.1　TIME 类型

TIME 类型在 MySQL 中专门用于存储时间数据,当你只需要记录时间而不需要记录日期时,选择 TIME 类型是最为恰当的。在 MySQL 中,TIME 数据类型通常以'HH:MM:SS'的格式来检索和显示,如果所需表示的时间值超出了常规范围,也可以使用'HHH:MM:SS'格式。其中,HH 代表小时,其取值范围较为特殊,为-838~838。这是因为 TIME 类型不仅可以用来表示一天中的某个具体时间(此时小时取值范围为 0~23),还可以用来表示两个事件之间的时间间隔。在这种情况下,小时的取值可能会超过 23,甚至是负数。而 MM 代表分钟,其取值范围为 0~59;SS 代表秒,取值范围同样为 0~59。

5.1.2.2　DATE 类型

DATE 类型是 MySQL 中专门用于存储日期的数据类型。当只需要记录日期信息,而不需要时间部分时,选择 DATE 类型是最合适的。在 MySQL 中,DATE 数据类型采用'YYYY-MM-DD'的格式进行检索和显示。其中,YYYY 代表年份,其取值范围为 1000~9999;MM 代表月份,取值范围为 1~12;DD 代表日期,取值范围通常为 1~31,但实际范围还需根据具体的年份和月份来确定。例如,'2020-06-31'就是一个无效的数据,因为 6 月只有 30 天,不存在31 号。DATE 数据类型所支持的有效日期范围是'1000-01-01'~'9999-12-31'。

5.1.2.3　YEAR 类型

YEAR 类型是 MySQL 中专门用来表示年份的数据类型。在 MySQL 中,YEAR 类型使用 YYYY 格式来检索和显示,其取值范围为 1901~2155 及特殊的 0000 年。

使用 YEAR 类型时,主要有以下几种方式。

- 使用 4 位数字或字符串表示年份,范围为 1901~2155,如 2020。超出此范围会报错。
- 使用 1~2 位数字表示年份时,MySQL 会根据不同范围自动转换:1~69 转为 2001~2069,70~99 转为 1970~1999,而 0 则转为 0000 年。
- 对于 1~2 位的字符串表示年份,规则与数字类似,但 0 或 00 会转为 2000 年。需要注意的是,数字 0 和字符串'0'或'00'表示的年份是不同的:数字 0 代表 0000 年,而字符串'0'或'00'则代表 2000 年。
- 还可以使用 NOW()或 SYSDATE()函数来获取系统当前的年份。

5.1.2.4　DATETIME 类型

DATETIME 类型在 MySQL 数据库中占据着重要的地位,特别是在那些需要同时记录具体日期和时间的场景中。无论是管理用户的在线活动、跟踪订单的交付时间,还是记录任何具有时效性的事件,DATETIME 类型都是理想的选择。

在 MySQL 中,DATETIME 类型的格式非常直观且标准化,它遵循'YYYY-MM-DD HH:MM:SS'的格式。这种格式对于数据库系统能够高效地存储、检索和比较时间信息。其中,'YYYY'代表四位数的年份,'MM'代表两位数的月份,'DD'代表两位数的日期,'HH'代表小时(采用 24 小时制),随后的'MM'代表分钟,最后的'SS'代表秒数。这种格式确保了时间的准确性和无歧义性。

DATETIME 类型的取值范围非常广泛,从公元 1000 年的第一天开始,一直到公元 9999 年的最后一刻结束。这个巨大的时间跨度意味着 DATETIME 类型可以满足几乎任何时间相关的数据存储需求,无论是历史记录还是未来规划。

从结构上看，DATETIME 类型实际上是 DATE 类型和 TIME 类型的结合体。DATE 类型专注于日期的存储，而 TIME 类型则处理时间部分。DATETIME 类型继承了这两者的特性，因此在使用上也与它们非常相似。例如，你可以使用 MySQL 提供的日期和时间函数来格式化 DATETIME 值，进行时间的加减运算，或者将 DATETIME 值与其他日期时间值进行比较。

此外，DATETIME 类型的灵活性还体现在它可以接受多种格式的时间输入。无论是直接输入符合规范的日期时间字符串，还是使用 MySQL 的 NOW()或 SYSDATE()函数获取当前时间，DATETIME 类型都能准确地存储和处理这些信息。这种灵活性使得 DATETIME 类型成为 MySQL 中处理时间相关数据的强大工具。

5.1.2.5　TIMESTAMP 类型

TIMESTAMP 类型在 MySQL 数据库中也是一种用于存储日期和时间的数据类型，与 DATETIME 类型非常相似。它们都遵循相同的'YYYY-MM-DD HH:MM:SS'格式来检索和显示数据，这使得它们在表示具体的时间点时非常直观和易于理解。

尽管 TIMESTAMP 和 DATETIME 在格式上相似，它们在内部实现和某些特性上存在着显著的差异。其中最明显的一点就是它们的取值范围不同。

TIMESTAMP 类型的取值范围相对 DATETIME 类型要小得多。具体来说，TIMESTAMP 类型的有效范围是从 1970 年 1 月 1 日 00:00:00 UTC（协调世界时）开始，一直到 2038 年 1 月 19 日 03:14:07 UTC 结束。这个限制是由于 TIMESTAMP 类型在内部是以 UNIX 时间戳的形式存储的，而时间戳是从 1970 年 1 月 1 日开始计算的，并且受到 32 位整数的限制。

需要注意的是，尽管 TIMESTAMP 类型的取值范围有限，但在许多应用中仍然被广泛使用。这是因为 TIMESTAMP 类型具有一些 DATETIME 类型所没有的特性，如时区感知能力。TIMESTAMP 值会根据数据库服务器的时区设置进行自动转换，这使得它在处理跨时区应用时非常有用。

总的来说，TIMESTAMP 类型和 DATETIME 类型都是 MySQL 中用于存储日期和时间的重要数据类型。虽然它们在取值范围上存在差异，但各自都有独特的特性和适用场景。在选择使用哪种类型时，需要根据具体的应用需求进行权衡和选择。

5.1.3　字符串类型

字符串类型在数据库中扮演着存储文本信息的角色。MySQL 提供了多种字符串数据类型，以满足不同场景下的存储需求。这些类型包括 CHAR、VARCHAR、BINARY、VARBINARY、BLOB 和 TEXT 等。每种类型都有其特定的用途和存储特性，从而支持从单个字符到大型文本块或二进制数据的灵活存储。根据数据的具体特征和查询需求选择合适的字符串类型，可以有效提升数据库的性能和存储空间利用率。

各种字符串类型所占空间大小及特点如表 5-7 所示。

表 5-7　字符串类型特性

字符串类型	大　小	特　点
CHAR(M)	0～255 字节	允许长度为 0～M 个字符的定长字符串
VARCHAR(M)	0～65535 字节	允许长度为 0～M 个字符的变长字符串
BINARY(M)	0～255 字节	允许长度为 0～M 个字节的定长二进制字符串

字符串类型	大　小	描　述
VARBINARY(M)	0～65535 字节	允许长度为 0～M 个字节的变长二进制字符串
TINYBLOB	0～255 字节	二进制形式的短文本数据（长度不超过 255 个字符）
TINYTEXT	0～255 字节	短文本数据
BLOB	0～65535 字节	二进制形式的长文本数据
TEXT	0～65535 字节	长文本数据
MEDIUMBLOB	0～16777215 字节	二进制形式的中等长度文本数据
MEDIUMTEXT	0～16777215 字节	中等长度文本数据
LONGBLOB	0～4294967295 字节	二进制形式的极大文本数据
LONGTEXT	0～4294967295 字节	极大文本数据

5.1.3.1　CHAR 和 VARCHAR 类型

CHAR 和 VARCHAR 是两种常用于存储短字符串的 MySQL 数据类型，它们之间的主要差异在于存储方式。具体来说，CHAR 类型的长度是固定的，创建表时通过 CHAR(M)指定，其中 M 表示字符串长度，范围为 0～255。如果存储的字符串长度小于 M，MySQL 会在其右侧填充空格以达到指定长度。例如，若定义某字段为 CHAR(4)类型，存储字符串"ab"时，实际上会存储为"ab　"（两个空格填充）。若字符串长度超过 M，则会产生错误提示。

与 CHAR 类型不同，VARCHAR 类型用于存储长度可变的字符串。在创建表时，通过 VARCHAR(M)指定最大长度 M，范围为 0～65535。VARCHAR 类型存储的字符串不会填充空格，而是根据实际长度占用空间，另外再加 1 个字节来记录字符串长度信息。例如，若定义某字段为 VARCHAR(4)类型，存储字符串"ab"时，实际存储的就是"ab"，且所占空间为 3 个字节（2 个字符加 1 个长度字节）。当 VARCHAR 类型的数据长度超过 M 时，同样会产生错误提示。

5.1.3.2　BINARY 和 VARBINARY 类型

BINARY 和 VARBINARY 是 MySQL 中用于存储二进制字符串的数据类型，与字符型的 CHAR 和 VARCHAR 类似，但专注于二进制数据的处理。这两种类型不考虑字符集，排序和比较都是基于二进制值进行的。

BINARY 类型用于存储定长的二进制字符串，长度在创建表时通过 BINARY(M)指定，其中 M 表示字节长度，范围为 0～255。如果存储的数据长度小于 M，MySQL 会在其右侧用 0 填充至指定长度。例如，若定义某字段为 BINARY(4)类型，存储二进制数据"ab"（假设每个字符占一个字节），实际上会存储为"ab\0\0"（两个空字节填充）。

VARBINARY 类型则用于存储变长的二进制字符串。创建表时通过 VARBINARY(M)指定最大长度 M，范围为 0～65535。与 BINARY 类型不同，VARBINARY 类型不会填充空字节，而是根据实际长度占用空间，并额外加 1 个字节来记录数据的长度信息。例如，若定义某字段为 VARBINARY(4)类型，存储二进制数据"ab"，实际存储的就是"ab"，且所占空间为 3 个字节（2 个字符加 1 个长度字节）。

因此，在选择 BINARY 和 VARBINARY 类型时，应根据二进制数据的实际长度变化情况和存储需求进行决策。若数据长度相对固定，且希望节省存储空间，可以选择 BINARY 类型；

若数据长度变化较大，希望灵活存储，则可以选择 VARBINARY 类型。

5.1.3.3 TEXT 和 BLOB 类型

在 MySQL 中，TEXT 类型专为存储大量文本数据而设计，它提供了 4 种子类型以适应不同长度的需求：TINYTEXT、TEXT、MEDIUMTEXT 和 LONGTEXT。这些子类型的主要区别在于它们所能容纳数据的最大长度，从 TINYTEXT 的最小长度到 LONGTEXT 的最大长度，具体限制可参考表 5-7。

同样地，BLOB 类型用于存储大量的二进制数据，也提供了 4 种子类型：TINYBLOB、BLOB、MEDIUMBLOB 和 LONGBLOB。这些子类型之间的最大差异同样在于存储容量的上限，从 TINYBLOB 的最小容量到 LONGBLOB 的最大容量。

BLOB 类型与 TEXT 类型在功能上相似，但关键区别在于它们处理数据的方式。BLOB 类型基于二进制编码进行数据的排序和比较，而 TEXT 类型则依赖于字符集对文本数据进行排序和比较。这种区别类似于 BINARY 类型与 CHAR 类型之间的差异。

在实际应用中，选择哪种类型取决于数据的性质。对于文本格式的数据（如文章、新闻等），推荐使用 TEXT 类型；而对于二进制格式的数据（如媒体文件、文档等），则应选择 BLOB 类型。在确定了基本类型后，还需根据数据的实际大小来选择合适的子类型。

5.1.3.4 ENUM 类型

ENUM 类型即枚举类型，在 MySQL 中是一种特殊的字符串对象。它的值被限制在一个预定义的允许值列表中，这个列表在创建数据库表时明确指定，形如 ENUM('value1', 'value2', 'value3', ...)。理论上，这个列表可以包含多达 65535 个不同的字符串成员（但实际使用中通常少于 3000 个）。每个字符串成员都有一个对应的索引值，从 1 开始递增。在数据库中，实际上存储的是这些字符串成员对应的索引值，而不是字符串本身。

使用 ENUM 类型时需要注意以下几点。
● 选择值时，既可以使用字符串对象本身，也可以直接使用其对应的索引值。
● 在严格模式下，如果尝试插入一个不在允许值列表中的字符串，系统会报错，提示"Data truncated for column"。
● 在非严格模式下，无效值会导致插入一个特殊的空字符串作为错误标识。为了区分这种由无效值导致的空字符串和正常的空字符串，MySQL 规定前者对应的索引为 0。
● ENUM 字段的定义决定了是否允许 NULL 值。若定义为非空，则无法插入 NULL；否则，可以插入 NULL，且其对应的索引值也是 NULL。

由于 ENUM 类型限制了数据的取值范围，它非常适合用于存储表单中的单选项数据，确保数据的合法性和一致性。

5.1.3.5 SET 类型

SET 类型是 MySQL 中的一个特殊字符串对象，与 ENUM 类型相似但也有所不同。SET 类型允许从预定义的允许值列表中选择多个字符串成员，其列表的设定方式与 ENUM 类似，形如 SET('value1', 'value2', 'value3', ...)。不过，SET 列表中字符串成员的数量在 0 到 64 个之间。与 ENUM 一样，每个字符串成员都有一个对应的索引值，从 1 开始递增，并且数据库中实际存储的是这些索引值，而非字符串本身。

使用 SET 类型时，以下几点需要特别注意。

在非严格模式下，如果尝试插入无效值，MySQL 会使用空字符串作为替代并插入数据库中；而在严格模式下，这样的操作会引发错误提示。

当在非严格模式下插入一个包含有效值和无效值的记录时，MySQL 会自动剔除无效值，只保留并插入有效值；但在严格模式下，这样的操作同样会导致错误提示。

如果选择的字符串成员中存在重复元素，MySQL 会自动去除这些重复元素。例如，选择的成员为('a', 'b', 'a')，但实际存入数据库的将是('a', 'b')。

由于 SET 类型允许从预定义列表中选择多个值，因此它非常适合用于存储表单中的多选值数据。

5.1.4 JSON 类型

从 MySQL 5.7.8 版本开始，MySQL 引入了原生支持 JSON（JavaScript Object Notation）数据类型的功能，这极大地提高了对 JSON 格式数据的访问速度和效率。

JSON 是一种轻量级的数据交换格式，它以独立于编程语言的文本格式来存储和表示数据。与 XML 相比，JSON 的结构更为简洁，易于阅读和编写，同时也方便计算机进行解析和生成。

使用 MySQL 的 JSON 数据类型相比传统的 JSON 格式字符串存储，具有以下显著优势。

- 自动验证：存储在 JSON 列中的 JSON 文档会自动进行格式验证，确保数据的完整性。如果文档格式无效，系统会报错。
- 优化存储：JSON 列中的文档会被转换为一种内部格式，这种格式允许数据库快速读取文档中的元素。

需要注意的是，存储在 JSON 列中的 JSON 文档大小受到系统变量 max_allowed_packet 的限制。此外，MySQL 提供了 JSON_STORAGE_SIZE()函数，用于查询存储特定 JSON 文档所需的空间大小。

在 MySQL 中，支持以下两种主要的 JSON 数据结构。

- JSON 数组：这是一种有序的值集合，可以包含多种数据类型。数组以方括号[]包围，元素之间用逗号分隔，如["abc", 10, NULL, TRUE, FALSE]。
- JSON 对象：这是一种无序的"键/值"对集合。对象以大括号{}包围，每个"键"后跟一个冒号，不同"键/值"对之间用逗号分隔，如{"k1": "v1", "k2": "v2"}。

5.2 表操作

表是包含数据库中所有数据的数据库对象。在使用数据库的过程中，接触最多的就是数据库中的表。表定义为列的集合，数据在表中是按行和列的格式组织排列的，每行代表唯一的一条记录，而每列代表记录中的一个域。例如，在包含学校学生数据的表中每一行代表一名学生，各列分别表示学生的详细信息，如姓名、性别、生日等。因此，管理好数据库的表也就等于管理好了数据库，下面将介绍如何对表进行创建、修改、查看、删除等操作。

以下案例均用 MySQL Workbench 8.0 CE 做演示。

5.2.1 创建表

在 MySQL 中，一个数据库中最多可以存储 20 亿个表，每个表最多可以定义 1024 列，也就是可以定义 1024 个字段。表的行数及总大小仅受可用存储空间的限制。每行最多可以存储 8060 字节。如果创建具有 VARCHAR、NVARCHAR 或 VARBINARY 列的表，并且列的字节总数超过 8060 字节，虽然仍可以创建此表，但会出现警告信息。如果试图插入超过 8060 字节的行或对行进行更新以至字节总数超过 8060，将出现错误信息并且语句执行失败。此限制对 VARCHAR(max)、NVARCHAR(max)、VARBINARY(max)、TEXT、IMAGE 或 XML 列不适用。

在创建数据表之前，需要根据数据库设计确定表名、字段名、数据类型、约束类型等信息。一个数据表主要包括以下几个组成部分。

（1）表结构：组成表的列名（字段名）及数据类型。

● 字段：每条记录由若干个数据项构成，构成记录的每个数据项称为字段。例如，表结构（学号、姓名、性别、年龄），包含 4 个字段。

● 列名：即字段名，可长达 128 个字符。字段名可包含中文、英文字母、下画线、#号、货币符号（￥）及 AT 符号（@）。同一表中不许有重名列。

● 字段的长度、精度和小数位数。

字段的长度是指字段所能容纳的最大数据量，但对不同的数据类型来说，长度对字段的意义可能有些不同。例如，对字符串与 UNICODE 数据类型而言，长度代表字段所能容纳的字符的数目，因此，它会限制用户所能输入的文本长度。对数值类的数据类型而言，长度则代表字段使用多少字节来存放数字。对 BINARY、VARBINARY、IMAGE 数据类型而言，长度代表字段所能容纳的字节数。

精度是指数中数字的位数，包括小数点左侧的整数部分和小数点右侧的小数部分；小数位数则是指数字小数点右侧的位数。只有数值类的数据类型才有必要指定精度和小数位数。例如，数字 12345.678，其精度为 8，小数位数为 3。

但有的数据类型的精度与小数位数是固定的，对采用此类数据类型的字段而言，无须设置精度与小数位数，如果某字段采用整数数据类型，其长度固定是 4，精度固定是 10，小数位数则固定是 0，这表示字段将能存放 10 位没有小数点的整数，存储大小则是 4 个字节。

（2）记录。每张表包含了若干行数据，它们是表的"值"，表中的一行称为一条记录。因此表是记录的有限集合。

（3）空值。空值（NULL）通常表示未知、不可用或将在以后添加的数据。若某列允许为空值，则向表中输入记录值时可不为该列给出具体值。而若某列不允许为空值，则在输入时必须给出具体值。

（4）约束、默认设置和规则。

（5）关键字。若表中记录的某一字段或字段组合能唯一标志记录，则称该字段或字段组合为候选关键字（Candidate Key）。若表中有多个候选关键字，则选定其中一个为主关键字（Primary Key），也称为主键。当表中仅有唯一的一个候选关键字时，该候选关键字就是主关键字。

例 5-1　在 school 数据库中，创建学生信息表 student，表结构如表 5-8 所示。

表 5-8　学生表基本信息

字 段 名	数 据 类 型	是 否 空	长　度	备　注
学号	CHAR	否	6	主键
姓名	CHAR	是	10	—

字 段 名	数据类型	是 否 空	长 度	备 注
性别	CHAR	是	2	—
年龄	TINYINT	是	—	
院系	VARCHAR	是	20	—
出生日期	DATETIME	—		

以下提供了两种方法创建 MySQL 数据表。

5.2.1.1 利用 CREATE TABLE 语句创建表

在创建表之前，应该使用语句"USE 数据库名"指定操作是在哪个数据库中进行的，使用 SQL 语句"CREATE TABLE"可以创建表，创建表的语法格式如下：

```
CREATE[TEMPORARY]TABLE[IF NOT EXISTS] table_name (
<列名 1><数据类型>[<列选项>]
<列名 2><数据类型>[<列选项>]
...
<表选项>
)
```

其中，各参数的说明如下。

在定义表结构的同时，还可以定义与该表相关的完整性约束条件（实体完整性、参照完整性和用户自定义完整性），这些完整性约束条件被存入系统的数据字典中，当用户操作表中的数据时，由 DBMS 自动检查该操作是否违背完整性约束条件。

（1）TEMPORARY 表示新建的表为临时表；

（2）IF NOT EXISTS 在建表前先判断是否存在该表，若不存在才执行 CREATETABLE 操作；

（3）列选项包括 NULL（是否允许为空）、UNIQUE（是否唯一）、AUTO_INCREMENT（是否设置为自增属性，只有整数列才能设置）等；

（4）表的选项用于描述存储引擎、字符集等选项；

设置表的存储引擎的语法格式如下：

```
ENGINE=存储引擎类型
```

设置该表的字符集的语法格式如下：

```
DEFAULT CHARSET =字符集类型
```

创建表 student 的 SQL 语句如下：

```
USE school;
CREATE TABLE student
(
  s_no  CHAR(6)  PRIMARY KEY,
  s_name CHAR(10)  NULL,
  s_sex  CHAR(2)  NULL,
  s_age  TINYINT  NULL,
```

```
s_dept  VARCHAR(20)  NULL,
s_birthday  DATETIME,
);
```

5.2.1.2　利用 MySQL Workbench 管理平台创建表

首先，如图 5-1 所示的操作顺序，选择"Schemas"中的对应"school"数据库，选择"create a new table in active schmas in connected sever"选项创建新表；在该窗口中，可以执行以下操作：插入新的列、删除表中的列、设置主键、建立关联（如外键）、建立索引、建立检查约束、生成可以保存的 SQL 脚本、属性等。其中，可以定义以下属性：表名（Table Name）、列名（Column Name）、数据类型（Data Type）及长度、是否为非空等。这些属性中，默认值、标识列之类的可以不填；填写完成后，单击右下角"Apply"按钮，则自动生成 SQL 语句，如图 5-2 所示，确认无误后单击"Apply"按钮，显示图 5-3 即运行成功，单击"Finish"按钮就会将新表保存到数据库中。

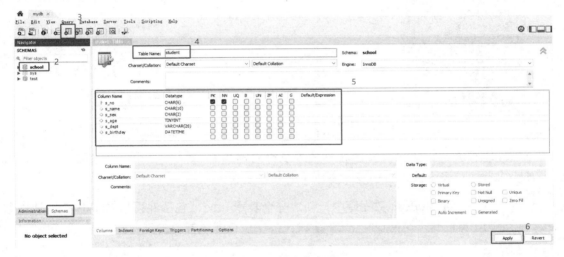

图 5-1　创建表窗口

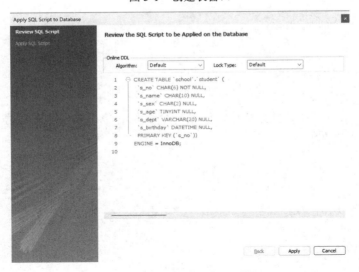

图 5-2　输入新建表名对话框

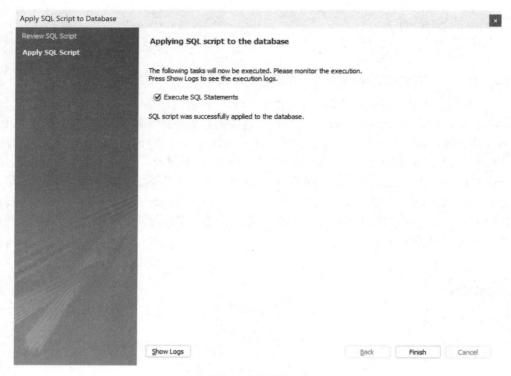

图 5-3 创建表成功

当新表创建之后，可以在左边找到新表单机出现的 ▶ 📗 sc   🔲🔲🔲符号，可以打开该表，并在该表中输入新字段或添加约束或数值等。

例 5-2 在 student 数据库中，创建一个表 course，包括课程号 CHAR(5)、课程名称 CHAR(40)、课时长 SMALLINT 三个字段，其中设置课程号为主键。

```
USE school;
CREATE TABLE course
(
  course_no  CHAR(5) PRIMARY KEY ,-- 课程号
  c_name  CHAR(40)    NULL, -- 课程名称
  c_hour SMALLINT   NULL    -- 课时长
  );
```

例 5-3 在 student 数据库中，创建一个表 sc，包括学号、课程号、成绩三个字段，将 student 和 course 两表建立连接。

```
USE school;
CREATE TABLE sc
(
s_no  CHAR(6),
course_no  CHAR(5),
score  NUMERIC(6,1)
);
```

5.2.2　创建约束

为表设置约束是解决数据完整性的主要方法。MySQL 的约束是指通过限制字段中的数据、记录数据和表之间的数据，保证存储在数据库中的数值正确。

MySQL 中常用的 6 种约束：主键（PRIMARY KEY）约束、唯一性（UNIQUE）约束、检查（CHECK）约束、默认（DEFAULT）约束、外键（FOREIGN KEY）约束和空值（NULL）约束。

约束创建的操作方法有两种：SQL 语句操作法和 MySQL Workbench 平台操作法。以下是具体内容及操作过程。

5.2.2.1　主键（PRIMARY KEY）约束

PRIMARY KEY 约束用于定义基本表的主键，它唯一确定表中每一条记录的标识符，被主键约束的列（字段）是唯一的、非空的。

1．SQL 语句操作法

其语法格式分为以下两种情况。

（1）定义列的同时指定主键，语法格式如下：

```
字段名　数据类型　PRIMARY KEY
```

例 5-4　为表 5-8 student 上的学号添加 PRIMARY KEY 约束。

添加 PRIMARY KEY 约束的 SQL 语句如下：

```
CREATE TABLE student
(
  s_no  CHAR(6)  PRIMARY KEY,
  s_name  CHAR(10)  NULL,
   ⋮
  s_birthday  DATETIME,
 );
```

（2）在定义完所有列之后指定主键。

创建PRIMARY KEY 约束的语句不能独立使用，通常放在 CREATE TABLE 语句或 ALTER TABLE 语句中使用。如果在 CREATE TABLE 语句中使用上述 SQL 语句，表示在定义表结构的同时指定主键；如果在 ALTER TABLE…ADD…语句中使用上述 SQL 语句，表示为已存在的表创建主键。

在 CREATE TABLE 语句中，语法格式如下：

```
[CONSTRAINT<约束名>] PRIMARY KEY(字段名[, …n])
```

以下语句同样可以完成例 5-4 相同功能，语句如下：

```
CREATE TABLE student
(
  s_no  CHAR(6),
  s_name  CHAR(10)  NULL,
   ⋮
```

```
s_birthday  DATETIME,
CONSTRAINT  PK_Stu  PRIMARY KEY(s_no)
  );
```

ALTER TABLE…ADD…语句的语法格式如下：

```
ALTER TABLE 表名
      ADD [CONSTRINT<约束名>] PRIMARY KEY(字段名[, …n])
```

注意：当多于一个字段时，上述语法添加的为联合主键约束。联合主键一般用于字段中数据都可重复的表，但又要确保实体完整性，所以使用多个字段确保实体完整性。

2. MySQL Workbench 平台操作法

在 MySQL Workbench 平台中，操作相对简单，打开要操作的表，界面中的"PK"即PRIMARY KEY 约束，直接选择要设定为主键的字段，勾选"PK"下"□"复选框，单击"Apply"按钮运行，如图 5-4 所示。

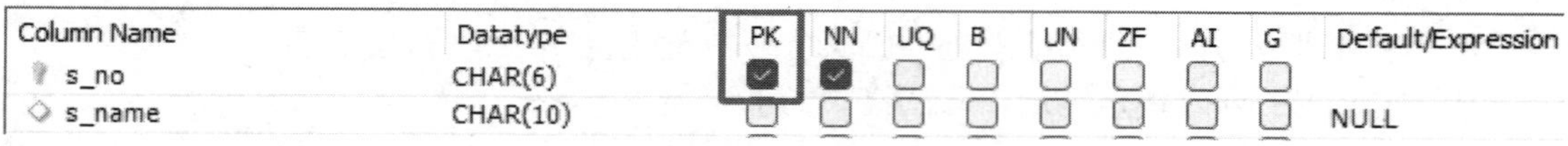

Column Name	Datatype	PK	NN	UQ	B	UN	ZF	AI	G	Default/Expression
s_no	CHAR(6)	☑	☑	☐	☐	☐	☐	☐	☐	
s_name	CHAR(10)	☐	☐	☐	☐	☐	☐	☐	☐	NULL

图 5-4　设置主键

5.2.2.2　唯一性（UNIQUE）约束

唯一性约束用于指定一个或者多个列的组合值具有唯一性，以防止在列中输入重复的值。例如，若在表 student 中增加一个身份证号字段，由于身份证号不可能重复，因此在该列上可以设置 UNIQUE 约束，以确保不会输入重复的身份证号码。

当使用唯一性约束时，需要考虑以下几个因素。

- 使用唯一性约束的字段允许为空值；
- 一个表中可以允许有多个唯一性约束；
- 可以把唯一性约束定义在多个字段上；

注意：PRIMARY KEY 与 UNIQUE 约束类似，通过建立唯一索引来保证基本表在主键列取值的唯一性，但它们之间存在着很大的区别。

（1）在一个基本表中只能定义一个 PRIMARY KEY 约束，但可定义多个 UNIQUE 约束；

（2）对于指定为 PRIMARY KEY 的一个列或多个列的组合，其中任何一个列都不能出现空值，而对于 UNIQUE 所约束的唯一键，则允许为空。

（3）不能为同一个列或一组列既定义 UNIQUE 约束，又定义 PRIMARY KEY 约束。每个表中只能有一个主键约束，且 IMAGE 和 TEXT 类型的列不能被指定为主键，也不允许指定主键列为 NULL 属性。

1. SQL 语句操作法

其语法形式分为以下两种情况。

（1）定义列的同时指定主键，语法格式如下：

```
字段名  数据类型 UNIQUE
```

例 5-5　为表 5-8 中 student 上的学号添加身份证号 s_id 字段，并对其添加 UNIQUE 约束。

```
CREATE TABLE student
(
  s_no  CHAR(6)  PRIMARY KEY,
  s_name  CHAR(10)  NULL,
    ⋮
  s_id  VARCHAR(45)  UNIQUE,
 );
```

（2）在定义完所有列之后指定主键。

创建 UNIQUE 约束的语句也不能独立使用，通常放在 CREATE TABLE 语句或 ALTER TABLE 语句中使用。如果在 CREATE TABLE 语句中使用上述 SQL 语句，表示在定义表结构的同时指定唯一键；如果在 ALTER TABLE...ADD...语句中使用上述 SQL 语句，表示为已存在的表创建唯一键。

在 CREATE TABLE 语句中，语法格式如下：

```
[CONSTRAINT<约束名>] UNIQUE(字段名[, …n])
```

以下代码同样可以完成例 5-5 相同功能，代码如下：

```
CREATE TABLE student
(
  s_no  CHAR(6),
  s_name  CHAR(10)  NULL,
    ⋮
  s_id  VARCHAR(45),
CONSTRAINT  un_Stu  UNIQUE(s_id)
 );
```

在 ALTER TABLE...ADD...语句中，语法格式如下：

```
ALTER TABLE 表名
      ADD [CONSTRINT<约束名>] UNIQUE(字段名[, …n])
```

2．MySQL Workbench 平台操作法

在 MySQL Workbench 平台中，打开要操作的表，界面中的"UQ"即 UNIQUE 约束，直接选择要设定为主键的字段，勾选"UQ"下"□"复选框，单击"Apply"按钮运行，如图 5-5 所示。

图 5-5　设置唯一性约束窗口

5.2.2.3　检查（CHECK）约束

CHECK 约束用于限制输入到一个或多个属性值的范围，通过任何基于逻辑运算符返回

TRUE 或 FALSE 的逻辑（布尔）表达式创建 CHECK 约束，来检查要输入数据的有效性和完整性。当使用检查约束时，应该考虑和注意以下几点。

- 一个列级检查约束只能与限制的字段有关；一个表级检查约束只能与限制的表中字段有关。
- 一个表中可以定义多个检查约束。
- 每个 CREATE TABLE 语句中的每个字段只能定义一个检查约束。
- 在多个字段上定义检查约束，则必须将检查约束定义为表级约束。
- 当执行 INSERT 语句或者 UPDATE 语句时，检查约束将验证数据。
- 检查约束中不能包含子查询。

CHECK 约束的语法格式如下：

```
[CONSTRAINT<约束名>]  CHECK(逻辑表达式)
```

例 5-6　　建立一个 sc 表，设置 CHECK 约束，定义 score 字段的取值范围为 0～100。

```
CREATE TABLE sc
(sno CHAR(10),
cno CHAR(10),
score DECIMAL(5,1),
CONSTRAINT CHK_sc CHECK(SCORE>=0 AND SCORE <=100))
```

但是，CHECK 约束会被 MySQL 数据库的存储引擎分析，但是会被忽略，即 CHECK 约束不会起任何作用。

5.2.2.4　默认（DEFAULT）约束

DEFAULT 约束为属性定义默认值，即当表中插入新记录且未指定该属性的值时，如果某属性定义了 DEFAULT 约束，在该系统将默认值置为该属性的内容。默认值包括常量、函数或者 NULL 值等。表 5-9 中归纳了插入列时有无 DEFAULT 定义和允许空值的组合情况。

表 5-9　DEFAULT 定义和空值定义不同情况组合下的列中的值

列 定 义	无输入，无 DEFAULT 定义	无输入，DEFAULT 定义	输 入 空 值
允许空值	NULL	默认值	NULL
不允许空值	错误	默认值	错误

使用默认约束时，应该注意以下几点。

- 每个列只能定义一个默认约束。
- 如果定义的默认值长于其对应列的允许长度，那么输入到表中的默认值将被截断，不能加入带有 IDENTITY 属性或者数据类型为 TIMESTAMP 的字段上；且如果字段定义为用户定义的数据类型，而且有一个默认绑定到这个数据类型上，那么不允许该字段有默认约束。
- DEFAULT 定义的默认值只有在添加数据记录时才会发生作用。

1．SQL 语句操作法

创建 DEFAULT 约束的语法格式如下：

<字段名> <数据类型>[NOT NULL \ NULL] DEFAULT 默认表达式

2．MySQL Workbench 平台操作法

在 MySQL Workbench 平台中，打开要操作的表，可以在字段部分找到"Default/Expression"
进行操作，如图 5-6 所示。

Column Name	Datatype	PK	NN	UQ	B	UN	ZF	AI	G	Default/Expression
s_no	CHAR(6)	☑	☑	☐	☐	☐	☐	☐	☐	
s_name	CHAR(10)	☐	☐	☐	☐	☐	☐	☐	☐	NULL
s_id	VARCHAR(45)	☐	☑	☑	☐	☐	☐	☐	☐	
s_sex	CHAR(2)	☐	☐	☐	☐	☐	☐	☐	☐	NULL

图 5-6　设置默认约束

5.2.2.5　外键（FOREIGN KEY）约束

外键约束定义了两个表数据之间一列或多列的链接，用于强制参照完整性。当创建和修
改表时，可通过定义外键约束来创建外键，定义时，该约束参考同一个表或者另外一个表中
主键约束字段或者唯一性约束字段。

在外键引用中，当一个表的列被引用作为另一个表的主键值的列时，就在两表之间创建
了链接。这个列就成为第二个表的外键。其中，包含外键的表称为从表（参照表），包含外键
所引用的主键或唯一键的表称主表（被参照表）。系统保证从表在外键上的取值要么是主表中
某一个主键值或唯一键值，要么取空值。

当使用外键约束时，应该考虑以下几个因素。

- 如果在 FOREIGN KEY 约束的列中输入非 NULL 值，那么此值必须在被引用列中存在；
  否则，将返回违反外键约束的错误信息。若要确保验证了组合外键约束的所有值，请
  对所有参与列指定 NOT NULL。
- FOREIGN KEY 约束仅能引用位于同一服务器上的同一数据库中的表。跨数据库的引
  用完整性必须通过触发器实现。
- 在列级指定的 FOREIGN KEY 约束只能列出一个引用列。此列的数据类型必须与定义
  约束的列的数据类型相同。
- 对于表可包含的引用其他表的 FOREIGN KEY 约束的数目或其他表所拥有的引用特定
  表的 FOREIGN KEY 约束的数目，数据库引擎都没有预定义的限制。尽管如此，可使
  用的 FOREIGN KEY 约束的实际数目还是受硬件配置及数据库和应用程序设计的限
  制。表最多可以将 253 个其他表和列作为外键引用（传出引用）。SQL Server 2016 可
  将单独的表中引用的其他表和列（传入引用）的数量限制从 253 提高至 10000（兼容
  性级别至少为 130）。
- 在临时表中，不能使用外键约束。
- 主键和外键的数据类型必须严格匹配。例如，因为学生基本情况表 s 和选课表 sc 之间
  存在一种逻辑关系，所以表 sc 含有一个指向 s 表的链接。sc 表中的 sno 列与 s 表中的
  主键 sno 列相对应，所以 sc 表中的 sno 列是外键，和 s 表的主键 sno 相对应。

1．SQL 语句操作法

创建 DEFAULT 约束的语法格式如下：

```
[CONSTRAINT<约束名>]  FOREIGN KEY(字段名[,…n])
REFERENCES 引用表名(引用表字段名[,…])
```

说明如下。

- REFERENCES：用于指定要建立关联的表（参照表）的信息；
- 被参照字段必须是主键或具有 UNIQUE 约束。

外键不仅可以对输入自身表的数据进行限制，也可以对被参照表中的数据操作进行限制。

例 5-7　创建表 sc，设置表 sc 中学号、课程号为外键，其中，学号外键字段的被参照表为 student 表，课程号外键字段的被参照表为 course 表。

```
CREATE TABLE sc
(
s_no  CHAR(6),
course_no  CHAR(5),
score  NUMERIC(6,1),
PRIMARY KEY(s_no, course_no), /*主键由两个属性构成*/
FOREIGN KEY(s_no)REFERENCES student(s_no),
 /*表级完整性约束，s_no 是外键，被参照表是 student */
FOREIGN KEY(course_no)REFERENCES course(course_no)
/*表级完整性约束，course_no 是外键，被参照表是 course */
 )
```

2. MySQL Workbench 平台操作法

在 MySQL Workbench 平台中，打开要操作的表，在窗口下方找到"Foreign Keys"选项，打开外键创建、修改、删除界面，其中，"Foreign Key Name"设置外键名字（如果写 MySQL 语句时，可以不必须写外键名，外键名会自动生成）；"Referenced Table"设置外键所关联的被参照表，包括数据库名和表名。选择相应的外键及被参照表后，单击"Apply"按钮运行，如图 5-7 所示。

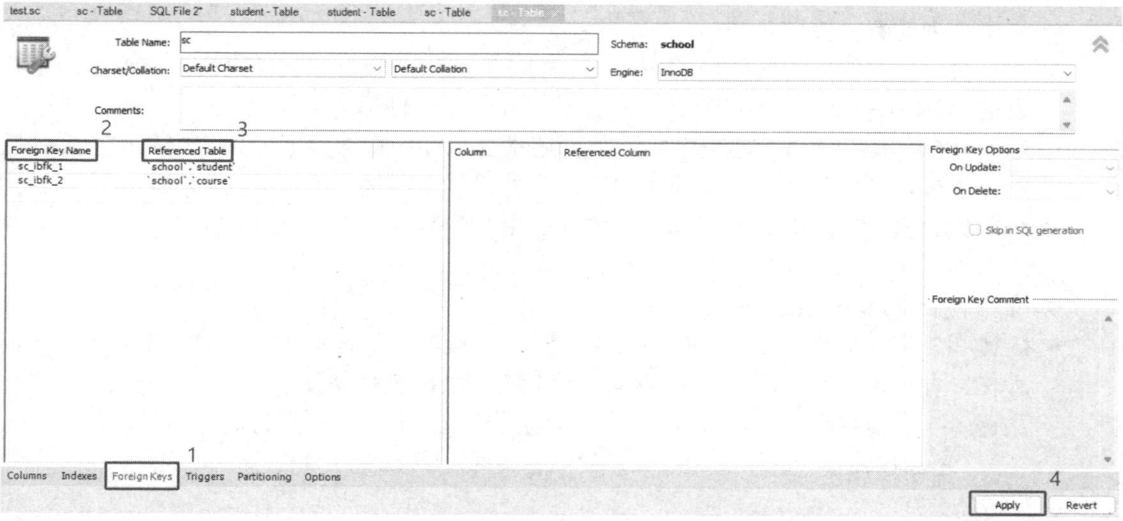

图 5-7　设置外键窗口

5.2.2.6　空值（NULL）约束

空值（NULL）约束用来控制是否允许该字段的值为 NULL。NULL 值不是 0 也不是空字符串，更不是填入字符串的"NULL"字符串，而是表示"不知道"、"不确定"或"没有数据"的意思。

当某一字段的值一定要输入才有意义时，则可以设置为 NOT NULL，如主键列就不允许出现空值，否则就失去了唯一标识一条记录的作用。空值约束只能用于定义列约束，所有类型的值都可以是 NULL，包括 INT、FLOAT、VARCHAR 等数据类型。

1．SQL 语句操作法

创建空值约束的语法格式如下：

```
<字段名>　<数据类型>　NOT NULL \ NULL
```

2．MySQL Workbench 平台操作法

在 MySQL Workbench 平台中，打开要操作的表，界面中的"NN"即 NOT NULL 约束，直接选择要设定空值的字段，勾选"NN"下"□"复选框，单击"Apply"按钮运行，如图 5-8 所示。

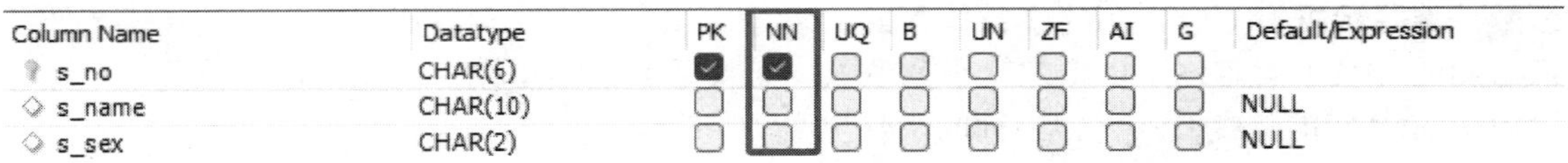

Column Name	Datatype	PK	NN	UQ	B	UN	ZF	AI	G	Default/Expression
s_no	CHAR(6)	☑	☑	☐	☐	☐	☐	☐	☐	
s_name	CHAR(10)	☐	☐	☐	☐	☐	☐	☐	☐	NULL
s_sex	CHAR(2)	☐	☐	☐	☐	☐	☐	☐	☐	NULL

图 5-8　设置空值约束

注意：如创建过的 student 表，对 s_no 字段进行 NOT NULL 约束。当 s_no 为空值时，系统会给出错误信息，无 NOT NULL 约束时，系统默认为 NULL。

5.2.3　修改表

当数据库中的表创建完成后，可以根据需要改变表中原先定义的许多选项，以更改表的结构。用户可以添加、删除和修改列，添加、删除和修改约束，更改表名及改变表的所有者等。

5.2.3.1　添加和删除列

在 MySQL 中，若列允许空值或对列创建 DEFAULT 约束，则可以将列添加到现有表中。将新列添加到表时，MySQL 相应的存储引擎在该列为表中的每个现有数据行插入一个值。因此，在向表中添加列时，向列添加 DEFAULT 定义会很有用。若新列没有 DEFAULT 定义，则必须指定该列允许空值。MySQL 的存储引擎将空值插入该列，若新列不允许空值，则返回错误。

反之，可以删除现有表中的列，但具有下列特征的列不能被删除：

（1）用于索引；

（2）用于 CHECK、FOREIGN KEY、UNIQUE 或 PRIMARY KEY 约束；

（3）与 DEFAULT 定义关联或绑定到某一默认对象；

（4）绑定到规则；

（5）已注册支持全文；

（6）用作表的全文键。

5.2.3.2　修改列属性

修改列属性包括以下内容。

（1）修改列的数据类型。如果可以将现有列中的现有数据隐式转换为新的数据类型，则可以更改该列的数据类型。

（2）修改列的数据长度。选择数据类型时，将自动定义长度。只能增加或减少具有BINARY、CHAR、NCHAR、VARBINARY、VARCHAR 或 NVARCHAR 数据类型的列的长度属性。对于其他数据类型的列，其长度由数据类型确定，无法更改。若新指定的长度小于原列长度，则列中超过新列长度的所有值将被截断，而无任何警告。无法更改用 PRIMARY KEY 或 FOREIGN KEY 约束定义的列的长度。

（3）修改列的精度。数值列的精度是选定数据类型所使用的最大位数。非数值列的精度指最大长度或定义的列长度。除 DECIMAL 和 NUMERIC 外，所有数据类型的精度都是自动定义的。若要重新定义那些具有 DECIMAL 和 NUMERIC 数据类型的列所使用的最大位数，则可以更改这些列的精度。数据库引擎不允许更改不具有这些指定数据类型之一的列的精度。

（4）修改列的小数位数。NUMERIC 或 DECIMAL 列的小数位数是指小数点右侧的最大位数。选择数据类型时，列的小数位数默认设置为 0。对于含有近似浮点数的列，因为小数点右侧的位数不固定，所以未定义小数位数。若要重新定义小数点右侧可显示的位数，则可以更改 NUMERIC 或 DECIMAL 列的小数位数。

（5）修改列的为空性。可以将列定义为允许或不允许为空值。默认情况下，列允许为空值。仅当现有列中不存在空值且没有为该列创建索引时，才可以将该列更改为不允许为空值。若要使含有空值的现有列不允许为空值，应执行下列步骤：添加具有 DEFAULT 定义的新列，插入有效值而不是 NULL；将原有列中的数据复制到新列；删除原有列。可以将不允许为空值的现有列更改为允许为空值，除非为该列定义了 PRIMARY KEY 约束。

5.2.3.3　添加、修改和删除约束

1．添加、修改和删除 PRIMARY KEY 约束

可以在创建表时创建单个 PRIMARY KEY 约束作为表定义的一部分。若表已存在，且没有 PRIMARY KEY 约束，则可以添加 PRIMARY KEY 约束。一个表只能有一个 PRIMARY KEY 约束。若已存在 PRIMARY KEY 约束，则可以修改或删除它。例如，可以让表的 PRIMARY KEY 约束引用其他列，更改列的顺序、索引名、聚集选项或 PRIMARY KEY 约束的填充因子。但是，不能更改使用 PRIMARY KEY 约束定义的列长度。

为表中的现有列添加 PRIMARY KEY 约束时，MySQL 的存储引擎将检查现有列的数据和元数据以确保主键符合以下规则：列不允许有空值；创建表时指定的 PRIMARY KEY 约束列隐式转换为 NOT NULL；不能有重复的值。若为具有重复值或允许有空值的列添加 PRIMARY KEY 约束，则存储引擎将返回一个错误且不添加约束。不能添加违反以上规则的 PRIMARY KEY 约束。

数据库引擎会自动创建唯一的索引来强制实施 PRIMARY KEY 约束的唯一性要求。若表中不存在聚集索引或未显式指定非聚集索引，则将创建唯一的聚集索引以强制实施 PRIMARY KEY 约束。

若另一个表中的 FOREIGN KEY 约束引用了本表的 PRIMARY KEY 约束，则必须先删除

FOREIGN KEY 约束，才能删除本表的 PRIMARY KEY 约束。

2．添加、修改和删除 UNIQUE 约束

创建表时，可以创建 UNIQUE 约束作为表定义的一部分。如果表已经存在，可以添加 UNIQUE 约束（假设组成 UNIQUE 约束的列或列组合仅包含唯一的值）。一个表可含有多个 UNIQUE 约束。

如果 UNIQUE 约束已经存在，可以修改或删除它。例如，使表的 UNIQUE 约束引用其他列或者更改聚集索引的类型。

默认情况下，向表中的现有列添加 UNIQUE 约束后，MySQL 存储引擎将检查列中的现有数据，以确保所有值都是唯一的。如果向含有重复值的列添加 UNIQUE 约束，将返回错误消息，并且不添加约束。

MySQL 存储引擎将自动创建 UNIQUE 索引来强制执行 UNIQUE 约束的唯一性要求。因此，如果试图插入重复行，数据库引擎将返回错误消息，说明该操作违反了 UNIQUE 约束，不能将该行添加到表中。除非显式指定了聚集索引，否则，默认情况下将创建唯一的非聚集索引以强制执行 UNIQUE 约束。

若要删除对约束中所包括列或列组合输入值的唯一性要求，则需要删除 UNIQUE 约束。若相关联的列被用作表的全文键，则不能删除 UNIQUE 约束。

3．添加、修改和删除 CHECK 约束

MySQL 不直接支持 CHECK 约束，但可以通过触发器来模拟。触发器可以在插入或更新行之前执行自定义的检查。

4．添加、修改和删除 DEFAULT 约束

在创建表时，可以创建 DEFAULT 定义作为表定义的一部分。若某个表已经存在，则可以为其添加 DEFAULT 定义。表中的每一列都可以包含一个 DEFAULT 定义。若某个 DEFAULT 定义已经存在，则可以修改或删除该定义。例如，可以修改当没有值输入时列中插入的值。

不能为如下定义的列创建 DEFAULT 约束：TIMESTAMP 数据类型、IDENTITY 或 ROWGUIDCOL 属性、现有的 DEFAULT 定义或 DEFAULT 对象。

注意，默认值必须与要应用 DEFAULT 定义的列的数据类型相配。例如，INT 列的默认值必须是整数，而不能是字符串。

将 DEFAULT 定义添加到表中的现有列后，默认情况下，SQL Server 2016 数据库引擎仅将新的默认值添加到该表的新数据行。使用以前的 DEFAULT 定义插入的现有数据不受影响。但是，向现有的表中添加新列时，可以指定数据库引擎在该表中现有行的新列中插入默认值（由 DEFAULT 定义指定）而不是空值。

若删除了 DEFAULT 定义，则当新行中的该列没有输入值时，数据库引擎将插入空值而不是默认值。但是，表中的现有数据保持不变。

5．添加、修改和删除 FOREIGN KEY 约束

创建表时，可以创建 FOREIGN KEY 约束作为表定义的一部分。若表已经存在，则可以添加 FOREIGN KEY 约束（假设该 FOREIGN KEY 约束被链接到了另一个或同一个表中某个现有的 PRIMARY KEY 约束或 UNIQUE 约束）。一个表可含有多个 FOREIGN KEY 约束。

在 MySQL 中，添加 FOREIGN KEY 约束时，确保外键列的数据类型和长度与引用列匹

配。若 FOREIGN KEY 约束已经存在，则可以修改或删除它。例如，可能需要使表的 FOREIGN KEY 约束引用其他列。但是，不能更改定义了 FOREIGN KEY 约束的列的长度。

6．添加和修改标识符列

在 MySQL 中，AUTO_INCREMENT 属性可以用于为列生成唯一的标识符值。在创建表时，将列定义为 INT 或其他适当的数值类型，并将其标记为 AUTO_INCREMENT。这样，每次插入新行时，MySQL 将自动为该列生成唯一的递增值。

MySQL 中的 AUTO_INCREMENT 列是在表级别保证唯一性的，而不是在整个数据库或全球网络计算机上的。如果需要全局唯一标识符，可以使用 UUID 和 UUID_SHORT 等函数生成。

修改表的操作可以通过使用 MySQL Workbench 及使用 ALTER TABLE 语句来实现。使用 ALTER TABLE 语句可以很容易地改变表的结构。

ALTER TABLE 的语法格式如下：

```
-- 1. 添加列
ALTER TABLE your_table
ADD COLUMN new_column_name INT;

-- 2. 修改列数据类型
ALTER TABLE your_table
MODIFY COLUMN existing_column_name VARCHAR(255);

-- 3. 删除列
ALTER TABLE your_table
DROP COLUMN unwanted_column_name;

-- 4. 添加主键
ALTER TABLE your_table
ADD PRIMARY KEY (column1, column2);

-- 5. 删除主键
ALTER TABLE your_table
DROP PRIMARY KEY;

-- 6. 添加外键
ALTER TABLE your_table
ADD FOREIGN KEY (column1) REFERENCES other_table(other_column);

-- 7. 删除外键
ALTER TABLE your_table
DROP FOREIGN KEY your_foreign_key_name;

-- 8. 添加 UNIQUE 约束
ALTER TABLE your_table
ADD UNIQUE (unique_column);
```

```
-- 9. 删除 UNIQUE 约束
ALTER TABLE your_table
DROP INDEX unique_index_name;

-- 10. 添加 CHECK 约束
ALTER TABLE your_table
ADD CHECK (column_name > 0);

-- 11. 删除 CHECK 约束
ALTER TABLE your_table
DROP CHECK check_constraint_name;

-- 12. 添加默认值
ALTER TABLE your_table
ALTER COLUMN column_name SET DEFAULT default_value;

-- 13. 删除默认值
ALTER TABLE your_table
ALTER COLUMN column_name DROP DEFAULT;

-- 14. 修改列名
ALTER TABLE your_table
CHANGE COLUMN old_column_name new_column_name INT;

-- 15. 修改表名
ALTER TABLE old_table_name
RENAME TO new_table_name;

-- 16. 修改表引擎
ALTER TABLE your_table
ENGINE = InnoDB;
```

参数说明如下。

_table：要修改的表的名称。

new_column_name：要添加的新列的名称。

existing_column_name：要修改的现有列的名称。

unwanted_column_name：要删除的列的名称。

column1, column2：在主键或外键中使用的列。

other_table：外键引用的目标表的名称。

other_column：外键引用的目标列的名称。

your_foreign_key_name：要删除的外键的名称。

unique_column：需要添加 UNIQUE 约束的列。

unique_index_name：需要删除的 UNIQUE 约束的名称。

check_constraint_name：需要删除的 CHECK 约束的名称。

default_value：要设置的默认值。

old_column_name：要修改的列的原名称。

new_column_name：列的新名称。

old_table_name：要修改的表的原名称。

new_table_name：表的新名称。

例 5-8 修改学生表 s，在表中增加一个备注字段 memo 和一个住址列 address。

程序清单如下：

```
ALTER TABLE s
ADD COLUMN memo CHAR(50) NULL,
ADD COLUMN address CHAR(40);
```

注意，使用此方式增加的新列自动填充 NULL 值，所以不能为添加的新列指定 NOT NULL 约束。

例 5-9 修改 s 表的 memo 列，将其数据类型改为 VARCHAR，长度为 200。

程序清单如下：

```
ALTER TABLE s
MODIFY COLUMN memo VARCHAR(200) NULL;
```

例 5-10 修改 s 表，删除列 memo。

程序清单如下：

```
ALTER TABLE s
DROP COLUMN memo;
```

例 5-11 在 sc 表中增加完整性约束定义，使 score 在 0～100 之间。

程序清单如下：

```
ALTER TABLE sc
ADD CONSTRAINT score_chk CHECK(score BETWEEN 0 AND 100);
```

5.2.4 查看表

当在数据库中创建了表后，有时需要查看表的有关信息，如表的属性、定义、数据、字段属性和索引等。尤其重要的是查看表内存放的数据，另外，有时需要查看表与其他数据库对象之间的依赖关系。

5.2.4.1 查看表定义

在 MySQL Workbench 中，连接到指定的服务器和数据库后，在左侧的导航栏中，展开数据库，找到并单击要查看的表格。右击表格，选择"Alter Table"选项。在弹出的对话框中，可以查看表的定义，包括列的名称、数据类型、约束等，如图 5-9 所示。

图 5-9　"Alter Table"对话框

5.2.4.2　查看表中存储的数据

在 MySQL Workbench 中，可以通过执行 SQL 查询语句来查看表中的数据。打开 MySQL Workbench，连接到指定的 MySQL 服务器和数据库。在左侧的导航栏中，展开数据库，找到并单击要查看的表格。在顶部的工具栏中，选择"Query"选项卡，然后编写 SQL 查询语句，如 SELECT * FROM your_table。接着会在 Result Grid 中显示表格中存放的数据，以查询 student 表中所有数据为例，如图 5-10 所示。

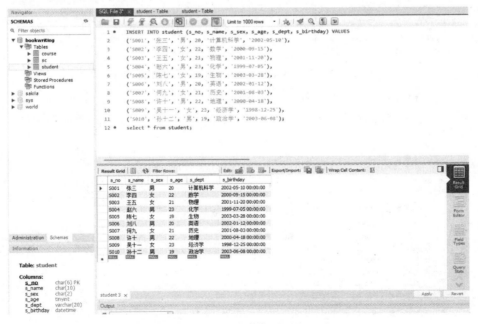

图 5-10　表查询页面

5.2.4.3 查看表与其他数据库对象的依赖关系

s_no	s_name	s_sex	s_age	s_dept	s_birthday
S001	张三	男	20	计算机科学	2002-05-10 00:00:00
S002	李四	女	22	数学	2000-09-15 00:00:00
S003	王五	女	21	物理	2001-11-20 00:00:00
S004	赵六	男	23	化学	1999-07-05 00:00:00
S005	陈七	女	19	生物	2003-03-28 00:00:00
S006	刘八	男	20	英语	2002-01-12 00:00:00
S007	何九	女	21	历史	2001-08-03 00:00:00
S008	许十	男	22	地理	2000-04-18 00:00:00
S009	吴十一	女	23	经济学	1998-12-25 00:00:00
S010	孙十二	男	19	政治学	2003-06-08 00:00:00
NULL	NULL	NULL	NULL	NULL	NULL

图 5-11 查询结果

MySQL Workbench 没有直接提供查看对象依赖关系的功能，但可以通过查询系统表 information_schema 中的相关表，来获取表的外键关系信息。以查询 student 表的 information_schema 为例，查询结果如图 5-11 所示。

5.2.4.4 利用系统存储过程查看表的信息

在 MySQL Workbench 中，可以使用 DESCRIBE 命令或查询 information_schema 数据库的表来获取表的信息，如 DESCRIBE your_table 或者 SELECT * FROM information_schema. columns WHERE table_name = 'table_name'。以查询 student 表信息为例，查询结果如图 5-12 和图 5-13 所示。

```
SELECT * FROM information_schema.columns WHERE table_name = 'student'
```

TABLE_CATALOG	TABLE_SCHEMA	TABLE_NAME	COLUMN_NAME	ORDINAL_POSITION	COLUMN_DEFAULT	IS_NULLABLE	DATA_TYPE	CHARAC
def	bookwriting	student	s_age	4	NULL	YES	tinyint	NULL
def	bookwriting	student	s_birthday	6	NULL	YES	datetime	NULL
def	bookwriting	student	s_dept	5	NULL	YES	varchar	20
def	bookwriting	student	s_name	2	NULL	YES	char	10
def	bookwriting	student	s_no	1	NULL	NO	char	6
def	bookwriting	student	s_sex	3	NULL	YES	char	2
def	sakila	student	s_age	4	NULL	YES	tinyint	NULL
def	sakila	student	s_birthday	6	NULL	YES	datetime	NULL
def	sakila	student	s_dept	5	NULL	YES	varchar	20
def	sakila	student	s_name	2	NULL	YES	char	10
def	sakila	student	s_no	1	NULL	NO	char	6
def	sakila	student	s_sex	3	NULL	YES	char	2

图 5-12 查询 information_schema 数据显示窗口

```
describe student;
```

Field	Type	Null	Key	Default	Extra
s_no	char(6)	NO	PRI	NULL	
s_name	char(10)	YES		NULL	
s_sex	char(2)	YES		NULL	
s_age	tinyint	YES		NULL	
s_dept	varchar(20)	YES		NULL	
s_birthday	datetime	YES		NULL	

图 5-13 DESCRIBE 命令显示窗口

5.2.5　删除表

5.2.5.1　利用管理平台删除表

在 MySQL Workbench 中，展开指定的数据库和表，右击要删除的表，从弹出的快捷菜单中选择"Drop Table"选项，则出现确认删除表对话框，如图 5-14 所示。单击"Drop Now"按钮，即可删除表。单击"显示依赖关系"按钮，则会出现依赖关系对话框，该对话框列出了该表所依赖的对象和依赖于该表的对象，当有对象依赖于该表时，该表就不能删除。

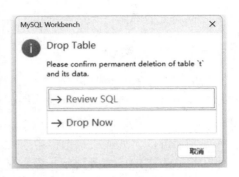

图 5-14　确认删除表对话框

5.2.5.2　利用 DROP TABLE 语句删除表

DROP TABLE 语句可以删除一个表和表中的数据及其与表有关的所有索引、触发器、约束、许可对象。DROP TABLE 语句的语法格式如下：

```
DROP TABLE [ IF EXISTS ] database_name .table_name ;
```

其中，database_name 表示数据库名称，table_name 表示要删除的表的名称。要删除的表如果不在当前数据库中，则应在 table_name 中指明其所属的数据库和用户名。在删除一个表之前要先删除与此表相关联的表中的外部关键字约束。当删除表后，绑定的规则或者默认值会自动松绑。

例 5-12　删除 db 数据库中的表 sc。

程序清单如下：

```
DROP  TABLE  db.dbo.sc
```

例 5-13　删除使用 IF EXISTS 表。创建名为 t 的表，第二个语句会删除表，第三个语句不执行任何操作，因为此表已删除，但它不会导致错误。

程序清单如下：

```
CREATE  TABLE  t(Col1 INT);
GO
DROP  TABLE  IF  EXISTS  t;
GO
DROP  TABLE  IF  EXISTS  t;
```

5.3　索引操作

在日常生活中我们会经常遇到索引，例如，图书目录、词典索引等。借助索引，人们会很快地找到需要的东西。索引是数据库随机检索的常用手段，它实际上就是记录的关键字与其相应地址的对应表。为了提高检索数据的能力，MySQL 数据库引入了索引机制。

一个表最多可有 16 个索引。最大索引长度是 256 个字节，这可以在编译 MySQL 时被改变。对于 CHAR 和 VARHAR 列，可以索引列的前缀。这更快并且比索引整个列需要较少的磁盘空间。对于 BLOB 和 TEXT 列，必须索引列的前缀，而不能索引列的全部。MySQL 能在多个列上创建索引。一个索引最多可以由 15 个列组成（在 CHAR 和 VARCHAR 列上，也可以使用列的前缀作为一个索引的部分）。

5.3.1 认识索引

5.3.1.1 索引的优缺点

使用索引可以大大提高系统的性能，其具体表现在如下几个方面。

（1）通过创建唯一索引，可以保证数据记录的唯一性。

（2）可以大大加快数据检索速度。例如，有一张表，表中有 2 万条记录，如果没有索引，那么将从表中的第一条记录一条条往下遍历，直到找到该条信息为止；如果有了索引，那么会通过索引字段，快速地找到对应的数据。

（3）可以加速表与表之间的链接，这一点在实现数据的参照完整性方面有特别的意义。

（4）在使用 ORDER BY 和 GROUP BY 子句进行检索数据时，可以显著减少查询中分组和排序的时间。

（5）使用索引可以在检索数据的过程中使用优化隐藏器，提高系统性能。

但是，索引带来的查找效率的提高也是有代价的，因为索引也要占用存储空间，而且为了维护索引的有效性，当往表格中插入新的数据或者更新数据时，数据库还要执行额外的操作来维护索引。所以，过多的索引不一定能提高数据库性能，必须科学地设计索引，才能带来数据库性能的提高。

5.3.1.2 索引分类

根据索引的存储结构不同可将其分为两类：聚簇索引和非聚簇索引。

MySQL 的聚簇索引与其他数据库管理系统的不同之处在于，即便一张数据表没有设置主键，MySQL 也会为该表创建一个"隐式"的主键。在创建数据表时，MySQL 数据库会自动将表中的所有记录主键值的"备份"和每条记录所在的起始页组成一张索引表，这种索引称为主键索引，主键索引也称为聚簇索引。除主键索引外的其他索引称为非聚簇索引。一张数据表只能创建一个聚簇索引，可以创建多个非聚簇索引。创建索引后，当存储引擎为 MyISAM 时，数据表会有两个文件：myi 索引文件和 myd 数据文件。MySQL 根据 myi 索引文件中的"表记录指针"找到对应的 myd 数据文件中的表，记录所在的物理地址并查找数据。

索引又可分为单列索引（普通索引、唯一性索引、主键索引），组合索引，全文索引和空间索引。

- 普通索引（INDEX）：最基本的索引类型，索引字段可以有重复的值。
- 唯一性索引（UNIQUE）：保证索引字段不包含重复的值。
- 主键索引（PRIMARY KEY）：一般在创建表的时候指定主键，也可以通过修改表的方式加入主键，每个表只能有一个主键。
- 组合索引：索引可以覆盖多个字段，如 INDEX(COLUMNA,COLUMNB)索引。这种索引的特点是 MySQL 可以有选择地使用一个这样的索引。如果查询操作只需要用到 COLUMNA 数据列上的一个索引，就可以使用复合索引。

- 全文索引（FULLTEXT）：只能创建在 CHAR、VARCHAR 或者 TEXT 类型的字段上，并且只能在 MyISAM 表中创建。查询数据量较大的字符串类型的字段时，使用全文索引可以提高查询速度。
- 空间索引（SPATIAL）：只能建立在空间数据类型上，以提高系统获取空间数据的效率。MySQL 数据库中只有 MyISAM 表支持空间索引，空间索引的字段不能为空值。

5.3.2　创建索引

以下是几种创建索引的方法。

（1）创建表的同时，利用 MySQL 中的 CREATE INDEX 语句创建索引。

（2）在已存在的表上创建索引，利用 MySQL 中的 CREATE INDEX 语句、ALTER TABLE 语句创建索引。

（3）利用 MySQL Workbench 平台创建索引。

5.3.2.1　创建表时创建索引

在 MySQL 中创建表的时候，可以直接创建索引。基本的语法格式如下：

```
CREATE TABLE 表名
(
字段名  数据类型[完整性约束条件],
[UNIQUE | FULLTEXT | SPATIAL] INDEX | KEY
[索引名](字段名1  [(len)] [ASC | DESC])
engine=存储引擎类型 default charset=字符集类型
```

其中各参数的含义如下。

[ ]表示可选项。

( )表示必选项。

UNIQUE | FULLTEXT | SPATIAL：表示索引为唯一性索引、全文索引、空间索引。

INDEX 和 KEY：用于指定字段为索引，两者选择其中之一就可以了，作用是一样的。

索引名：给创建的索引取一个新名称。（如果在创建索引时没写索引名称，MySQL 会自动用字段名作为索引名称。）

字段名 1：指定索引对应的字段的名称，该字段必须是前面定义好的字段，从数据表中定义的多个列中选择。

len：指索引的长度，必须是字符串类型才可以使用。

ASC | DESC：指定升序或降序的索引值存储，ASC 表示升序排列，DESC 表示降序排列。

例 5-14　为数据库 school 中表 student 的学号 s_no 创建唯一性索引，索引排列顺序为降序。

程序清单如下：

```
USE school;
CREATE UNIQUE INDEX istudent
ON student (s_no DESC);
```

5.3.2.2 在已存在的表上创建索引

（1）为了给现有的表增加索引，可以使用 CREATE INDEX 语句在现有表上创建索引：

```
CREATE [UNIQUE | FULLTEXT | SPATIAL] INDEX 索引名
ON 表名(字段名[长度] [ASC | DESC]…);
```

（2）或者使用 ALTER TABLE 语句创建索引：

```
ALTER TABLE 表名
ADD INDEX | UNIQUE | PRIMARY KEY 索引名称(数据列列表);
```

5.3.2.3 利用 MySQL Workbench 平台创建索引

首先来认识一下 MySQL Workbench 平台创建索引的窗口内容。首先打开相应的需要创建索引的表，如图 5-15 所示，在窗口的左下方选择"Indexes"选项打开索引界面，其中，"Index Name"为设置索引名；"Type"为索引类型，可以选择索引为唯一性索引、全文索引、空间索引等类型；"Column"为表中索引对应的字段的名称，"Order"选择索引顺序，即选择 ASC | DESC，"Length"为给索引设置长度。

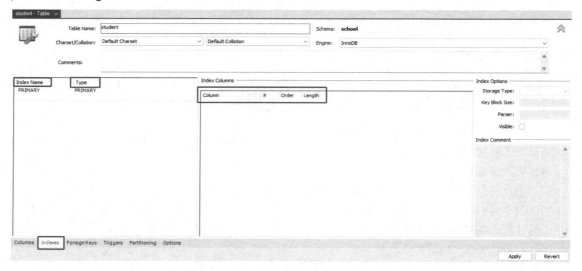

图 5-15　索引界面内容

操作演示如下。

选择"student"表的"Indexes"选项，打开索引操作窗口，在"Index Name"列下双击，写入索引名称"istudent"，选择"Type"类型为"UNIQUE"，如图 5-16 所示，右侧出现该表中原有字段名称。

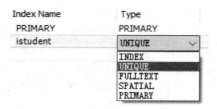

图 5-16　设置新索引

勾选"s_no"前"□"复选框，修改"Order"列索引顺序为"DESC"，如图 5-17 所示。单击"Apply"按钮运行，创建索引完成。

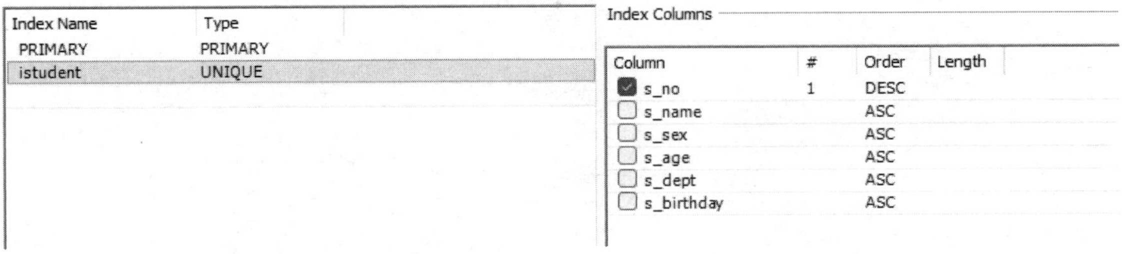

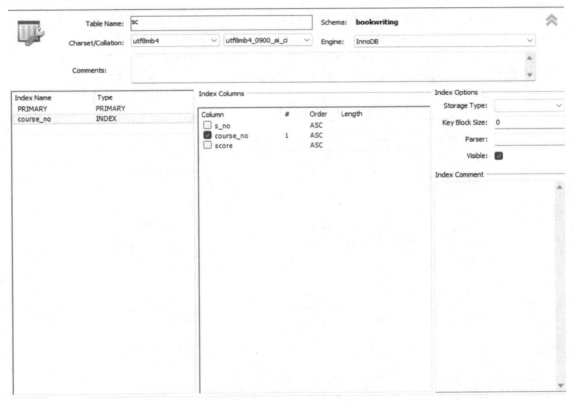

图 5-17　索引字段内容

5.3.3　查看、修改和删除索引

5.3.3.1　利用 MySQL Workbench 查看、修改和删除索引

要查看和修改索引的详细信息，可以在 MySQL Workbench 中，展开指定的服务器和数据库项，并右击要查看的表，选择"Alter Table"选项，则会在"Indexes"选项卡中出现表中已存在的索引列表。单击某一索引名称，则会在右边"Index Columns"区域中显示索引属性，如图 5-18 所示。

图 5-18　"Index Columns"区域

通过右击索引名称，单击"Delete Selected"按钮可以删除所选择的索引，如图 5-19 所示。

图 5-19　删除索引的对话框

通过"Indexes"选项卡还可以修改现有的索引，在右侧属性区域，可以修改牵引的名称、类型等信息。

要在 MySQL Workbench 中修改索引的名称，可直接在"Indexes"选项卡中左侧的"Index Name"列单击所要修改名称的索引，在闪烁区域输入新名称即可，如图 5-20 所示。

图 5-20　索引的重命名

5.3.3.2 用 SQL 语句查看和更改索引名称

在 MySQL 中，查看表的所有牵引信息的语法格式如下：

```
SHOW INDEX FROM table_name;
```

其中，table_name 参数用于指定当前数据库中的表的名称。

在 MySQL Workbench 中，使用 SQL 语句可以容易地得到表中的索引信息。方法是首先打开 MySQL Workbench 管理平台，然后新建一个查询窗口，在其中输入语句"SHOW INDEX FROM 表名"，并执行此语句，即可得出此表的所有索引信息。

在 MySQL 中，查看表的所有牵引信息的语法格式如下：

```
DROP INDEX in_sname ON table_name;
```

其中，table_name 参数用于指定当前数据库中的表的名称，in_sname 参数用于指定牵引名称。

例 5-15 使用 SQL 语句来查看表 s 的索引信息。

程序清单和运行结果如图 5-21 所示。

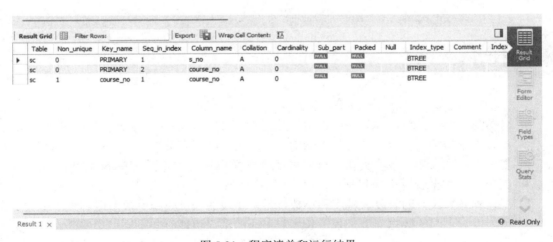

图 5-21　程序清单和运行结果

例 5-16 将 s 表中的索引名称 index_sn 更改为 in_sname。

在 MySQL 中，直接修改索引的名称和类型可能较为烦琐。一般情况下，更改索引可能需要重新创建表或删除旧索引，然后创建新索引：

```
SHOW INDEX FROM s;
DROP INDEX index_sn ON s;
CREATE INDEX in_sname ON s(your_column);
```

其中，your_column 为要创建索引的列名。

5.3.3.3 使用 ALTER TABLE 语句重新生成和重新组织索引

使用 ALTER TABLE 语句重新生成或重新组织索引或者设置索引的选项，修改现有的表或视图索引，其常用的语法格式如下：

```
ALTER TABLE index_name ON ENGINE = InnoDB;
```

其中，index_name 表示要修改的索引名称，请确保使用的是 InnoDB 存储引擎。请注意，这些操作都可能会影响表的性能，建议在非高峰时段执行，并确保在执行任何修改之前备份数据。

例 5-17 使用 ALTER TABLE 语句重新生成 s 表索引 in_sname。

程序清单如下：

```
ALTER TABLE S ADD INDEX in_sname (your_column_name) ;
```

其中， your_column_name 为索引关联的列名。

当不再需要某个索引时，可以将其删除，DROP INDEX 命令可以删除一个或者多个当前数据库中的索引，其语法格式如下：

```
DROP INDEX index_name ON table_name;
```

例 5-18 删除表 s 中的索引 in_sname。

程序清单如下：

```
DROP INDEX in_sname ON s;
```

本章小结

在本章中，我们主要学习了以下问题。

- MySQL 中，每个列、局部变量、表达式和参数都有其各自的数据类型。MySQL 提供系统数据类型集，定义了可与 MySQL 一起使用的所有数据类型。提供的系统数据类型有以下几大类：数值类型、日期和时间类型、字符串类型、JSON 类型。
- 创建一个数据表时主要包括以下几个组成部分：列名（字段名）、列（字段）数据类型、列（字段）的长度、精度和小数位数，字段的长度是指字段所能容纳的最大数据量，但对不同的数据类型来说，长度对字段的意义可能有些不同；哪些列允许空值；是否要使用及何处使用约束、默认设置和规则；所需索引的类型，哪里需要索引，哪些列是主键，哪些是外键。
- MySQL 提供了两种方法创建数据库表，分别是利用 MySQL Workbench 平台或使用 CREATE TABLE 语句。当数据库中的表创建完成后，可以根据需要改变表中原先定义的许多选项，以更改表的结构。用户可以添加、删除和修改列，添加、删除和修改约束，更改表名，以及改变表的所有者等。

● 约束是 MySQL 提供的自动保持数据库完整性的一种方法，它通过限制字段中的数据、记录数据和表之间的数据来保证数据的完整性。在 MySQL 中，对于基本表的约束分为列约束和表约束。在 MySQL 中常用的有 6 种约束：主键约束、唯一性约束、检查约束、默认约束、外键约束和空值约束。

● 索引是数据库随机检索的常用手段，它实际上就是记录的关键字与其相应地址的对应表。在数据库中，索引使数据库程序无须对整个表进行扫描，就可以在其中找到所需数据。在 MySQL 的数据库中按照存储结构的不同可以将索引分为聚簇索引和非聚簇索引。

● 在 MySQL 中，可以利用 MySQL Workbench 平台或者 CREATE INDEX 语句创建索引。另外，可以在创建表的约束时自动创建索引。使用 CREATE TABLE 或 ALTER TABLE 对列定义 PRIMARY KEY 或 UNIQUE 约束时，MYSQL 数据库引擎自动创建唯一索引来强制 PRIMARY KEY 或 UNIQUE 约束的唯一性要求。

习题

思考题

1．MySQL 系统的数据类型有多少种？每一种数据类型的功能是什么？

2．MySQL 中有多少种约束？其作用分别是什么？

3．索引的优点及缺点是什么？

4．索引的种类有什么？其含义分别是什么？

5．一个数据表由几个部分组成？

上机练习题

1．在学生数据库中，创建一个用户自定义的数据类型，其类型为 cj（成绩），它是一个不超过 100 的整数值，且不允许接受空值。

2．在学生数据库中，创建一个名为 s（学生基本情况）的二维表。它包括以下字段：sno（学号）、sn（姓名）、age（年龄）、sex（性别）、dept（院系）等。

3．在学生数据库中，创建一个名为 sc（选课表）的二维表。它包括以下字段：sno（学号）、cno（课程编号）、cn（课程名称）、score（成绩）等。

4．分别为 s 表和 sc 表创建主键约束、唯一性约束、检查约束、默认约束和外键约束。其中，为 sc 表创建外键约束，使其链接到 s 表。

5．向 s 表和 sc 表中添加一些记录。

习题答案

第 6 章　查询技术

SQL 语句中的 SELECT 语句用于选择希望从数据库返回到应用程序的数据。使用这种语言可以提出我们希望数据库答复的问题，也就是查询。我们将从最简单的查询情况入手，慢慢添加选项来增强其功能。虽然 SELECT 语句的完整语法比较复杂，但是大多数 SELECT 语句都描述结果集的以下主要属性：列的数据类型、列的大小，以及数值列的精度和小数位数；返回到列中的数据值的来源；含有检索数据的表，这些表之间的逻辑关系，以及结果集的行的排列顺序；为了符合 SELECT 语句的要求，源表中的行必须达到一定的条件，不符合条件的行会被忽略。

SELECT 语句的完整语法较复杂，但其主要子句可归纳如下：

```
SELECT [ ALL | DISTINCT ]
  [TOP expression [PERCENT] [WITH TIES ]]
  < select_list >
  [ INTO new_table ]
  [ FROM { <table_source> } [ ,...n ] ]
  [ WHERE <search_condition> ]
  [ GROUP BY [ ALL ] group_by_expression [ ,...n ]
  [ WITH { CUBE | ROLLUP } ]
  [ HAVING < search_condition > ]
  [ ORDER BY order_expression [ASC|DESC]]
  [ COMPUTE  {{AVG|COUNT|MAX|MIN|SUM} (expression)} [ ,...n ]
  [ BY expression [ ,...n ] ]
```

参数说明如下。

● SELECT 子句用于指定所选择的要查询的特定表中的列，它可以是星号（*）、表达式、列表、变量等。

● INTO 子句用于指定所要生成的新表的名称。

● FROM 子句用于指定要查询的表或视图，最多可以指定 16 个表或视图，这些表或视图之间用逗号相互隔开。

● WHERE 子句用来限定查询的范围和条件。

● GROUP BY 子句是分组查询子句。

● HAVING 子句用于指定分组子句的条件。

● GROUP BY 子句、HAVING 子句和集合函数一起可以实现对每个组生成一行和一个汇总值。

● ORDER BY 子句可以根据一个列或多个列来排序查询结果，在该子句中，既可以使用列名，也可以使用相对列号。

● ASC 表示升序排列，DESC 表示降序排列。

● COMPUTE BY 子句用于增加各列汇总行。

SELECT 语句的执行过程如下。

（1）根据 WHERE 子句的检索条件，从 FROM 子句指定的基本表或视图中选取满足条件的元组，再按照 SELECT 子句中指定的列，投影得到结果表。

（2）若有 GROUP BY 子句，则将查询结果按照<列名>相同的值进行分组。

（3）若 GROUP BY 子句后有 HAVING 子句，则只输出满足 HAVING 子句条件的元组。

（4）若有 ORDER BY 子句，则查询结果还要按照<列名>的值进行排序。

6.1 基本 SELECT 语句

6.1.1 投影查询

最基本的 SELECT 语句仅有两个部分：要返回的列和这些列源于的表。也就是说，查询均为不使用 WHERE 子句的无条件查询，也称投影查询。如果希望检索表中的所有信息，可以使用星号（*）来简单地表示所有列。如果只需要特定列（通常情况下都是这样的），则应该在逗号分隔的列表中显式指定这些列。显式指定所需字段还允许我们控制字段返回的顺序，如以下一些例子。

例 6-1 从数据库 study 的 student 表中查询全体学生的学号、姓名和年龄。

程序清单如下：

```
USE study;
SELECT s_no, s_name, s_age FROM student
```

例 6-2 从数据库 study 的 student 表中查询学生的全部信息。

程序清单如下：

```
USE study;
SELECT * FROM student
```

注意，用*表示表的全部列名，而不必逐一列出。

例 6-3 如果数据库 study 的学生表 student 中存在重复的数据。在查询时，可用 DISTINCT 关键字删除重复行。

程序清单如下：

```
USE study;
SELECT DISTINCT s_name
FROM student
```

注意，应用 DISTINCT 删除查询结果以某列为依据的重复行。例 6-3 中，student 表中相同姓名（s_name）的记录只保留第一行，余下的具有相同姓名的记录将从查询结果中被删除。

另外，利用投影查询可控制列名的顺序，并可通过指定别名来改变查询结果的列标题的名字，如例 6-4。

例 6-4 查询数据库 study 的学生表 student 全体学生的姓名、学号和年龄。

程序清单如下：

```
USE study;
SELECT s_name name, s_no, s_age FROM student
```

注意，name 为 s_name 的别名，这里我们改变了列的显示顺序。

6.1.2　条件查询

当要在表中找出满足某些条件的行时，则需使用 WHERE 子句指定查询条件。WHERE 子句中，通常通过 3 部分来描述条件：列名；比较运算符；列名、常数。常用的比较运算符如表 6-1 所示。

表 6-1　比较运算符

运算符	=	>	<	>=	<=	<> or !=	LIKE
含义	等于	大于	小于	大于等于	小于等于	不等于	字符匹配

条件查询又可分为以下几方面内容：比较大小和确定范围；部分匹配查询；空值查询；查询的排序。下面详细叙述以上内容。

1．比较大小和确定范围

例 6-5　查询学生表 student 中学号为 1172220001 的学生记录。

程序清单如下：

```
USE study;
SELECT * FROM student WHERE s_no='1172220001'
```

例 6-6　查询学生表 student 中年龄大于 20 岁的学生的 s_no、s_name、s_sex、s_age。

程序清单如下：

```
USE study;
SELECT s_no,s_name,s_sex,s_age FROM student WHERE s_age>20
```

当然，我们可以编写更复杂的条件。有一个很明显的方法可以实现此目的：在 WHERE 子句中加入多个条件。当 WHERE 子句需要指定一个以上的查询条件时，则需要使用逻辑运算符 AND、OR 和 NOT 将其连接成复合的逻辑表达式。这些逻辑运算符的优先级由高到低为 NOT、AND、OR，用户可以使用括号改变优先级。

例 6-7　查询学生表 student 中院系为电院或经管院且性别为男性的学生记录。

程序清单如下：

```
USE study;
SELECT * FROM student
WHERE(s_dept='电院' OR s_dept='经管院') AND s_sex='男'
```

SQL 语句中也有一个特殊的 BETWEEN 运算符，用于检查某个值是否在两个值之间（包括等于两端的值）。

例 6-8　查询学生表 student 中年龄在 20～24 的学生记录。

程序清单如下：

```
USE study;
```

```
SELECT * FROM student
WHERE s_age BETWEEN 20 AND 24
```

上面的 SQL 语句等价于以下语句：

```
USE study;
SELECT * FROM student
WHERE s_age>=20 AND s_age<=24
```

例 6-9 查询学生表 student 中年龄不在 20～24 的学生记录。

程序清单如下：

```
USE study;
SELECT * FROM student
WHERE s_age NOT BETWEEN 20 AND 24
```

注意，在 SELECT 语句中可以利用 "IN" 操作来查询属性值属于指定集合的元组；可以利用 "NOT IN" 查询指定集合外的元组，如下面两个例子。

例 6-10 查询学生表 student 中学号为 1172220001 和 1172220110 的学生信息。

程序清单如下：

```
USE study;
SELECT *
FROM student
WHERE s_no IN('1172220001', '1172220110')
```

此程序也可以使用逻辑运算符 "OR" 实现，相应的程序清单如下：

```
USE study;
SELECT *
FROM student
WHERE s_no='1172220001'  OR s_no= '1172220110'
```

例 6-11 查询学生表 student 中学号不是 1172220001 和 1172220110 的学生信息。

程序清单如下：

```
USE study;
SELECT *
FROM student
WHERE s_no NOT IN('1172220001', '1172220110')
```

上面的语句等价于：

```
USE study;
SELECT *
FROM student
WHERE s_no!= '1172220001'  AND s_no!= '1172220110'
```

2．部分匹配查询

上述 SQL 语句均属于完全匹配查询，当不知道完全精确的值时，用户还可以使用 LIKE 或 NOT LIKE 进行部分匹配查询（也称模糊查询）。LIKE 运算可以使用通配符来执行基本的模式匹配。

使用 LIKE 运算符的语法格式为：

```
<属性名> LIKE <字符串常量>
```

以上语法格式中，属性名必须为字符型，字符串常量的字符可以包含表 6-2 所示的通配符。

表 6-2　通配符及其说明

通　配　符	说　　　明
＿（下画线）	表示任意单个字符
％	表示任意长度的字符串
[]	与特定范围（如[a-f]）或特定集（如[abcdef]）中的任意单字符匹配
[^]	与特定范围（如[^a-f]）或特定集（如[^abcdef]）之外的任意单字符匹配

以下是使用通配符的一些例子。

（1）WHERE Name LIKE '_im'可以找到所有 3 个字母的、以 im 结尾的名字（例如，Jim、Tim）。

（2）WHERE Name LIKE '%stein'可以找到以 stein 结尾的名字。

（3）WHERE Name LIKE '%stein%'可以找到名字中任意位置包括 stein 的所有名字。

（4）WHERE Name LIKE '[JT]im'可以找到 3 个字母的、以 im 结尾并以 J 或 T 开始的名字（仅有 Jim 和 Tim）。

（5）WHERE Name LIKE 'm[^c]%'可以找到以 m 开始的、后面的（第二个）字母不为 c 的所有名字。

例 6-12　查询学生表 student 中所有姓王的学生的学号和姓名。

程序清单如下：

```
USE study;
SELECT s_no, s_name
FROM student
WHERE s_name LIKE '王%'
```

例 6-13　查询学生表 student 中姓名中第二个汉字是"三"的学生的学号和姓名。

程序清单如下：

```
USE study;
SELECT s_no, s_name
FROM student
WHERE s_name LIKE '_三%'
```

例 6-14 使用 NOT 运算符，查询所有不姓王的学生的信息。

程序清单如下：

```
USE study;
SELECT * FROM student
WHERE s_name NOT LIKE '王%'
```

3. 空值查询

某个字段没有值则称为具有空值（NULL）。通常没有为一个列输入值时，该列的值就是空值。空值不同于零和空格，它不占任何存储空间。例如，某些学生选课后没有参加考试，虽然有选课记录，但没有考试成绩，考试成绩为空值。这与参加考试、成绩为零分不同。

例 6-15 查询学生表 student 中所有年龄为空的学生信息。

程序清单如下：

```
USE study;
SELECT *
FROM student
WHERE s_age IS  NULL
```

注意，这里的空值条件为 IS NULL，不能写成 s_age=NULL。

4. 查询的排序

当需要对查询结果排序时，应该在 SELECT 语句中使用 ORDER BY 子句。ORDER BY 子句包括一个或多个用于指定排序顺序的列名，排序方式可以指定：DESC 为降序；ASC 为升序；默认时为升序。ORDER BY 子句必须出现在其他子句之后。

ORDER BY 子句支持使用多个列。可以使用以逗号分隔的多个列作为排序依据：查询结果将首先按照指定的第一列进行排序，然后再按照指定的下一列进行排序。

例 6-16 查询学生表 student 中的学号、姓名和年龄，并按照年龄降序排列。

程序清单如下：

```
USE study;
SELECT s_no, s_name,s_age
FROM student
ORDER BY s_age DESC
```

例 6-17 查询学生表 student 中的学号、姓名和年龄，其中学号按照升序排列，年龄按照降序排列。

程序清单如下：

```
USE study;
SELECT s_no, s_name,s_age
FROM student
ORDER BY s_no ASC,s_age DESC
```

6.2　分组查询

6.2.1　聚合函数和 GROUP BY 子句

GROUP BY 子句可以将查询结果按属性列或属性列组合在行的方向上进行分组，每组在属性列或属性列组合上具有相同的聚合值。若聚合函数没有使用 GROUP BY 子句，则只为 SELECT 语句报告一个聚合值。常用的聚合函数如表 6-3 所示。

表 6-3　常用的聚合函数

函数名称	MIN	MAX	SUM	AVG	COUNT	COUNT(*)
功能	求一列中的最小值	求一列中的最大值	按列计算值的总和	按列计算平均值	按列计算记录的个数	返回表中的所有行数

例 6-18　在学生表 student 中查询院系为电院的学生的平均年龄。

程序清单如下：

```
USE study;
SELECT  AVG(s_age) AS Aves_age
FROM student
WHERE s_dept = '电院'
```

注意，函数 SUM 和 AVG 只能对数值型字段进行计算。

例 6-19　在学生表 student 中查询院系为电院的学生的最大年龄、最小年龄，以及最大年龄与最小年龄之间相差的年龄。

程序清单如下：

```
USE study;
SELECT MAX(s_age) AS Maxs_age, MIN(s_age) AS Mins_age,
MAX(s_age)- MIN(s_age) AS Diff
FROM student
WHERE s_dept = '电院'
```

例 6-20　在学生表 student 中，通过查询求电院学生的总数。

程序清单如下：

```
USE study;
SELECT COUNT(s_no) AS 电院人数 FROM student
WHERE s_dept='电院'
```

例 6-21　在学生表 student 中，通过查询求学校中共有多少个院系。

程序清单如下：

```
USE study;
SELECT COUNT(DISTINCT s_dept) AS s_deptNum
```

```
FROM student
```

注意，加入关键字 DISTINCT 后表示删除重复行，从而可以计算字段"s_dept"中不同值的数目。函数 COUNT 对空值不计算，但对零进行计算。

例 6-22 在学生表 student 中，统计年龄字段不为空的学生的人数。

程序清单如下：

```
USE study;
SELECT COUNT(s_age)
FROM student
```

注意，例 6-22 中年龄为空值的不计算。假如有年龄为 0 的，则会被计算在内。

例 6-23 在学生表 student 中，利用特殊函数 COUNT(*)求经管院学生的总数。

程序清单如下：

```
USE study;
SELECT COUNT(*) FROM student
WHERE s_dept='经管院'
```

注意，在例 6-23 中，COUNT(*)用来统计元组的个数。此函数不删除重复行，也不允许使用 DISTINCT 关键字。

在分组查询中，只要表达式中不包括聚合函数，就可以按该表达式分组，如例 6-24 所示。

例 6-24 查询学生表 student 中各个年龄段学生的总人数。

程序清单如下：

```
USE study;
SELECT s_age,COUNT(*) AS s_age_NUM
FROM student
GROUP BY s_age
```

GROUP BY 子句按 s_age 的值分组，所有具有相同 s_age 的元组为一组，对每一组使用函数 COUNT 进行计算，统计出各个年龄段学生的总人数。

例 6-25 统计学生表 student 中各年度出生的学生人数。

程序清单如下：

```
USE study;
SELECT DATE_FORMAT(s_birthday,'%Y') AS Year,
COUNT(*) AS NumberOfStudents
FROM student
GROUP BY DATE_FORMAT(s_birthday,'%Y')
```

注意，在 GROUP BY 子句中，必须指定表或视图列的名称，而不是使用 AS 子句指派的结果集列的名称。例如，以 GROUP BY Year 替换 DATE_FORMAT(s_birthday,'%Y')子句是不合法的。

6.2.2　GROUP BY 子句、WHERE 子句和 HAVING 子句

可以在包含 GROUP BY 子句的查询中使用 WHERE 子句。在完成任何分组之前，将删除不符合 WHERE 子句中的条件的行。若在分组后还要按照一定的条件进行筛选，则需使用 HAVING 子句。

WHERE 子句与 HAVING 子句的根本区别在于作用对象不同：WHERE 子句作用于基本表或视图，从中选择满足条件的元组；HAVING 子句作用于组，选择满足条件的组，必须用于 GROUP BY 子句之后，但 GROUP BY 子句可以不使用 HAVING 子句。HAVING 语法与 WHERE 语法类似，但 HAVING 子句可以包含聚合函数。

例 6-26　在分组查询中使用 WHERE 子句：在学生表 student 中，按照性别和院系分组，查询各个院系中男生的最小年龄。

程序清单如下：

```
USE study;
SELECT s_sex,s_dept, MIN(s_age) AS Mins_age
FROM student
WHERE  s_sex='男'
GROUP BY s_sex,s_dept
```

例 6-27　在分组查询中使用 HAVING 子句：在学生表 student 中，按院系和性别分组，查询性别为女，并且院系中女生人数多于 1 的信息。

程序清单如下：

```
USE study;
SELECT s_sex, s_dept,COUNT(s_sex) AS NUM
FROM student
GROUP BY s_dept,s_sex
HAVING s_sex='女'
AND COUNT(s_sex)>1
```

在分组查询中使用 HAVING 子句：在学生表 student 中，按学号 s_no 对平均成绩进行分组，查询平均成绩大于 85 的学生学号及平均成绩。

程序清单如下：

```
USE study;
SELECT s_no, AVG(score) AS Avers_ageScore
FROM sc
GROUP BY s_no
HAVING AVG(score) >85
```

注意，如果 HAVING 中包含多个条件，那么这些条件将通过 AND、OR 或 NOT 组合在一起。

WHERE 子句、GROUP BY 子句和 HAVING 子句的作用可归纳如下：WHERE 子句用来筛选 FROM 子句中指定的操作所产生的行；GROUP BY 子句用来分组 WHERE 子句的输出；

HAVING 子句用来从分组的结果中筛选行。

对于可以在分组操作之前或之后应用的任何搜索条件，在 WHERE 子句中指定它们会更有效。这样可以减少必须分组的行数。在 HAVING 子句中指定的搜索条件只是那些必须在执行分组操作之后应用的搜索条件。

当在一个 SQL 查询中同时使用 WHERE 子句、GROUP BY 子句和 HAVING 子句时，其顺序是先用 WHERE 子句筛选符合条件的行，再将符合条件的行用 GROUP BY 子句分组，最后用 HAVING 子句筛选分组查询的结果。

例 6-28 查询选课在 3 门以上且各门课程均及格的学生的学号及其总成绩，查询结果按总成绩降序列出。

程序清单如下：

```
USE study;
SELECT s_no,SUM(score) AS TotalScore
FROM sc
WHERE score>=60
GROUP BY s_no
HAVING COUNT(*)>=3
ORDER BY SUM(score) DESC
```

此语句为分组排序，执行过程如下。

● FROM 取出整个表 sc 里的记录；
● WHERE 筛选 score>=60 的元组；
● GROUP BY 将选出的元组按 s_no 分组；
● HAVING 筛选选课 3 门以上的分组；
● SELECT 在剩下的组中提取学号和总成绩；
● ORDER BY 将选取结果排序。

上述语句中，ORDER BY SUM(score) DESC 可以改写成 ORDER BY 2 DESC，其中，2 代表查询结果的第 2 列。

6.3 连接查询

数据表之间的联系是通过表的字段值来体现的，这种字段称为连接字段。连接操作的目的就是通过加在连接字段的条件将多个表连接起来，以便从多个表中查询数据。前面的查询都是针对一个表进行的，当查询同时涉及两个以上的表时，称为连接查询。

表的连接方法有两种。

方法 1：对表之间满足一定的条件的行进行连接，此时，FROM 子句中指明进行连接的表名，WHERE 子句指明连接的列名及其连接条件。

方法 2：利用关键字 JOIN 进行连接。

6.3.1 等值连接与非等值连接

连接条件的一般格式如下：

[<表名 1>.] <列名 1> <比较运算符> [<表名 2>.] <列名 2>

其中，比较运算符主要有=、>、<、>=、<=、!=。当比较运算符为=时，称为等值连接，其他情况称为非等值连接。

例 6-29 查询姓名为"张三"的同学所选修的课程。

程序清单如下。

方法 1：

```
USE study;
SELECT student.s_no,s_name,course_no
FROM student,sc
WHERE (student.s_no = sc.s_no) AND (s_name='张三')
```

这里，s_name='张三'为查询条件，而 student.s_no = sc.s_no 为连接条件，s_no 为连接字段。引用列名 s_no 时要加上表名前缀，是因为两个表中的列名相同，必须用表名前缀来确切说明所指列属于哪个表，以避免二义性。如果列名是唯一的，如 s_name，就不必须加前缀。

注意，上面的操作是将 student 表中的 s_no 和 sc 表中的 s_no 相等的行连接，同时选取 s_name 为"张三"的行，然后再在 s_name、s_no 列上投影，这是连接、选取和投影的操作组合。

方法 2：

```
USE study;
SELECT student.s_no,s_name,course_no
FROM student INNER JOIN sc
ON student.s_no = sc.s_no AND student.s_name='张三'
```

方法 3：

```
USE study;
SELECT R2.s_no,R2.s_name, R1.course_no
FROM
(SELECT s_no,course_no FROM sc ) AS R1
INNER JOIN
(SELECT s_no ,s_name FROM student
WHERE s_name='张三') AS R2
ON R1.s_no=R2.s_no
```

例 6-30 查询所有选课学生的学号、姓名、选课名称及成绩。

程序清单如下：

```
USE study;
SELECT student.s_no,s_name,sc.course_no,score
```

```
FROM student,course,sc
WHERE   student.s_no=sc.s_no
AND sc.course_no=course.course_no
```

注意，本例涉及 3 个表，WHERE 子句中有两个连接条件。当有两个以上的表进行连接时，称为多表连接。

6.3.2 自身连接

当一个表与其自身进行连接操作时，称为表的自身连接。如果要查询的内容均在同一个表中，则可以将表分别取两个别名，如一个是 X，另一个是 Y。将 X、Y 中满足查询条件的行连接起来，实际上就是同一个表的自身连接。

例 6-31 查询所有比张三年龄大的学生的学号、姓名、性别和年龄。

程序清单如下。

方法 1：

```
USE study;
SELECT X.s_no,X.s_name,X.s_sex,X.s_age AS s_age_a,Y.s_age AS s_age_b
FROM student AS X, student  AS Y
WHERE X.s_age>Y.s_age AND Y.s_name='张三'
```

方法 2：

```
USE study;
SELECT X.s_no,X.s_name,X.s_sex,X.s_age,Y.s_age
FROM student AS X INNER JOIN student  AS Y
ON X.s_age>Y.s_age AND Y.s_name='张三'
```

方法 3：

```
USE study;
SELECT R1.s_no,R1.s_name,R1.s_sex,R1.s_age,R2.s_age
FROM (SELECT s_no,s_name,s_sex,s_age FROM student) AS R1
INNER JOIN
(SELECT s_age FROM student
WHERE s_name='张三') AS R2
ON R1.s_age>R2.s_age
```

由例 6-31 可以看出，如果要查询的内容均在同一表 s 中，则可以将表 s 分别取两个别名，一个是 X，一个是 Y。将 X、Y 中满足比张三年龄大的行连接起来，这实际上是同一表 s 的自身连接。

6.3.3 左外连接查询

在外连接中，要分清主表和从表。在左外连接查询时，左表为主表，右表为从表的查询。左外连接返回关键字 JOIN 左表中的所有行，这些行要符合查询条件。在关键字 ON 的后边就是左外连接的条件。若左表的某些数据行没有在右表中找到相匹配的数据行，则在结果集中右表的对应位置填入 NULL 值。

其简单语法格式如下：

```
SELECT select_list
FROM table1 LEFT OUTER JOIN table2 [ON join_conditions]
```

例 6-32　基于学生表 student、课程表 course 和选课表 sc 建立左外连接查询。该例中 student 为主表，sc 和 course 为从表。

程序清单如下：

```
USE study;
SELECT student.*,course.*
FROM student LEFT OUTER JOIN sc ON student.s_no=sc.s_no
LEFT OUTER JOIN course ON course.course_no=sc.course_no
```

6.3.4　右外连接查询

在右外连接查询中，右表为主表，左表为从表。右外连接返回关键字 JOIN 右表中的所有行，这些行要符合查询条件。在关键字 ON 的后边就是右外连接的条件。若右表的某些数据行没有在左表中找到相匹配的数据行，则在结果集中左表的对应位置填入 NULL 值。其语法格式与左外连接类似。

例 6-33　对例 6-32 进行右外连接。该例中 sc 为主表，student 和 course 为从表。

程序清单如下：

```
USE study;
SELECT student.*,course.*
FROM student RIGHT OUTER JOIN sc ON student.s_no=sc.s_no
RIGHT OUTER JOIN course ON course.course_no=sc.course_no
```

6.4　子查询

在 WHERE 子句中包含一个形如 SELECT-FROM-WHERE 的查询块，此查询块称为子查询或嵌套查询，包含子查询的语句称为父查询或外部查询。子查询可以将一系列简单查询构成复杂查询，以增强查询能力。子查询的嵌套层次最多可达到 255 层，以层层嵌套的方式构造查询充分体现了 SQL "结构化" 的特点。嵌套查询在执行时由里向外处理，每个子查询在上一级外部查询处理之前完成，父查询要用到子查询的结果。

6.4.1　返回一个值的子查询

当子查询的返回值只有一个时，可以使用比较运算符（=、>、<、>=、<=、!=）将父查询和子查询连接起来。

例 6-34　查询与张三年龄一样大的学生的学号、姓名、性别、年龄。

程序清单如下：

```
USE study;
SELECT s_no,s_name,s_sex,s_age
FROM student
WHERE s_age=(SELECT s_age
FROM student
WHERE s_name='张三')
```

此查询相当于分成两个查询块来执行。先执行子查询:

```
SELECT s_age
FROM student
WHERE s_name='张三'
```

子查询向主查询只返回一个值,即张三的年龄"20",然后以此作为父查询的条件,相当于再次执行父查询,查询所有年龄为"20"的学生的学号、姓名、性别、年龄:

```
SELECT s_no,s_name,s_sex,s_age
FROM student
WHERE s_age=20
```

6.4.2 返回一组值的子查询

若子查询的返回值不止一个,而是一个集合时,则不能直接使用比较运算符,但是可以在比较运算符和子查询之间插入 ANY 或 ALL。其具体含义详见以下各例。

1. 使用 ANY

例6-35 查询选 C01 课程号的学生姓名。

程序清单如下:

```
USE study;
SELECT s_name
FROM student
WHERE s_no=ANY
  (SELECT s_no
  FROM sc
  WHERE course_no='C01')
```

例 6-35 的查询执行过程如下:先执行子查询,找到选课程号 C01 的学生学号,为一组值构成的集合(S1、S2、S4、S5);再执行父查询,其中,ANY 的含义为任意一个,查询学号为(S1、S2、S4、S5)的学生的姓名。

注意,该例也可以使用前面所讲的连接操作来实现:

```
USE study;
SELECT s_name
FROM student,sc
WHERE student.s_no=sc.s_no
AND sc.course_no='C01'
```

可见，对于同一查询可使用子查询和连接查询两种方法来解决，可根据习惯选用。

例 6-36　查询其他院系中比电院任意一名学生年龄大的学生的姓名和年龄。

程序清单如下：

```
USE study;
SELECT s_name,s_age
FROM student
WHERE s_age>ANY
  (SELECT s_age
  FROM student
  WHERE s_dept='电院')
  AND s_dept!= '电院'   /*注意，此行是父查询中的条件*/
```

上例的查询执行过程如下：先执行子查询，找到电院中所有学生的年龄集合（20、21、22）；再执行父查询，查询所有不是电院且年龄大于 20、21 或 22 的学生姓名和年龄。

此查询也可以写成：

```
USE study;
SELECT s_name,s_age
FROM student
WHERE s_age>
  (SELECT MIN(s_age )
    FROM student
    WHERE s_dept='电院')
    AND s_dept!= '电院'
```

上例的查询执行过程如下：先执行子查询，利用库函数 MIN 找到电院中所有学生的最低年龄——20；再执行父查询，查询所有不是电院且年龄大于 20 的学生。

2．使用 IN

可以使用 IN 代替 "=ANY"。

例 6-37　查询选 C01 课程号的学生的姓名。

程序清单如下：

```
USE study;
SELECT s_name
FROM student
WHERE s_no IN
  (SELECT s_no
  FROM sc
  WHERE course_no='C01')
```

3．使用 ALL

ALL 的含义为全部。

例 6-38 查询其他院系中比电院所有学生年龄大的学生的姓名和年龄。

程序清单如下：

```
USE study;
SELECT s_name,s_age
FROM student
WHERE s_age>ALL
   (SELECT s_age
   FROM student
   WHERE s_dept='电院')
   AND s_dept!='电院'
```

上例的查询执行过程如下：子查询找到电院中所有学生的年龄集合（20、21、22）；父查询找到所有不是电院且年龄大于 22 的学生的姓名和年龄。

此查询也可以写成：

```
USE study;
SELECT s_name,s_age
FROM student
WHERE s_age>
   (SELECT MAX(s_age )
    FROM student
    WHERE s_dept='电院')
    AND s_dept!= '电院'
```

上面查询中，库函数 MAX 的作用是找到电院中所有学生的最大年龄 22。

4. 使用 EXISTS

EXIST 表示存在量词，带有 EXISTS 的子查询不返回任何实际数据，它只得到逻辑值"真"或"假"。当子查询的查询结果集合为非空时，外层的 WHERE 子句返回真值，否则返回假值。NOT EXISTS 与此相反。含有 IN 的查询通常可用 EXIST 表示，但反过来，可用 EXISTS 的查询不一定可用 IN 表示。

例 6-39 查询选 C01 课程号的学生的姓名。

程序清单如下：

```
USE study;
SELECT s_name
FROM student
WHERE EXISTS
   (SELECT *
   FROM sc
   WHERE s_no=student.s_no
AND course_no='C01')
```

注意，当子查询 sc 表存在一行记录满足其 WHERE 子句中的条件时，父查询便得到一个

s_name 值，重复执行以上过程，直到得出最后结果。

本章小结

在本章中，我们主要学习了以下问题。

● SELECT 语句用于选择希望从数据库返回到应用程序的数据。使用这种语言可以用来提出我们希望数据库答复的问题，也就是查询。虽然 SELECT 语句的完整语法比较复杂，但是大多数 SELECT 语句都描述结果集的以下主要属性：列的数据类型、列的大小，以及数值列的精度和小数位数；返回到列中的数据值的来源；含有检索数据的表，这些表之间的逻辑关系，以及结果集的行的排列顺序；为了符合 SELECT 语句的要求，源表中的行必须达到一定条件，不符合条件的行会被忽略。

● 投影查询是最基本的 SELECT 语句，仅包括两个部分：要返回的列和这些列源于的表。也就是说，查询均为不使用 WHERE 子句的无条件查询。如果希望检索表中的所有信息，可以使用星号（*）来简单地表示所有列。如果只需要特定列，则应该在逗号分隔的列表中显式指定这些列。显式指定所需字段还允许我们控制字段返回的顺序。

● 当要在表中找出满足某些条件的行时，则需使用 WHERE 子句指定查询条件。WHERE 子句中，条件通常通过 3 部分来描述：列名；比较运算符；列名、常数。条件查询又可分为以下几方面内容：比较大小和确定范围；部分匹配查询；空值查询；查询的排序。

● 含有 GROUP BY 子句的查询称为分组查询，分组查询可以将查询结果按属性列或属性列组合在行的方向上进行分组，每组在属性列或属性列组合上具有相同的聚合值。若聚合函数没有使用 GROUP BY 子句，则只为 SELECT 语句报告一个聚合值。可以在包含 GROUP BY 子句的查询中使用 WHERE 子句。在完成任何分组之前，将消除不符合 WHERE 子句中的条件的行。若在分组后还要按照一定的条件进行筛选，则需使用 HAVING 子句。WHERE 子句与 HAVING 子句的根本区别在于作用对象不同：WHERE 子句作用于基本表或视图，从中选择满足条件的元组；HAVING 子句作用于组，选择满足条件的组，必须用于 GROUP BY 子句之后，但 GROUP BY 子句后可以不需要 HAVING 子句。HAVING 语法与 WHERE 语法类似，但 HAVING 子句可以包含聚合函数。

● 数据表之间的联系是通过表的字段值来体现的，这种字段称为连接字段。连接操作的目的就是通过加在连接字段的条件将多个表连接起来，以便从多个表中查询数据。当查询同时涉及两个以上的表时，称为连接查询。连接查询包括以下主要内容：等值连接与非等值连接；自身连接。当一个表与其自身进行连接操作时，称为表的自身连接。要查询的内容均在同一个表中，可以将表分别取两个别名，一个是 X，另一个是 Y。将 X、Y 中满足查询条件的行连接起来，实际上就是同一个表的自身连接。

● 在 WHERE 子句中包含一个形如 SELECT-FROM-WHERE 的查询块，此查询块称为子查询或嵌套查询，包含子查询的语句称为父查询或外部查询。子查询可以将一系列简单查询构成复杂查询，以增强查询能力。子查询可分为返回一个值的子查询及返回一组值的子查询。

习题

思考题

1. 在投影查询中，如果要检索所有列的信息，可通过哪种符号来表示？
2. 在查询语句中，列名前 DISTINCT 的作用是什么？
3. 部分匹配查询的运算符中通配符都有哪些，作用是什么？
4. 分组查询中，WHERE 子句与 HAVING 子句的区别有哪些？
5. 什么是自身连接？如何实现自身连接？
6. 请叙述子查询的执行过程。

上机练习题（依据前面的数据库对象，实现以下语句）

1. 查询没有考试成绩的学生的学号和相应的课程名，按学号降序排列。
2. 查询院系为"计算机"、选修"大型数据库应用"的学生总人数。
3. 查询选课在 3 门以上且各门课程均及格的学生的学号及其总成绩，查询结果按总成绩降序列出。
4. 查询其他院系中比计算机系任意一名学生课程成绩高的学生的姓名、课程名、课程成绩和院系。

习题答案

第 7 章　视图的操作与管理

本章中，你将学习：

- 视图的定义
- 使用视图的优点
- 创建视图
- 修改视图、重命名视图、查询视图信息和删除视图
- 通过视图修改数据记录

视图是从一个或多个表或视图中导出的虚表，其结构和数据是建立在对表的查询基础上的。查询是一组检索和显示数据库数据的指令。在 MySQL 中，使用 SELECT 语句建立查询。和真实的表一样，视图也包括几个被定义的数据列和多个数据行，但从本质上讲，这些数据列和数据行来源于其所引用的表。因此，视图不是真实存在的基础表，而是一个虚拟表，视图所对应的数据并不实际地以视图结构存储在数据库中，而是存储在视图所引用的表中。视图被定义后便存储在数据库中，与其相对应的数据并没有像表那样又在数据库中再存储一份，通过视图看到的数据只是存放在基表中的数据。对视图的操作与对表的操作一样，可以对其进行查询、修改和删除。当对通过视图看到的数据进行修改时，相应的基表的数据也会发生变化。同时，若基表的数据发生变化，则这种变化也可以自动地反映到视图中。

在视图中最多可以定义一个或多个基表的 1024 个字段，所能定义的记录数只受表中被引用的记录数的限制。视图可以用来访问整个表、表的一部分或多个表的连接，其取决于视图基表的定义。基表的定义可以是基表中字段的子集或记录的子集、两个或多个基表的联合或连接、基表的统计汇总、视图的视图，以及视图和基表的混合。

使用视图有很多优点，在创建视图前，要考虑如何使用它，可以使用视图来集中数据、简化和定制不同用户对数据库的不同数据要求。另外，使用视图可以屏蔽数据的复杂性，用户不必了解数据库的结构，就可以方便地使用和管理数据，并可以简化数据权限管理和重新组织数据以便输出到其他应用程序中。使用视图的优点和作用如下。

（1）视图可以使用户只关心他感兴趣的某些特定数据和他所负责的特定任务，而那些不需要的或无用的数据则不在视图中显示。

（2）视图极大地简化了用户对数据的操作。因为在定义视图时，可以把经常使用的连接、投影和查询语句定义为视图，这样，在每次执行相同的查询时，不必重新写这些复杂的查询语句，只要一条简单的查询视图语句即可。由此可见，视图向用户隐藏了表与表之间复杂的连接操作。

（3）视图可以让不同的用户以不同的方式看到不同或相同的数据集。不同用户对数据库的操作要求不同，即使使用相同的数据，也可能有不同的操作。因此，当有许多不同水平的用户共用同一数据库时，视图的作用就显得更加重要。

（4）在某些情况下，由于表中数据量太大，因此在设计表时常将表进行水平或垂直分割，但表的结构变化会对应用程序产生不良的影响。而使用视图可以提供一个抽象层，通过重新组织数据，使得数据库的改变不会影响到使用视图的应用程序，原有的应用程序仍可以通过视图来重载数据。

（5）视图提供了一个简单而有效的安全机制。通过视图，用户只能查看和修改他们所能看到的数据，其他数据库或表既不可见也不可访问。如果某一用户想要访问视图的结果集，则必须被授予访问权限。视图所引用表的访问权限与视图权限的设置互不影响。

7.1 创建视图

MySQL 提供了如下几种创建视图的方法：利用 MySQL Workbench 平台创建视图；利用 MySQL 中的 CREATE VIEW 语句创建视图。

● 只能在当前数据库中创建视图，在视图中最多只能引用 1024 列，视图中记录的数目限制只由其基表中的记录数决定。

- 若视图引用的基表或视图被删除,则该视图不能再被使用,直到创建新的基表或者视图。
- 如果视图中某一列是函数、数学表达式、常量,或者来自多个表的列名相同,则必须为列定义名称。
- 不能在视图上创建索引,不能在规则、触发器的定义中引用视图。
- 当通过视图查询数据时,MySQL 会检查视图的基础表、相关的列及其他相关视图是否存在,以及用户是否有足够的权限,以确保查询语句的正确性和有效性及数据库的完整性。
- 视图的名称必须遵循标识符的规则,且对每个用户必须是唯一的。此外,该名称不得与该用户拥有的任何表的名称相同。

7.1.1 利用 MySQL Workbench 平台创建视图

在 MySQL Workbench 平台中,展开指定的服务器,再展开要创建视图的数据库文件夹,选择"Views"选项并右击,从弹出的快捷菜单中选择"Create View..."选项,如图 7-1 所示。图 7-2 为创建视图对话框。在出现的对话框中输入 MySQL 中的 CREATE VIEW 语句来创建视图,单击工具栏中的保存按钮,在打开的"选择名称"窗口中输入视图名称,单击"确定"按钮即可。

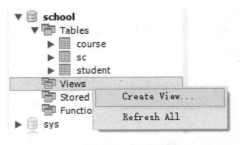

图 7-1 创建视图

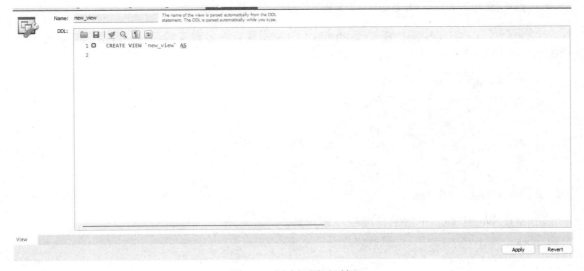

图 7-2 创建视图对话框

7.1.2 利用 MySQL 中的 CREATE VIEW 语句创建视图

使用 MySQL 中的 CREATE VIEW 语句创建视图，其语法格式如下：

```
CREATE VIEW [schema_name.] view_name [(column [,...n])]
[WITH <view_attribute> [,...n]]
AS
select_statement
[WITH CHECK OPTION]
< view_attribute > ::=
    {ENCRYPTION|SCHEMABINDING|VIEW_METADATA}
```

各参数的说明如下。

● schema_name：视图所属架构的名称。

● view_name：用于指定视图的名称，column 用于指定视图中的字段名称。

● WITH ENCRYPTION：表示 MySQL 加密包含 CREATE VIEW 语句文本在内的系统表列。WITH ENCRYPTION 主要用于将存储在系统表 syscomments 中的语句进行加密。

● select_statement：用于创建视图的 SELECT 语句，利用 SELECT 语句可以从表中或视图中选择列构成新视图的列。但是，在 SELECT 语句中，不能使用 ORDER BY 语句、COMPUTE 语句、COMPUTE BY 语句和 INTO 关键字，以及临时表。

● WITH CHECK OPTION：用于强制视图上执行的所有数据修改语句都必须符合由 select_statement 设置的准则。通过视图修改行时，WITH CHECK OPTION 可确保提交修改后，仍可通过视图看到修改的数据。

● SCHEMABINDING：表示在 select_statement 语句中，若包含表、视图，或者引用用户自定义函数，则表名、视图名或函数名前都必须有所有者前缀。

● VIEW_METADATA：表示若某一查询中引用该视图且要求返回浏览模式的元数据时，则将向 DBLIB 和 OLE DB APIS 返回视图的元数据信息。

例 7-1 创建视图，查看表 student 中的学号、姓名和年龄字段，并且只查看专业为"信息"的学生。

程序清单如下：

```
CREATE VIEW new_view
AS
SELECT s_no,s_name,s_age
FROM
student
WHERE s_dept='信息'
```

MySQL Workbench 平台的标准视图语句如图 7-3 所示。

```
Name:  new_view                The name of the view is parsed automatically from the DDL
                               statement. The DDL is parsed automatically while you type.
DDL:

    1 ●   CREATE
    2         ALGORITHM = UNDEFINED
    3         DEFINER = `root`@`localhost`
    4         SQL SECURITY DEFINER
    5     VIEW `new_view` AS
    6         SELECT
    7             `student`.`s_no` AS `s_no`,
    8             `student`.`s_name` AS `s_name`,
    9             `student`.`s_age` AS `s_age`
   10         FROM
   11             `student`
   12         WHERE
   13             (`student`.`s_dept` = '信息')
```

图 7-3　MySQL Workbench 平台的标准视图语句

例 7-2　选择表 student 中的部分字段和记录来创建一个视图，并且限制表 student 中的记录只能是信息系的记录集合，视图定义为 view_s。

程序清单如下：

```
CREATE VIEW view_s
AS
SELECT student.s_no,student.s_name,student.s_age,
sc.course_no,sc.score
FROM
student,sc
WHERE student.s_no=sc.s_no AND student.s_dept='信息'
```

例 7-3　创建一个视图，使之包含复杂的查询。

程序清单如下：

```
CREATE VIEW ExampleView
WITH SCHEMABINDING
AS
SELECT s_no, SUM(score) AS Sumscore, COUNT(*) AS CountCol FROM school.sc
 GROUP BY sno
```

7.2　修改视图、重命名视图、查询视图信息和删除视图

7.2.1　修改视图

在 MySQL Workbench 平台中，在视图下面找到要修改的视图，右击要修改的视图，从弹出的快捷菜单中选择"Alter View…"选项，如图 7-4 所示。然后在弹出的对话框中修改指令来修改视图。修改视图的对话框与创建视图时的对话框相同，可以按照创建视图的方法修改视图。

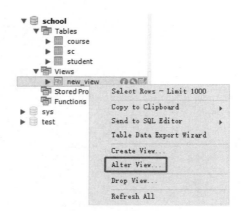

图 7-4　修改视图操作

另外，也可以使用 ALTER VIEW 语句修改视图，但首先必须拥有使用视图的权限，然后才能使用 ALTER VIEW 语句，其语法格式如下：

```
ALTER VIEW [schema_name] view_name
[(column[,...n])]
[WITH ENCRYPTION]
AS
  select_statement
[WITH CHECK OPTION]
```

其中，view_name 用于指定要修改的视图；schema_name 表示视图所属的架构名；column 用于指定一列或多列的名称，列名用逗号分开，它们将成为给定视图的一部分；select_statement 用于指定定义视图的 SELECT 语句；WITH ENCRYPTION 用于加密 syscomments 表中包含 ALTER VIEW 语句文本的条目，使用 WITH ENCRYPTION 可防止将视图作为 MySQL 复制的一部分发布；WITH CHECK OPTION 用于强制视图上执行的所有数据修改语句都必须符合由定义视图的 select_statement 设置的准则。应该注意的是，如果原来的视图定义是用 WITH ENCRYPTION 或 CHECK OPTION 创建的，那么只有在 ALTER VIEW 中也包含这些选项时，这些选项才有效。

例 7-4　修改视图 view_s，在该视图中增加新的字段 s_dept，并且定义一个新的字段名称 sdept1。

程序清单如下：

```
ALTER  VIEW  student.view_s(s_name,s_sex,s_age,sdept1)
AS
SELECT  s_name,s_sex,s_age,s_dept
FROM  student
WHERE  s_name='张三'
```

7.2.2　重命名视图

在 MySQL Workbench 平台中，选择要修改名称的视图，打开视图指令对话框，直接修改视图名字并单击"Apply"按钮运行。

也可以使用系统存储过程 sp_rename 来修改视图的名称，该过程的语法格式如下：

```
sp_rename [@objname=]'object_name',[@newname=]'new_name'
    [ , [@objtype = ] 'object_type' ]
```

其中，object_name 指的是当前的名称，new_name 是修改后的新名称，object_type 是要重命名的对象类型。

例 7-5　　把视图 ExampleView 重命名为 View_example。

程序清单如下：

```
sp_rename ExampleView, View_example
```

7.2.3　查看视图信息和删除视图

7.2.3.1　查看视图信息

MySQL 提供了 4 种查看现有视图的方法：使用 DESCRIBE 语句，使用 SHOW 语句，使用 information_schema，或者使用 MySQL Workbench 平台查看视图。本节将介绍这 4 种方法。

（1）使用 DESCRIBE 语句查看视图。

因为视图类似于虚表，所以可以使用 DESCRIBE 语句了解视图的字段信息，即使用表结构的方式查看视图的定义。例如，为查看视图 new_view，执行如下命令：

```
DESCRIBE new_view;
```

（2）使用 MySQL 命令 "SHOW TABLES;"，不仅可以显示当前数据库中所有的基表，也会将所有的视图罗列出来。

① 查看视图名：

```
SHOW TABLES;
```

② 查看视图详细信息：

```
SHOW TABLE status[ FROM 库名][LIKE'视图名']\G
```

③ 查看视图定义信息：

```
SHOW CREATE VIEW v_name;
```

④ 查看视图设计信息：

```
DESCRIBE v_name;
```

⑤ 修改视图：

```
CREATE or REPLACE VIEW v_name
AS
SELECT 子句;
```

或

```
ALTER VIEW v_name
AS
```

```
SELECT 子句
```

（3）MySQL 系统数据库 information_schema 的 views 表存储了所有视图的定义，使用下面的 SELECT 语句既可以查询该表的所有记录，也可以查看所有视图的详细信息。

```
SELECT* FROM information_schema.views;
```

（4）在 MySQL Workbench 平台中，查看视图所显示的数据有两种方法：第一种是找到视图下方需查看的所创建的视图表，单击视图右边的按钮▦，如图 7-5 所示；第二种是到视图下方需查看的所创建的视图表，右击视图表选择"Select Rows – Limit 1000"选项查看数据，如图 7-6 所示。以例 7-1 的习题为演示，查看视图信息的实例展示为图 7-7。

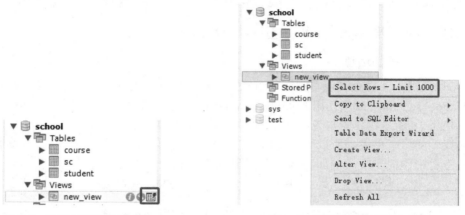

图 7-5　查看视图数据的方法一　　　　　图 7-6　查看视图数据的方法二

图 7-7　例 7-1 视图结果对话框

7.2.3.2　删除视图

对于不再使用的视图，可以使用 MySQL Workbench 平台或 MySQL 中的 DROP VIEW 语句删除它。

在 MySQL Workbench 平台中，平台删除视图的操作方法为：选择要删除的视图，右击该视图名称，从弹出的快捷菜单中选择"Drop View…"选项，即可删除该视图，如图 7-8 所示。

一般来说，表是数据库中相对稳定的对象，不会被轻易删除。

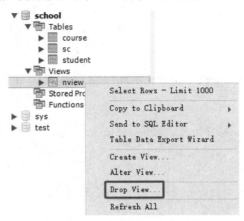

图 7-8 删除视图操作

使用 MySQL 中的 DROP VIEW 语句删除视图，其语法格式如下：

```
DROP VIEW  {view_name} [,…n]
```

可以使用该命令同时删除多个视图，只需在要删除的各视图名称之间用逗号隔开即可。

例 7-6 同时删除视图 v_student 和 v_teacher。

程序清单如下：

```
DROP  VIEW  v_student,v_teacher
```

7.3 通过视图修改数据记录

通过视图可以方便地检索到任何所需要的数据信息。但是视图的作用并不仅局限于检索记录，还可以利用视图对创建视图的内部表进行数据修改，如插入新的数据记录（INSERT）、修改数据记录（UPDATE）和删除数据记录（DELETE）等操作。使用视图修改数据时，需要注意以下几点。

（1）修改视图中的数据时，不能同时修改两个或多个基表。虽然可以对基于两个或多个基表或视图的视图进行修改，但是每次修改都只能影响一个基表。

（2）不能修改那些通过计算得到的字段，如包含计算值或合计函数的字段。

（3）如果在创建视图时指定了 WITH CHECK OPTION 选项，那么使用视图修改数据库信息时，就必须保证修改后的数据满足视图定义的范围。

（4）执行 UPDATE、DELETE 语句时，所删除与更新的数据必须包含在视图的结果集中。

（5）如果视图引用多个表时，无法用 DELETE 语句删除数据，则使用 UPDATE 语句时应与 INSERT 操作一样，被更新的列必须属于同一个表。

下面通过具体的例子来讲述如何通过视图来插入、修改和删除数据记录。

7.3.1 插入数据记录

使用 MySQL 中的 INSERT 语句插入数据记录，其语法格式如下：

```
INSERT INTO<视图名称> VALUES('值','值',…);
```

例 7-7　创建一个基于表 student 的新视图 newview_s。

程序清单如下：

```
CREATE  VIEW newview_s(s_no,s_name,s_sex,s_age,s_dept)
AS
SELECT  s_no,s_name,s_sex,s_age,s_dept
FROM  student
WHERE  s_name='李四'
```

执行以下语句可向表 student 中添加一条新的数据记录：

```
INSERT  INTO  newview_s
VALUES(13033,'李力','男',22,'计算机')
```

使用 SELECT 语句可以在视图和表中查到该条记录。但是，如果视图创建时定义了限制条件，或者基表的列允许空值或有默认值，而插入的记录不满足该条件时，则此时仍然可以向表中插入记录，只是用视图检索时不会显示出新插入的记录。若不想让这种情况发生，则可以使用 WITH CHECK OPTION 选项限制插入不符合视图规则的视图。这样，在插入记录时，如果记录不符合限制的条件就不能插入。

例 7-8　首先创建一个包含限制条件的视图 v_s，限制条件为年龄 age<23，然后插入一条不满足限制条件的记录，再用 SELECT 语句检索视图和表。

程序清单如下：

```
CREATE  VIEW  v_s
AS
SELECT  *  FROM  s
WHERE  age<23;
INSERT  INTO  v_s
VALUES(30305,'王则','女'25,'能动院',131137,2,'内蒙古');
SELECT  *  FROM  s;
SELECT  *  FROM  v_s;
```

例 7-9　在例 7-8 的基础上添加 WITH CHECK OPTION 选项。

程序清单如下：

```
CREATE  VIEW  v_s2
AS
SELECT  *  FROM  s
WHERE  age<23
WITH  CHECK  OPTION;
INSERT  INTO  v_s2
```

```
VALUES(30305,'王则','女',25,'能动院',131137,2,'内蒙古');
SELECT  *  FROM  v_s2;
```

运行该程序将显示类似于下面的出错信息：

```
消息 550，级别 16，状态 1，第 7 行
```

试图进行的插入或更新已失败，原因是目标视图或目标视图所跨越的某一视图指定了 WITH CHECK OPTION，而该操作的一个或多个结果行又不符合 CHECK OPTION 约束。

7.3.2 修改和删除数据记录

使用 MySQL 中的 DELETE 语句删除数据记录，其语法格式如下：

```
DELETE FROM<视图名称> WHERE<查询条件>;
```

使用 MySQL 中的 UPDATE 语句修改数据记录，其语法格式如下：

```
UPDATE <视图名称> SET ('值') WHERE('值');
```

使用视图可以更新数据记录，但应该注意的是，更新的只是数据库中的基表。使用视图删除记录，可以删除任何基表中的记录，此时，直接利用 DELETE 语句删除记录即可。但对于依赖多个基本表的视图，则不能使用 DELETE 语句。注意，必须指定在视图中定义过的字段来删除记录。

例 7-10 创建一个基于表 student 的视图 v_student,然后通过该视图修改表 student 中的记录。

程序清单如下：

```
CREATE VIEW v_student
AS
SELECT * FROM student;
UPDATE  v_student
SET  s_name='崔芳'
WHERE  s_name='崔娟'
```

例 7-11 利用视图 v_student 删除表 student 中姓名为崔芳的记录。

程序清单如下：

```
DELETE  FROM  v_student WHERE  s_name='崔芳'
```

本章小结

在本章中，我们主要学习了以下问题。

● 使用视图有很多优点，可以使用视图来集中数据、简化和定制不同用户对数据库的不同数据要求；使用视图可以屏蔽数据的复杂性，用户不必了解数据库的结构，就可以方便地使用和管理数据，简化数据权限管理和重新组织数据以便输出到其他应用程序中。

- MySQL 提供了如下几种创建视图的方法：利用 MySQL Workbench 平台创建视图；利用 MySQL 中的 CREATE VIEW 语句创建视图。
- 使用 MySQL Workbench 平台或 ALTER VIEW 语句可修改视图，使用 DROP VIEW 语句可删除视图。
- MySQL 提供了 4 种查看现有视图的方法：使用 DESCRIBE 语句，使用 SHOW 语句，使用 information_schema，或者使用 MySQL Workbench 平台查看视图。
- 通过视图可以方便地检索到任何所需要的数据信息。但是，视图的作用并不仅局限于检索记录，还可以利用视图对创建视图的内部表进行数据修改，如插入新记录、更新记录和删除记录等。使用视图修改数据时，要注意以下几点：修改视图中的数据时，不能同时修改两个或多个基表，可以对基于两个或多个基表或者视图的视图进行修改，但是每次修改都只能影响一个基表；不能修改那些通过计算得到的字段，例如，包含计算值或合计函数的字段；如果在创建视图时指定了 WITH CHECK OPTION 选项，那么使用视图修改数据库信息时，必须保证修改后的数据满足视图定义的范围；执行 UPDATE、DELETE 命令时，所删除与更新的数据必须包含在视图的结果集中；如果视图引用多个表时，无法用 DELETE 语句删除数据，则使用 UPDATE 语句时，应与 INSERT 操作一样，被更新的列必须属于同一个表。

习题

思考题

1. 如何查看有关视图的信息？
2. 使用视图有哪些优点？
3. 如何简单理解创建视图的语句？
4. 使用视图修改数据时，需要注意什么？
5. 如何通过视图插入、修改和删除数据记录？

上机练习题

1. 在数据库 school 中创建视图 V_sc，查询成绩大于 90 分的所有学生的选修课成绩的信息。
2. 创建视图 V_student，查询学生姓名、课程名称和成绩等信息的视图。
3. 修改视图 V_s，查询成绩大于 90 分且开课学期为第三学期的所有学生的选修课成绩的信息。
4. 将视图 V_student 删除。
5. 创建一个视图，显示表 s 中的学号、姓名、院系和表 sc 中的课程编号、课程名称和成绩字段，并且限制表 sc 的记录只能是成绩大于 60 的记录集合。

习题答案

第 8 章 存储过程的操作与管理

学习目标

本章中，你将学习：
- 存储过程的定义
- 存储过程的优点
- 创建存储过程
- 查看、修改、重命名和删除存储过程

在 MySQL 中，可用存储过程、函数和触发器存储和执行程序。其中，存储过程是为完成特定的功能而汇集在一起的一组 SQL 语句，经编译后存储在数据库中的 SQL 程序。存储过程类似 DOS 系统中的批处理文件，在批处理文件中，包含多个经常执行的 DOS 命令。执行批处理文件，也就是执行这一组命令。同样地，把完成一项特定任务的许多 SQL 语句编写在一起，就组成了一个存储过程，只要执行该存储过程就可以完成相应的任务。

在 MySQL 中使用存储过程而不使用存储在客户端计算机本地的 Transact-SQL 程序的优点如下。

（1）存储过程已在服务器注册。

（2）存储过程具有安全特性（如用户权限管理）和所有权链接，以及使用安全证书 SSL（Secure Sockets Layer）来加密客户端和服务器之间的通信。用户可以被授予权限来执行存储过程，而不必直接对存储过程中引用的对象具有权限。

（3）存储过程可以强制应用程序的安全性。

（4）存储过程允许模块化程序设计。存储过程一旦创建，以后即可在程序中被调用任意多次。这可以改进应用程序的可维护性，并允许应用程序统一访问数据库。

（5）存储过程是命名代码，允许延迟绑定。这提供了一个用于简单代码演变的间接级别。

（6）存储过程可以减少网络通信流量。一个需要数百行 Transact-SQL 代码的操作可以通过一条执行过程代码的语句来执行，而不需要在网络中发送数百行代码。

在 MySQL 中，存储过程分为 3 种：系统存储过程、内置函数和用户自定义存储过程。系统存储过程主要存储在"mysql"数据库中并一般以"mysql"或"sys"为前缀，并且系统存储过程主要是从系统表中获取信息，从而为系统管理员管理 MySQL 提供支持。通过系统存储过程，MySQL 中的许多管理性或信息性的活动都可以被顺利而有效地完成。尽管这些系统存储过程被放在"mysql"数据库中，但是仍可以在其他数据库中对其进行调用，在调用时不必在存储过程名前加上数据库名。而且当创建一个新的数据库时，一些系统存储过程会在新的数据库中被自动创建。内置函数可以在存储过程中调用，提供了丰富的功能，如数学计算、字符串处理、日期操作等。用户自定义存储过程是由用户创建并能完成某一特定功能的存储过程。下面所涉及的存储过程主要是指用户自定义存储过程。

8.1　创建存储过程

在 MySQL 中，可以使用两种方法创建存储过程：一种是使用 CREATE PROCEDURE 语句创建存储过程；另一种是在 MySQL Workbench 等管理工具中使用图形界面创建存储过程。默认情况下，创建存储过程的许可归数据库的所有者，数据库的所有者可以把许可授权给其他用户。当创建存储过程时，需要确定存储过程的三个组成部分：

● 所有的输入参数及传给调用者的输出参数；

● 被执行的针对数据库的操作语句，包括调用其他存储过程的语句；

● 返回给调用者的状态值，以指明调用是成功还是失败的。

若在过程定义中为参数指定 OUTPUT 关键字，则存储过程在退出时可将该参数的当前值返回至调用程序。这也是用变量保存参数值，以便在调用程序中使用的唯一方法。

使用 SQL 语句中的 CREATE PROCEDURE 命令创建存储过程时，应该考虑下列几个事项。

（1）不能将 CREATE PROCEDURE 语句与其他 SQL 语句组合到单个批处理。

（2）创建存储过程的权限默认属于数据库所有者，该所有者可将此权限授予其他用户。

（3）存储过程名称必须遵守标识符命名规则。

（4）只能在当前数据库中创建存储过程。

（5）在 MySQL 8.0 版本中，默认的 max_sp_size 值是 4 MB。这表示单个存储过程的字节数不能超过 4 MB。如果存储过程超过了这个限制，将无法创建或修改它。

CREATE PROCEDURE 的语法格式如下：

```
DELIMITER //

CREATE PROCEDURE procedure_name()
BEGIN
    -- SQL statements for the procedure
END //

DELIMITER ;
```

其中，各参数的意义如下。

● DELIMITER 用来更改语句的结束符，以防止 SQL 语句块中的分号与 CREATE PROCEDURE 语句中的分号冲突。

● procedure_name 用于指定所要创建存储过程的名称。存储过程的命名必须符合标识符命名规则，在一个数据库中或对其所有者而言，存储过程的名称必须唯一。

● BEGIN...END 构成过程主体的一个或多个 SQL 语句。可以使用可选的 BEGIN 和 END 关键字将语句块定义起来。

8.1.1　使用创建存储过程模板创建存储过程

在 MySQL Workbench 中连接到数据库，在 SQL 编辑器中输入创建存储过程的 CREATE PROCEDURE 语句，然后单击工具栏上的执行按钮，即可创建该存储过程，如图 8-1 所示。

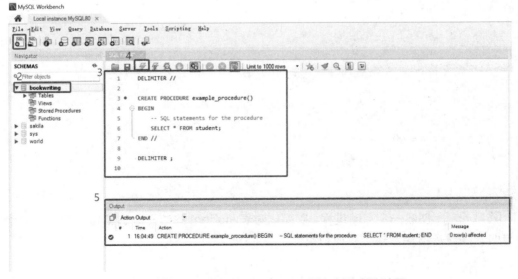

图 8-1　使用 CREATE PROCEDURE 语句创建存储过程

8.1.2　使用 MySQL Workbench 创建存储过程

在 MySQL Workbench 的界面中，连接指定的服务器和数据库，单击 按钮新建存储过程，然后在弹出的页面中输入存储过程的名称及定义的 SQL 语句块，再单击"Apply"按钮，如图 8-2 所示，即可创建存储过程。

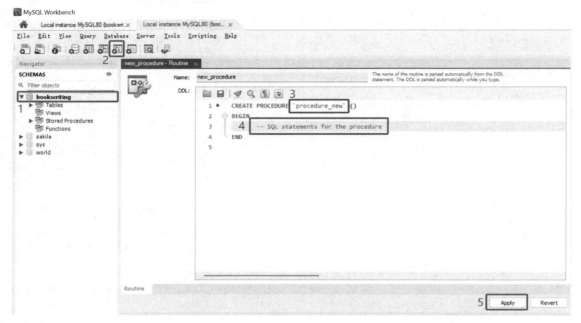

图 8-2　创建存储过程

例 8-1　　创建一个带有 SELECT 语句的简单存储过程，该存储过程返回所有学生的学号、姓名、性别。该存储过程不使用任何参数。

程序清单如下：

```
DELIMITER //

CREATE PROCEDURE GetAllStudents()
BEGIN
    -- 使用 SELECT 语句查询所有学生的学号、姓名、性别
    SELECT s_no AS studentID, s_name AS studentName, s_sex AS Gender
    FROM student;
END //

DELIMITER ;
```

例 8-2　　创建一个存储过程，以简化对表 student 的数据添加工作，使得在执行该存储过程时，其参数值作为数据添加到表中。

程序清单如下：

```
DELIMITER //

CREATE PROCEDURE AddStudent(
    IN p_s_no INT,
    IN p_s_name VARCHAR(50),
    IN p_s_sex CHAR(1),
    IN p_s_age INT,
    IN p_s_dept VARCHAR(50),
    IN p_s_birthday DATE
)
BEGIN
    -- 使用 INSERT 语句向 student 表中插入数据
    INSERT INTO student (s_no, s_name, s_sex, s_age, s_dept, s_birthday)
    VALUES (p_s_no, p_s_name, p_s_sex, p_s_age, p_s_dept, p_s_birthday);
END //

DELIMITER ;
```

例 8-3　创建一个带有参数的简单存储过程，从表 student 中返回指定学生（提供姓名）的学号、姓名和院系。该存储过程能够通过参数接收与传递精确匹配的值。

程序清单如下：

```
DELIMITER //
CREATE PROCEDURE GetStudentInfoByName(IN studentName VARCHAR(255))
BEGIN
    SELECT s_no, s_name, s_dept
    FROM student
    WHERE s_name = studentName;
END //

DELIMITER ;
```

例 8-4　创建一个存储过程，从表 student 中返回一些指定的学生姓名。该存储过程对传递的参数进行模式匹配。若没有提供参数，则返回所有学生的姓名信息。

```
DELIMITER //
CREATE PROCEDURE GetStudentsByPattern(IN studentPattern VARCHAR(255))
BEGIN
    IF studentPattern IS NULL THEN
        -- 若未提供参数，则返回所有学生的姓名信息
        SELECT s_name
        FROM student;
    ELSE
        -- 根据传递的参数进行模式匹配
        SELECT s_name
        FROM student
```

```
        WHERE s_name LIKE studentPattern;
    END IF;
END //
DELIMITER ;
-- 返回所有学生的姓名信息
CALL GetStudentsByPattern(NULL);
-- 返回以'张'开头的学生的姓名信息
CALL GetStudentsByPattern('张%');
```

例 8-5　以下示例显示有一个输入参数和一个输出参数的存储过程。存储过程中的第一个参数@sname 将接收由调用程序指定的输入值（学生姓名），第二个参数 out_score（成绩）将用于将该值返回调用程序。SELECT 语句使用@sname 参数获取正确的成绩值，并将该值分配给输出参数。

```
DELIMITER //

CREATE PROCEDURE GetScoreByStudentName(IN s_name VARCHAR(255), OUT out_score
INT)
BEGIN
    -- 使用输入参数 s_name 查询对应学生的成绩
    SELECT score INTO out_score
    FROM sc
    WHERE sno = (SELECT sno FROM student WHERE sname = s_name LIMIT 1);

    -- 如果找不到对应学生的成绩，则可以设置一个默认值或采取其他处理方式
    -- 这里假设如果找不到，将 out_score 设置为 -1
    IF out_score IS NULL THEN
        SET out_score = -1;
    END IF;
END //

DELIMITER ;

-- 示例调用存储过程
CALL GetScoreByStudentName('张三', @score);

-- 查看输出参数的值
SELECT @score;
```

8.1.3　执行存储过程

在 MySQL 中，执行存储过程使用的是 CALL 语句，语法格式如下：

```
CALL procedure_name([parameter1[, parameter2[, ...]]]);
```

其中，procedure_name 是存储过程的名称，parameter1, parameter2, ... 是存储过程的输入参数。如果存储过程有输出参数，也可以在 CALL 语句中设置对应的变量来接收输出参数的值。

执行存储过程时需要指定要执行的存储过程的名称和参数，使用一个存储过程去执行一组 SQL 语句可以在首次运行时即被编译，再在编译过程中将 SQL 语句从字符形式转化成为可执行形式。

例 8-6　执行例 8-1 创建的存储过程 GetAllStudents。

程序清单如下：

```
CALL GetAllStudents;
```

例 8-7　使用 CALL 语句传递参数，执行例 8-2 定义的存储过程 AddStudent。

程序清单如下：

```
CALL AddStudent(101, '张三', '男', 22, '计算机科学', '2000-05-10');
```

例 8-8　执行例 8-3 定义的存储过程 GetStudentInfoByName。

程序清单如下：

```
CALL GetStudentInfoByName ('张三')
```

8.2　查看、修改、重命名和删除存储过程

8.2.1　查看存储过程

存储过程被创建之后，它的名字就存储在系统表 information_schema 中，它的源代码存放在系统表 routines 中。可以使用 SHOW 语句、使用 SHOW CREATE PROCEDURE 语句或查询 information_schema 数据库的方式来查看用户创建的存储过程。

（1）使用 SHOW 语句查看所有的存储过程。

其语法格式如下：

```
SHOW PROCEDURE STATUS;
```

这种方式将列出数据库中所有的存储过程，包括它们的名称、类型、创建时间等信息。

（2）使用 SHOW CREATE PROCEDURE 语句查看用户创建的存储过程。

其语法格式如下：

```
SHOW CREATE PROCEDURE procedure_name;
```

这种方式将显示指定存储过程的创建语句，包括参数和主体。procedure_name 用于指定返回目录信息的过程名。

（3）查询 information_schema 数据库。

其语法格式如下：

```
SELECT routine_name, routine_definition
FROM information_schema.routines
WHERE
routine_type = 'PROCEDURE' AND routine_schema = 'your_database_name';
```

替换 'your_database_name' 为实际的数据库名称，如图 8-3 所示。

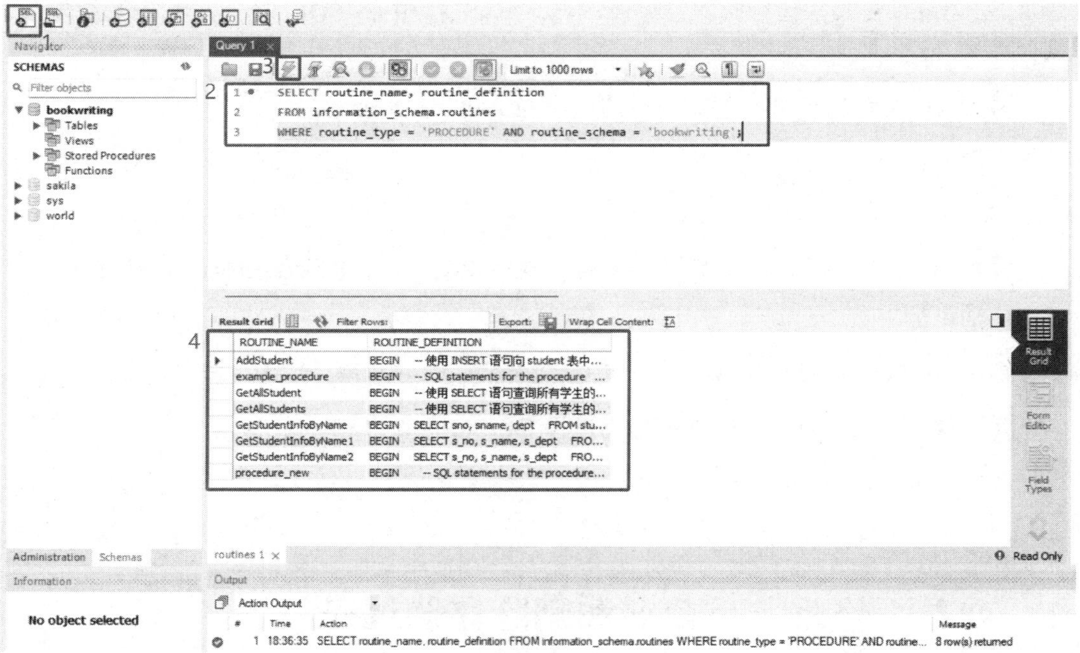

图 8-3　查询 information_schema 数据库来查看用户创建的存储过程

8.2.2　修改存储过程

存储过程可以根据用户的要求或基表定义的改变而改变。使用 ALTER PROCEDURE 语句可以更改先前通过执行 CREATE PROCEDURE 语句创建的过程，但不会更改权限，也不影响相关的存储过程或触发器。其语法格式如下：

```
ALTER PROCEDURE procedure_name
(
[IN | OUT | INOUT] parameter_name data_type [, ...]
)
  BEGIN
    -- 修改后的存储过程主体
  END;
```

当使用 ALTER PROCEDURE 语句时，如果在 CREATE PROCEDURE 语句中使用过某些参数，那么在 ALTER PROCEDURE 语句中也应该使用这些参数。每次只能修改一个存储过程。存储过程的创建者、db_owner 和 db_ddladmin 的成员拥有执行 ALTER PROCEDURE 语句的许可，其他用户不能使用。用 ALTER PROCEDURE 更改过程的权限和启动属性保持不变。

例 8-9　创建一个名为 pro_stu 的存储过程，该存储过程包含学生的姓名和院系。然后，用 ALTER PROCEDURE 语句重新定义该存储过程，使之只包含学生的姓名信息。

程序清单如下：

```
-- 创建存储过程 pro_stu
DELIMITER //
CREATE PROCEDURE pro_stu()
BEGIN
    -- 包含学生的姓名和院系信息
    SELECT s_name, s_dept FROM student;
END //
DELIMITER ;

-- ALTER PROCEDURE 重新定义存储过程，只包含学生的姓名信息
DELIMITER //
ALTER PROCEDURE pro_stu()
BEGIN
    -- 只包含学生的姓名信息
    SELECT s_name FROM student;
END //
DELIMITER ;
```

ALTER PROCEDURE 语句用于修改存储过程的某些特征。如果要修改存储过程的内容，则可以首先删除原存储过程，再以相同的命名创建新的存储过程；如果要修改存储过程的名称，则可以首先删除原存储过程，再以不同的命名创建新的存储过程。

8.2.3　重命名和删除存储过程

1．重命名存储过程

修改存储过程的名称可以使用 RENAME 语句，其语法格式如下：

```
RENAME PROCEDURE old_procedure_name TO new_procedure_name;
```

其中，将 old_procedure_name 替换成要进行重命名的存储过程名称，将 new_procedure_name 替换成重命名后的新名称。

2．删除存储过程

删除存储过程可以使用 DROP 语句，DROP 语句可以将一个或多个存储过程或存储过程组从当前数据库中删除，其语法格式如下：

```
DROP PROCEDURE [IF EXISTS] [schema_name.] procedure_name;
```

其中，schema_name 表示数据库名称（可选），如果存储过程不在当前数据库中，则需要提供数据库名称。procedure_name 代表要删除的存储过程的名称。

本章小结

在本章中，我们主要学习了以下问题。

● 存储过程是为完成特定的功能而汇集在一起的一组 SQL 程序语句，经编译后存储在数据库中的 SQL 程序。

- 在 MySQL 中存储过程分为 3 种：系统存储过程，内置函数和用户自定义存储过程。
- 在 MySQL 中，可以使用两种方法创建存储过程：一种是使用 SQL 语句创建存储过程，另一种是利用 MySQL Workbench 界面创建存储过程。这两种方法都需要使用 CREATE PROCEDURE 语句创建存储过程。当创建存储过程时，需要确定存储过程的 3 个组成部分：所有的输入参数及传给调用者的输出参数；被执行的针对数据库的操作语句，包括调用其他存储过程的语句；返回给调用者的状态值，以指明调用是成功还是失败的。
- 使用 CALL 语句来运行存储过程。执行存储过程时需要指定要执行的存储过程的名称和参数，使用一个存储过程去执行一组 SQL 语句可以在首次运行时即被编译，在编译过程中把 SQL 语句从字符形式转化成为可执行形式。
- 使用 ALTER PROCEDURE 语句可修改存储过程，使用 DROP PROCEDURE 语句可删除存储过程。
- 查询 information_scheme 数据库或使用 SHOW 语句、SHOW CREATE PROCEDURE 语句可查看存储过程。

习题

思考题

1. 存储过程和触发器有什么区别？在什么情况下应该使用存储过程而不是触发器？
2. 存储过程中的参数有哪些类型，它们的作用是什么？
3. 如何在存储过程中处理异常情况？
4. 存储过程的优点是什么？
5. 存储过程的生命周期是怎样的？

上机练习题

1. 创建一个表 students，包括字段 s_id（学生 ID，自增主键）、s_name（学生姓名）、s_dept（所属院系）、s_age（年龄）和 s_gender（性别）。
2. 创建一个存储过程 AddStudentWithValidation，用于向表 students 中添加学生记录，但要进行年龄范围和性别的验证。
3. 创建一个存储过程 GetStudentsByDepartment，获取该院系所有学生的信息。
4. 创建一个存储过程 IncreaseStudentsAge，将所有学生的年龄增加 1。
5. 创建一个存储过程 DeleteInactiveStudents，删除年龄大于 25 岁且性别为女性的学生记录。

习题答案

第 9 章　触发器的操作与管理

学习目标

本章中，你将学习：

- 触发器的定义和创建
- 触发器的应用
- 查看、修改和删除触发器

　　MySQL 提供了两种主要机制来强制执行业务规则和数据完整性：约束和触发器。约束在前面章节中已做过论述。触发器是一种特殊的存储过程，它在执行语言事件时自动生效，它与表联系密切，可以看作是表定义的一部分，用于对表进行完整性约束。触发器主要是通过事件进行触发而被执行的，而存储过程可以通过存储过程名称而被直接调用。

　　MySQL 触发器是一种存储程序，它和一个指定的表相关联，当该表中的数据发生变化时自动执行，也就是在插入、删除或修改特定表中的数据时触发。这些修改数据行的操作被称为触发器事件，如 INSERT、UPDATE、DELETE 等插入数据的语句可以激活插入触发器。另外，MySQL 触发器可以在触发事件之前或者之后执行，分别称为 BEFORE 触发器和 AFTER 触发器。这两种触发时机可以和不同的触发事件进行组合，如 BEFORE INSERT 触发器或者 AFTER UPDATE 触发器。

　　触发器常用于加强数据的完整性约束和业务规则等，触发器具有以下作用。

- 安全性。触发器可以基于数据库的值，使用户具有操作数据库的某种权利。可以基于时间限制用户的操作，也可以基于数据库中的数据限制用户的操作。
- 审计。可以跟踪用户对数据库的操作。例如，审计用户操作数据库的语句，把用户对数据库的更新写入审计表。
- 实现复杂的数据完整性规则。实现非标准的数据完整性检查和约束。触发器可产生比规则更为复杂的限制。提供可变的默认值。
- 实现复杂的非标准的数据库相关完整性规则。触发器可以对数据库中相关的表进行连环更新。例如，在修改或删除时级联修改或删除其他表中与之匹配的行。在修改或删除时把其他表中与之匹配的行设成 NULL 值。在修改或删除时把其他表中与之匹配的行级联设成默认值。
- 同步实时地复制表中的数据。
- 自动计算数据值，若数据值达到了一定的要求则进行特定的处理。

9.1　触发器的创建

9.1.1　MySQL 触发器概述

　　触发器（Trigger）是为响应某个预定事件执行的任务。当数据库中发生数据操作语言事件时将调用触发器。数据操作语言事件包括在指定表或视图中修改数据的 INSERT 语句、UPDATE 语句或 DELETE 语句。当向某一个表格中插入记录、修改记录或删除记录时，MySQL 就会自动执行触发器所定义的 SQL 语句，从而确保对数据的处理必须符合由这些 SQL 语句所定义的规则。触发器和引起触发器执行的 SQL 语句被当作一次事务处理，如果这次事务未获得成功，MySQL 会自动返回该事务执行前的状态。

1．触发器的主要优点

　　（1）触发器可通过数据库中的相关表实现级联更改。例如，可以在表 student 的 s_no 列上写入一个删除触发器，以使其他表中的各匹配行采取删除操作。该触发器用 s_no 列作为唯一键，在 sc 等表中对各匹配行进行定位。

　　（2）触发器可以防止恶意或错误的 INSERT、UPDATE 和 DELETE 操作，并强制执行比

CHECK 约束定义的限制更为复杂的其他限制。与 CHECK 约束不同，触发器可以引用其他表中的列。例如，触发器可以使用另一个表中的 SELECT 语句比较插入或更新的数据，以及执行其他操作，如修改数据或显示用户定义错误信息。

（3）触发器可以评估数据修改前后表的状态，并根据该差异采取措施。

（4）一个表中的多个同类触发器（INSERT、UPDATE 或 DELETE）允许采取多个不同的操作来响应同一个修改语句。

2．触发器的类型

1）AFTER 触发器（之后触发）

在执行 INSERT、UPDATE 或 DELETE 操作之后执行的触发器类型就是 AFTER 触发器。若 INSERT、UPDATE 或 DELETE 违反了约束，则永远不会执行 AFTER 触发器。

INSERT、UPDATE 或 DELETE 触发器都属于 AFTER 触发器，且只能定义在表上。

2）BEFORE 触发器（之前触发）

BEFORE 触发器表示不执行其定义的（INSERT、UPDATE 或 DELETE）操作，而仅是执行触发器本身，即可以用 BEFORE 触发器代替 INSERT、UPDATE 或 DELETE 触发事件的操作。不仅可以在表上定义 BEFORE 触发器，也可以在视图上定义该触发器。

3．在创建触发器之前应该考虑的问题

（1）CREATE TRIGGER 语句必须是批处理中的第一个语句。将该批处理中随后的其他所有语句解释为 CREATE TRIGGER 语句定义的一部分。

（2）创建触发器的权限默认分配给表的所有者，且不能将该权限转给其他用户。

（3）触发器为数据库对象，其名称必须遵循标识符的命名规则。

（4）虽然触发器可以引用当前数据库以外的对象，但只能在当前数据库中创建触发器。

（5）虽然不能在临时表或系统表上创建触发器，但是触发器可以引用临时表。

（6）虽然 TRUNCATE TABLE 语句类似于没有 WHERE 子句（用于删除行）的 DELETE 语句，但它并不会引发 DELETE 触发器，因为 TRUNCATE TABLE 语句没有记录。

4．当创建一个触发器时，必须指定的选项

（1）唯一的触发器名。

（2）触发器关联的表。

（3）触发器应该响应的活动（DELETE、INSERT 或 UPDAFE）。

（4）触发器何时执行（处理之前或之后）。

（5）执行触发操作的编程语句。

9.1.2　MySQL 触发器创建

在 MySQL 中，可以使用 MySQL Workbench 或 SQL 语句来创建触发器。

（1）使用 MySQL Workbench 创建触发器的过程如下。

在 MySQL Workbench 平台中，建立数据连接之后，展开对应的数据库项，然后展开表，选择要在其上创建触发器的表，右击表名，从弹出的快捷菜单中选择 "Alter Table" 选项，出现表格编辑窗口，如图 9-1 所示。选择下方的 "Triggers" 选项卡打开触发器定义界面，如图 9-2 所示，选择需要的触发器执行条件，单击后面的 "+" 号按钮，即可进入触发器编辑界面，在 BEGIN 和 END 中填写需要的 SQL 语句，如图 9-3 所示，完成后单击 "Apply" 按钮，即可成功创建触发器。

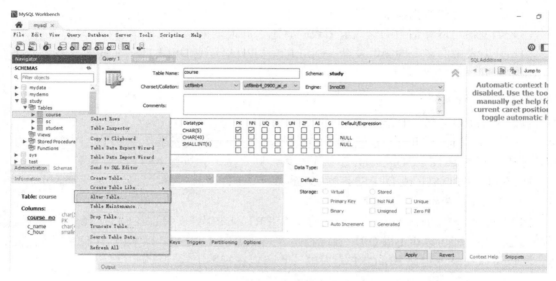

图 9-1 表格编辑窗口

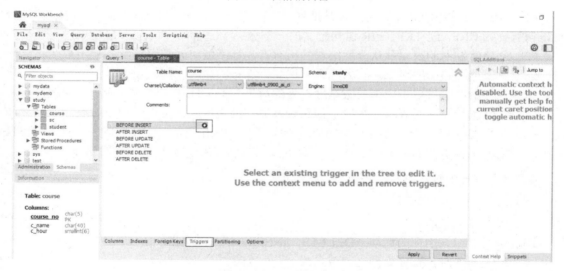

图 9-2 触发器定义界面

（2）使用 CREATE TRIGGER 语句创建触发器的语法格式如下：

```
CREATE TRIGGER <触发器名>
< BEFORE | AFTER >
<INSERT | UPDATE | DELETE >
ON <表名>
FOR EACH ROW
BEGIN
<触发器主体>
END
```

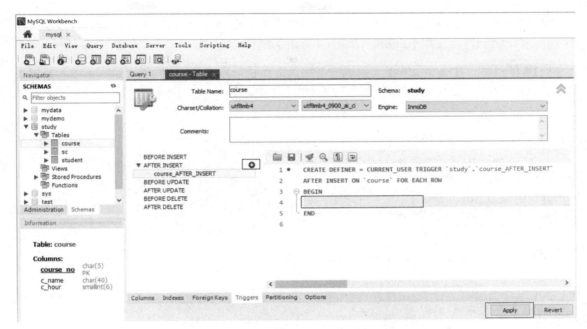

图 9-3　触发器创建代码

其中，各参数的说明如下。

- 触发器名：用于指定触发器的名称。触发器的名称必须符合 MySQL 标识符规则，并且其名称在当前数据库中必须是唯一的。另外，还可以选择是否指定触发器所有者的名称。
- BEFORE | AFTER：触发器被触发的时刻，表示触发器是在激活它的语句之前或之后触发的。若希望验证新数据是否满足条件，则使用 BEFORE 选项；若希望在激活触发器的语句执行之后完成几个或更多的改变，则通常使用 AFTER 选项。AFTER 用于规定触发器只有在触发 SQL 语句中指定的所有操作都已成功执行后才激发。
- INSERT | UPDATE | DELETE：触发事件，用于指定在表或视图上执行哪些数据修改语句时将激活触发器的关键字。必须至少指定一个选项。在触发器定义中允许以任意的顺序组合这些关键字。如果指定的选项多于一个，需用逗号分隔这些选项。其中，INSERT 在新行插入表时激活触发器，DELETE 从表中删除某一行数据时激活触发器，UPDATE 更改表中某一行数据时激活触发器。
- 表名：与触发器相关联的表名，此表必须是永久性表，不能将触发器与临时表或视图关联起来。在该表上触发事件发生时才会激活触发器。同一个表不能拥有两个具有相同触发时刻和事件的触发器。例如，对于一张数据表，不能同时有两个 BEFORE UPDATE 触发器，但可以有一个 BEFORE UPDATE 触发器和一个 BEFORE INSERT 触发器，或一个 BEFORE UPDATE 触发器和一个 AFTER UPDATE 触发器。
- FOR EACH ROW：表示行级触发器，用来标识触发器的类型。目前 MySQL 仅支持行级触发器，不支持语句级触发器（如 CREATE TABLE 等语句）。对于受触发事件影响的每一行都要激活触发器的动作，FOR EACH ROW 表示更新（INSERT、UPDATE 或者 DELETE）操作影响的每一条记录都会执行一次触发程序。例如，使用 INSERT 语句向某个表中插入多行数据时，触发器会对每一行数据的插入都执行相应的触发器动作。

● 触发器主体：触发器动作主体，包含触发器激活时将要执行的 SQL 语句。如果要执行多个语句，可使用 BEGIN…END 复合语句结构。

例 9-1　在表 student 上创建一个插入之后执行触发器，当向表 student 插入新记录时，触发器会将'student added'存储到变量@LOG 中。

程序清单如下：

```
CREATE TRIGGER 'student_AFTER_INSERT'
AFTER INSERT ON 'student'
FOR EACH ROW
BEGIN
SELECT 'student added' INTO @LOG;
END
```

图 9-4 显示了用 INSERT INTO 语句插入记录时的执行结果。

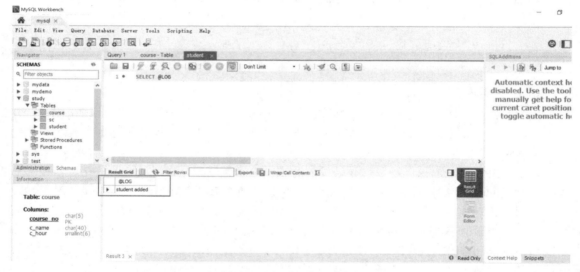

图 9-4　触发器的执行结果

9.2　触发器的应用

　　触发器尽管是一种特殊的存储过程，但是触发程序不能调用将数据返回客户端的存储程序，不能采用包含 CALL 语句的动态 SQL（允许存储程序通过参数将数据返回）。触发程序还不能使用以显式或隐式方式开始或结束事务的语句，如 START TRANCATION、COMMIT 或 ROLLBACK。

　　MySQL 支持 OLD 关键字和 NEW 关键字。使用 OLD 关键字和 NEW 关键字能够访问触发程序激活后被触发程序影响的行和列。用 OLD.column_name 访问被影响行的 column_name 列的旧值，用 NEW.column_name 访问被影响行的 column_name 列的新值。

　　对于 INSERT 语句，只有 NEW 是合法的；对于 DELETE 语句，只有 OLD 是合法的；而 UPDATE 语句可以与 NEW 或 OLD 同时使用。

➢ UPDATE 触发器：可以访问 OLD.column_name 和 NEW.column_name。

➢ INSERT 触发器：仅可以访问 NEW.column_name。

➢ DELETE 触发器：仅可以访问 OLD.column_name。

注意：

● 当向表插入新记录时，在触发程序中可以使用 new 关键字表示新记录，当需要访问新记录的某个字段值时，可以使用"NEW.字段名"的方式访问。

● 当从表中删除某条旧记录时，在触发程序中可以使用 OLD 关键字表示旧记录，当需要访问旧记录的某个字段值时，可以使用"OLD.字段名"的方式访问。

● 当修改表的某条记录时，在触发程序中可以使用 OLD 关键字表示修改前的旧记录，使用 NEW 关键字表示修改后的新记录。当需要访问旧记录的某个字段值时，可以使用"OLD.字段名"的方式访问。当需要访问修改后的新记录的某个字段值时，可以使用"NEW.字段名"的方式访问。

● OLD 记录是只读的，可以引用它，但不能更改它。在 BEFORE 触发程序中，可使用"SET NEW.COL_NAME = VALUE"更改 NEW 记录的值。

9.2.1　使用 INSERT 触发器

INSERT 触发器通常被用来更新时间标记字段，或者验证被触发器监控的字段中数据满足要求的标准，以确保数据的完整性。当向数据库中插入数据时，INSERT 触发器将被触发执行。INSERT 触发器被触发时，新的记录增加到触发器的对应表中，并且同时也添加到一个插入表中。该插入表是一个逻辑表，以确定该触发器的操作是否应该执行，以及如何去执行。

INSERT 触发器在 INSERT 语句执行之前或之后执行。需要注意以下几点。

（1）在 INSERT 触发器代码内，可引用一个名为 NEW 的虚拟表，访问被插入的行。

（2）在 BEFORE INSERT 触发器中，NEW 中的值也可以被更新（允许更改被插入的值）。

（3）对于 AUTO_INCREMENT 列，NEW 在 INSERT 执行之前包含 0，在 INSERT 执行之后包含新的自动生成值。

例 9-2　建立一个触发器，当向表 sc 中添加数据时，若添加的数据与表 student 中的数据不匹配（没有对应的学号），则将此数据删除。

程序清单如下：

```
CREATE TRIGGER sc_ins
AFTER INSERT ON sc
FOR EACH ROW
BEGIN
    DECLARE @bh CHAR(10);
    SET @bh = NEW.s_no;
    IF NOT EXISTS (SELECT s_no FROM student WHERE student.s_no = @bh) THEN
        DELETE FROM sc WHERE s_no = @bh;
    END IF;
END
```

例 9-3　建立一个触发器，当向表 student 中添加一条学生信息时，显示提示信息。

程序清单如下：

```
CREATE TRIGGER ct_student AFTER INSERT ON student FOR EACH ROW
BEGIN
SET @info='添加成功,欢迎新同学!';
END

-- 添加学生记录的 SQL 语句如下
INSERT INTO STUDENT
VALUES('201507020','张超','女',27 ,'计算机','1997-12-09');
-- 查看@ info 的值:
SELECT @ info;
```

9.2.2　使用 UPDATE 触发器

修改触发器和插入触发器的工作过程基本上一致，修改一条记录等于插入了一条新的记录并且删除一条旧的记录。当在一个有 UPDATE 触发器的表中修改记录时，表中原来的记录被移动到删除表中，修改过的记录插入到了插入表中，触发器可以参考删除表和插入表，以及被修改的表，以确定如何完成数据库操作。

UPDATE 触发器在 UPDATE 语句执行之前或之后执行。需要注意以下几点。

（1）在 UPDATE 触发器代码中，可以引用一个名为 OLD 的虚拟表访问以前（UPDATE 语句前）的值，引用一个名为 NEW 的虚拟表访问新更新的值。

（2）在 BEFORE UPDATE 触发器中，NEW 中的值可能也被更新（允许更改将要用于 UPDATE 语句中的值）。

（3）OLD 中的值全都是只读的，不能更新。

例 9-4　建立一个触发器，保证表 student 中系名列 s_sdep 总是大写的（不管 UPDATE 语句中给出的是大写还是小写的），当表 student 中更新数据时，若更新的数据的系名列 s_sdep 不是大写的，则将其设为大写。

程序清单如下：

```
CREATE TRIGGER 'student_BEFORE_UPDATE'
BEFORE UPDATE ON 'student'
FOR EACH ROW
BEGIN
    SET NEW.s_dept = UPPER(NEW.s_dept);
END
```

9.2.3　使用 DELETE 触发器

DELETE 触发器通常用于两种情况：第一种情况是为了防止那些确实需要删除但会引起数据一致性问题的记录的删除，例如，在学生表中删除记录时，同时要删除和该学生有关的其他信息表，通常见于那些用作其他表的外键的记录；第二种情况是执行可删除主记录的子记录的级联删除操作。可以使用这样的触发器删除某个学生的所有相关记录，包括学生基本情况、学生成绩等。

　　DELETE 触发器在 DELETE 语句执行之前或之后执行。需要注意以下两点。

　　（1）DELETE 触发器代码内，可以引用一个名为 OLD 的虚拟表，访问被删除的行。

　　（2）OLD 中的值全都是只读的，不能更新。

例 9-5　　建立一个与表 student 结构一样的表 student1，当删除表 student 中的记录时，自动将删除掉的记录存放到表 student1 中。

程序清单如下：

```
CREATE TRIGGER s_del BEFORE DELETE ON student
FOR EACH ROW
BEGIN
    INSERT INTO student1 SELECT * FROM OLD;
END;
```

9.3　查看、修改和删除触发器

9.3.1　查看触发器

如果要显示作用于表上的触发器究竟对表有哪些操作，必须查看触发器信息。在 MySQL 中，有多种方法可以查看触发器信息，其中，最常用的有如下两种。

1. 使用 MySQL Workbench 查看触发器信息

在 MySQL Workbench 中，若要查看触发器，则展开指定的服务器和数据库，选择并展开指定的表，右击表名，从弹出的快捷菜单中选择"Alter Table"选项，则会出现表格编辑窗口，选择下方的"Triggers"选项卡打开触发器界面，即可查看当前表格下定义的不同种类的触发器，单击触发器名称，可在右侧对应代码区域对触发器进行修改，如图 9-5 所示。

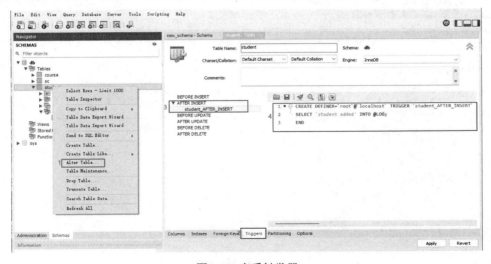

图 9-5　查看触发器

如果要查看与触发器有依赖关系的其他数据库对象，可以从上面弹出的快捷菜单中选择"显示依赖"选项，上边的选择框中显示的是依赖于该对象的其他对象，下边的选择框中显示的是该对象依赖的其他对象。

2. 使用 SQL 查询功能查看触发器

1）使用 SHOW 语句查看触发器

查看 MySQL 中已经存在的触发器。在 MySQL 中查看已经存在的触发器，可以通过 SHOW 语句来实现，其语法格式如下：

```
SHOW triggers;
```

2）查看系统表 triggers 实现查看触发器

在 MySQL 中，在系统数据库 information_schema 中存在一个存储所有触发器信息的系统表 triggers，因此查询该表格的记录也可以实现查看触发器功能。系统表 triggers 的表结构如下：

```
USE information_schema;
-- 选择数据库 information_schema
SELECT * FROM triggers;
-- 查询所有触发器
SELECT * FROM triggers WHERE trigger_name = 'tri_delete_student';
-- 查询名称为'tri_delete_student'的触发器
```

9.3.2　修改触发器

使用 MySQL Workbench 可以修改触发器正文，具体步骤如下。在 MySQL Workbench 中，若要修改触发器，则展开指定的服务器和数据库，选择并展开指定的表，右击表名，从弹出的快捷菜单中选择"Alter Table"选项，则会出现表格编辑窗口，选择下方的"Triggers"选项卡打开触发器界面，单击触发器名称，可在右侧对应代码区域对触发器进行修改，如图 9-6 所示。

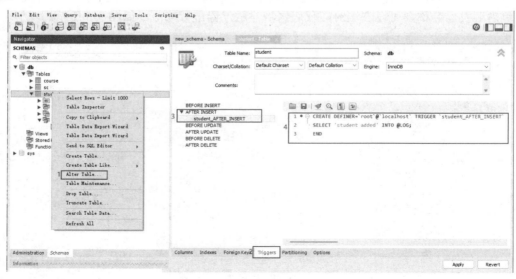

图 9-6　触发器修改窗口

通过 MySQL WorkBench 平台，可以对已经定义好的 MySQL 触发器进行修改。但是在 MySQL 中，无法通过查询语句直接修改已存在的触发器。如果需要修改触发器，需要先删除原有的触发器，然后重新创建一个新的触发器。

9.3.3　删除触发器

由于某种原因，需要从表中删除触发器或者需要使用新的触发器，这就必须首先删除旧的触发器。只有触发器所有者才有权删除触发器。在 MySQL 中，删除触发器可以通过 SQL 语句 DROP TRIGGER 来实现，其语法格式如下：

```
DROP TRIGGER [trigger_name]
```

参数 trigger_name 表示所要删除的触发器名称。

9.4　其他

9.4.1　使用触发器实现检查约束

MySQL 可以使用复合数据类型 SET 和 ENUM 对字段的取值范围进行检查约束，使用复合数据类型可以实现离散的字符串数据的检查约束，对于数值型的数据不建议使用 SET 或者 ENUM 实现检查约束，可以使用触发器实现。

1. 使用触发器维护冗余数据

冗余的数据需要额外的维护，维护冗余数据时，为了避免数据不一致问题的发生（例如，剩余的学生名额+已选学生人数≠课程的人数上限），冗余的数据应该尽量避免交由人工维护，建议冗余的数据交由应用系统（如触发器）自动维护。

2. 使用触发器模拟外键级联选项

对 InnoDB 存储引擎的表而言，由于支持外键约束，在定义外键约束时，通过设置外键的级联选项 cascade、setnull 或者 no action（restrict），外键约束关系可以交由 InnoDB 存储引擎自动维护。

9.4.2　使用触发器的注意事项

（1）触发程序中如果包含 SELECT 语句，该 SELECT 语句不能返回结果集。
（2）同一个表不能创建两个具有相同触发时间、触发事件的触发程序。
（3）触发程序中不能使用以显式或隐式方式打开、开始或结束事务的语句，如 START TRANSACTION、COMMIT、ROLLBACK 或者 SET AUTOCOMMIT=0 等语句。
（4）MySQL 触发器针对记录进行操作，当批量更新数据时，引入触发器会导致更新操作性能降低。
（5）在 MyISAM 存储引擎中，触发器不能保证原子性。InnoDB 存储引擎支持事务，使用触发器可以保证更新操作与触发程序的原子性，此时触发程序和更新操作是在同一个事务中完成的。
（6）InnoDB 存储引擎实现外键约束关系时，建议使用级联选项维护外键数据；MyISAM

存储引擎虽然不支持外键约束关系，但可以使用触发器实现级联修改和级联删除，进而维护外键数据，模拟实现外键约束关系。

（7）使用触发器维护 InnoDB 外键约束的级联选项时，数据库开发人员应该首先维护子表的数据，然后再维护父表的数据，否则可能出现错误。

（8）MySQL 的触发程序不能对本表使用更新语句（如 UPDATE 语句）。触发程序中的更新操作可以直接使用 SET 命令替代，否则可能出现错误信息，甚至陷入死循环。

（9）在 BEFORE 触发程序中，AUTO_INCREMENT 字段的 NEW 值为 0，不是实际插入新记录时自动生成的自增型字段值。

（10）添加触发器后，建议对其进行详细的测试，测试通过后再决定是否使用触发器。

本章小结

在本章中，我们主要学习了以下问题。

- 触发器是一种特殊的存储过程，它在执行语言事件时自动生效。触发器主要是通过事件进行触发而被执行的，而存储过程可以通过存储过程名称而被直接调用。
- MySQL 触发器根据触发器被触发的时刻可以分为 BEFORE 和 AFTER 两大类，共有 INSERT、UPDATE、DELETE 3 种触发事件，据此可以分为 6 种触发器类型，分别为 BEFORE INSERT：在执行 INSERT 之前执行触发器；AFTER INSERT：在执行 INSERT 之后执行触发器；BEFORE UPDATE：在执行 UPDATE 之前执行触发器；AFTER UPDATE：在执行 UPDATE 之后执行触发器；BEFORE DELETE：在执行 DELETE 之前执行触发器；AFTER DELETE：在执行 DELETE 之后执行触发器。
- 在 MySQL 中，可以使用 MySQL WorkBench 平台数据表属性中的"Alert Table"功能创建触发器，或者直接执行 SQL 语句创建触发器。
- MySQL 触发器的应用可分为以下几类：INSERT触发器通常被用来更新时间标记字段，或者验证被触发器监控的字段中数据满足要求的标准，以确保数据的完整性；UPDATE触发器通常用于防止用户修改敏感字段，验证修改后的数据是否符合要求，以及保存历史信息等；DELETE 触发器通常用于两种情况，第一种情况是为了防止那些确实需要删除但会引起数据一致性问题的记录的删除，第二种情况是执行可删除主记录的子记录的级联删除操作。
- 使用 MySQL WorkBench 平台可修改触发器，但不能通过 SQL 语句直接修改，使用 DROP TRIGGER 语句可删除触发器。
- 使用 MySQL WorkBench 平台或者 SHOW TRIGGERS 语句、系统表 triggers 可查看触发器。

习题

思考题

1. 触发器和约束的区别有哪些？
2. 使用触发器有哪些优点？

3．MySQL 中触发器可以分为几种？

4．如何理解数据库触发器 NEW 和 OLD，他们的使用情况分别是什么？

5．触发器如何维护数据的完整性和一致性？

6．如何使用触发器实现检查约束？

上机练习题

1．在计算机上实现本章触发器的例子，观察触发器的执行过程和作用效果。

2．创建一个 UPDATE 触发器，该触发器防止用户修改学生选课表 sc 的成绩，如果对成绩进行修改则输出"不能修改成绩"，并且将所做的修改全部都回滚到执行前的状态。

3．创建一个触发器，当删除表 student 中的记录时，自动删除表 sc 中对应学号的记录。

4．创建一个触发器 TR_course，当向课程表 course 中添加课程数据时，显示提示信息。

习题答案

第 10 章 数据库设计

本章中，你将学习：
- 数据库设计定义
- 数据库设计方法
- 数据库设计步骤

在数据库领域内，常常把使用数据库的各类系统统称为数据库应用系统。在设计数据库时，对现实世界进行分析、抽象，并从中找出内在联系，进而确定数据库的结构，这一过程就称为数据库建模。它主要包括两部分内容：确定最基本的数据结构；对约束建模。

数据库和信息系统的区别和联系如下。

● 数据库是信息系统的核心和基础，把信息系统中大量的数据按一定的模型组织起来，提供存储、维护、检索数据的功能，使信息系统可以方便、及时、准确地从数据库中获得所需的信息。

● 数据库是信息系统的各个部分能否紧密结合在一起及如何结合的关键所在。

● 数据库设计是信息系统开发和建设的重要组成部分。

数据库设计人员应该具备的技术和知识：数据库的基本知识和数据库设计技术、计算机科学的基础知识和程序设计的方法和技巧、软件工程的原理和方法、应用领域的知识。

数据库设计方法是指对一个给定的实际应用环境，数据库设计开发人员如何利用数据库管理系统，计算机软、硬件环境，将用户的应用需求（信息要求和处理要求）转化成有效的数据库模式，并使该数据库模式适应用户新的数据需求的过程。由于数据库系统的复杂性及它与环境联系的密切性，使得数据库设计成为一个困难、复杂和费时费力的过程。数据库的设计和实施涉及多学科的综合与交叉，是一项开发周期长、耗资大、失败风险高的工程，必须把软件工程开发思想应用到数据库应用系统开发过程中去。此外，数据库设计的好坏还直接影响整个数据库系统的效率和质量。

10.1　数据库设计定义

在大型的数据库项目中，要储存的数据种类非常多，数据量也非常大，所以在实际项目开发过程中数据库设计很有必要。

数据库设计（Database Design）指对于一个给定的应用环境，构造最优的数据库模式，建立数据库及其应用系统，使之能够有效地存储数据，满足各种用户的应用需求（信息要求和处理要求）。通俗地讲，数据库设计就是指根据用户的需求，在某一具体的数据库管理系统中，设计数据库的结构和建立数据库的过程。

早期的数据库设计致力于数据模型和建模方法的研究，着重对结构特性的设计而忽视了对行为的设计，随着数据库设计方法学的成熟和结构化分析、设计方法的普遍使用，人们主张将两者作为一体化考虑，这样可以缩短数据库的设计周期，提高数据库的设计效率。现代数据库设计的特点是强调结构设计与行为设计相结合，从数据模型开始设计，以数据模型为核心进行展开，数据库设计和应用系统设计相结合，建立一个完整、独立、共享、冗余小、安全有效的数据库系统。

数据库系统的特点：

● 数据结构化；

● 数据的共享性强，冗余度低，易于扩充；

● 数据库独立性强；

● 数据库由数据库管理系统（DBMS）统一管理和控制。

数据库设计是建立数据库及其应用系统的技术，是信息系统开发和建设中的核心技术。数据库系统需要操作系统的支持。由于数据库应用系统的复杂性，为了支持相关程序运行，数据库设计就变得异常复杂，因此最佳设计不可能一蹴而就，而只能是一种"反复探寻，逐步求精"的过程，也就是规划和结构化数据库中的数据对象及这些数据对象之间关系的过程。

10.2 数据库设计方法

数据库的设计和实施涉及多学科的综合与交叉，是一项开发周期长、耗资大、失败风险高的工程。数据库设计方法目前可分为 4 类：直观设计法、规范设计法（包括新奥尔良法）、计算机辅助设计法和自动化设计法。以下为其中的两个典型方法。

1. 新奥尔良（New Orleans）法

该方法是指将数据库设计分为 4 个阶段、基于视图数据库的设计方法。此方法先从分析各个应用的数据着手，其基本思想是为每个应用建立自己的视图，然后把这些视图汇总起来合并成整个数据库的概念模式。合并过程中要解决以下问题：消除命名冲突；消除冗余的实体和联系；进行模式重组，需要对整个汇总模式进行调整，使其满足全部完整性约束条件。

2. 计算机辅助设计法

计算机辅助设计法是指在数据库设计的某些过程中模拟某一规范化设计的方法，并以人的知识或经验为主导，通过人机交互方式实现设计中的某些部分。

目前许多计算机辅助软件工程工具可以自动或辅助设计人员完成数据库设计过程中的很多任务，比如，ORACLE 公司的 Designer2000 和 SYBASE 公司的 PowerDesigner。

同时，为了高效迅速地创建一个结构合理、功能完善的数据库，必须掌握数据库设计的一些基本步骤和设计过程。MySQL 数据库和表的结构合理，不仅存储了所需要的实体信息，而且反映了实体之间客观存在的联系。本节从设计原则和设计步骤两个方面来介绍在 MySQL 中设计关系数据库的方法。

10.2.1 设计原则

1. 关系数据库的设计应遵循多表少字段原则

一个表描述一个实体或实体间的一种联系。为避免设计一个大而杂的表，可以将一个大表根据实际需要分解成若干个小表，然后独立保存起来。通过将不同的信息分散在不同的表中，可以使数据的组织工作和维护工作更简单，同时保证建立的应用程序具有较高的性能。例如，在学籍管理系统中，可以把学号、姓名、性别、出生日期、专业等学生信息建立一个表，把课程编号、课程名、课程类别、学分、学时和课程简介等课程信息建立一个表，把学生的成绩等再建立一个表。

2. 避免在表之间出现重复字段

除了要保证表中有反映与其他表之间存在联系的外部关键字，还应尽量避免在表之间出现重复字段，以减小数据的冗余，防止在插入、删除和更新时造成数据的不一致。

例如，在"课程表"中有课程编号和课程名等字段，在选课表中只需要设置课程编号字段，而没有必要再设置课程名字段。

3．表中的字段应是原始数据和基本数据元素

表中的数据不应包括通过计算得到的二次数据或多项数据的组合。例如，在学生表中已设置出生日期字段，就不应设置年龄字段。因为当需要查询年龄时，可以通过简单的计算得出准确的年龄。

4．表与表之间的联系应通过相同的主关键字建立

例如，学生表与成绩表可以通过学号建立联系。

10.2.2　设计步骤

人们把数据库应用系统从开始规划、设计、实现、维护到最后被新的系统取代而停止使用的整个过程，称为数据库系统的生命周期，它的要点是将数据库应用系统的开发分解成若干目标独立的阶段。具体内容包括需求分析、概念结构设计、逻辑结构设计、物理结构设计、数据库实施和数据库运行与维护 6 部分。数据库设计步骤如图 10-1 所示。

10.2.2.1　需求分析

调查和分析用户的业务活动和数据的使用情况，弄清所用数据的种类、范围、数量及它们在业务活动中交流的情况，确定用户对数据库系统的使用要求和各种约束条件等，形成用户需求规约。

需求分析是在用户调查的基础上，通过分析，逐步明确用户对系统的需求，包括数据需求和围绕这些数据的业务处理需求。在需求分析中，通过自顶向下，逐步分解的方法分析系统，分析的结果采用数据流程图（DFD）进行图形化的描述。

10.2.2.2　概念结构设计

以需求分析阶段所识别的数据项和应用领域的未来改变信息为基础，使用高级数据模型建立概念数据库模式，即对用户要求描述的现实世界（可能是一个工厂、一个商场或者一个学校等），通过对其中诸处的分类、聚集和概括，建立抽象的概念数据模型。这个概念模型应反映现实世界各部门的信息结构、信息流动情况、信息间的互相制约关系及各部门对信息储存、查询和加工的要求等。所建立的模型应避开数据库在计算机上的具体实现细节，用一种抽象的形式表示出来。

以扩充的实体（E-R 模型）联系模型方法为例，第一步先明确现实世界各部门所含的各种实体及其属性、实体间的联系及对信息的制约条件等，从而给出各部门内所用信息的局部描述（在数据库中称为用户的局部视图）。第二步再将前面得到的多个用户的局部视图集成为一个全局视图，即用户要描述的现实世界的概念数据模型。

10.2.2.3　逻辑结构设计

主要工作是将现实世界的概念数据模型设计成数据库的一种逻辑模式，即适应于某种特定数据库管理系统所支持的逻辑数据模式。与此同时，可能还需要为各种数据处理应用领域产生相应的逻辑子模式。这一步设计的结果就是所谓的"逻辑数据库"。

10.2.2.4 物理结构设计

根据特定数据库管理系统所提供的多种存储结构和存取方法等，依赖于具体计算机结构的各项物理设计措施，对具体的应用任务、每个关系模式选定最合适的物理存储结构（包括文件类型、索引结构和数据的存放次序与位逻辑等）、存取方法和存取路径等。这一步设计的结果就是所谓的"物理数据库"。

10.2.2.5 数据库实施

在上述设计的基础上，收集数据并具体建立一个数据库，运行一些典型的应用任务来验证数据库设计的正确性和合理性。一般地，一个大型数据库的设计过程往往需要经过多次循环反复。当设计的某步发现问题时，可能就需要返回到前面去进行修改。因此，在做上述数据库设计时就应考虑到今后修改设计的可能性和方便性。

10.2.2.6 数据库运行与维护

在数据库系统正式投入运行的过程中，必须不断地对其进行调整与修改。

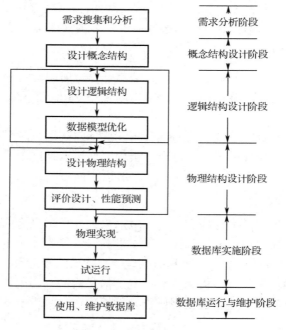

图 10-1　数据库设计步骤

（1）需求分析阶段：综合各个用户的应用需求，形成数据流程图（DFD）。

（2）概念结构设计阶段：形成独立于机器特点，独立于各个 DBMS 产品的概念模式（E-R 图）。

（3）逻辑结构设计阶段：首先将 E-R 图转换成具体的数据库产品支持的数据模型，如关系模型，形成数据库逻辑模式；然后根据用户处理的要求、安全性，在基本表的基础上再建立必要的视图（View），形成数据的外模式。

（4）物理结构设计阶段：根据 DBMS 特点和处理的需要，进行物理存储安排，建立索引，形成数据库内模式。

至今，数据库设计的很多工作仍需要人工来做，除关系型数据库已有一套较完整的数据范式理论可用来部分地指导数据库设计外，尚缺乏一套完善的数据库设计理论、方法和工具，以实现数据库设计的自动化或交互式的半自动化设计。所以数据库设计今后的研究发展方向是研究数据库设计理论，寻求能够更有效地表达语义关系的数据模型，为各阶段的设计提供自动或半自动的设计工具和集成化的开发环境，使数据库的设计更加工程化、更加规范化和更加方便易行，使得在数据库的设计中充分体现软件工程的先进思想和方法。

10.3　设计技巧

10.3.1　需求分析设计技巧

需求分析的基本内容如下。

（1）理解用户需求，询问用户如何看待未来需求变化。

让用户解释其需求，而且随着开发的继续，还要经常询问用户保证其需求仍然在开发的目的之中。

（2）了解企业业务可以在以后的开发阶段节约大量的时间。

（3）重视输入、输出。

在定义数据库表和字段需求（输入）时，首先应检查现有的或者已经设计出的报表、查询和视图（输出）以决定为了支持这些输出哪些是必要的表和字段。

例如，假如用户需要一个报表按照邮政编码排序、分段和求和，你要保证其中包括了单独的邮政编码字段而不要把邮政编码揉进地址字段里。

（4）创建数据字典和 E-R 图。

数据字典和 E-R 图可以让任何了解数据库的人都明确如何从数据库中获得数据。E-R 图对表明表之间的关系很有用，而数据字典则说明了每个字段的用途及任何可能存在的别名。对 SQL 表达式的文档化来说这是很有必要的。

（5）定义标准的对象命名规范。

数据库各种对象的命名必须规范。

10.3.2　数据库逻辑结构设计技巧

10.3.2.1　表设计原则

1. 标准化和规范化

数据的标准化有助于消除数据库中的数据冗余。标准化有好几种形式，但 Third Normal Form（3NF）通常被认为在性能、扩展性和数据完整性方面达到了最好平衡。简单来说，遵守 3NF 标准的数据库的表设计原则是"One Fact in One Place"，即某个表只包括其本身基本的属性，当不是它们本身所具有的属性时需进行分解。表之间的关系通过外键相连接。它具有以下特点：有一组表专门存放通过键连接起来的关联数据。

举例：某个存放用户及其有关订单的 3NF 数据库就可能有两个表：Customer 和 Order。Order 表不包含订单关联用户的任何信息，但表内会存放一个键值，该键指向 Customer 表里包含该用户信息的那一行。

事实上，为了提高效率，对表不进行标准化有时也是必要的。

2．数据驱动

采用数据驱动而非硬编码的方式，许多策略变更和维护都会方便得多，可大大增强系统的灵活性和扩展性。

例如，假如用户界面要访问外部数据源（文件、XML 文档、其他数据库等），不妨把相应的链接和路径信息存储在用户界面支持表里。还有，如果用户界面执行工作流之类的任务（发送邮件、打印信笺、修改记录状态等），那么产生工作流的数据也可以存放在数据库里。角色权限管理也可以通过数据驱动来完成。事实上，如果过程是数据驱动的，就可以把相当大的责任推给用户，由用户来维护自己的工作流过程。

3．考虑各种变化

在设计数据库的时候需考虑到哪些数据字段将来可能会发生变更。

例如，姓氏就是如此（注意是西方人的姓氏，如女性结婚后从夫姓等）。所以，在建立系统存储用户信息时，在单独的一个数据表里存储姓氏字段，而且还附加起始日和终止日等字段，这样就可以跟踪这一数据条目的变化。

4．每个表中都应该添加的 3 个有用的字段

dRecordCreationDate，在 VB 下默认为 Now()，而在 MySQL 下默认为 GETDATE()；

sRecordCreator，在 MySQL 下默认为 NOT NULL DEFAULT USER；

nRecordVersion，记录的版本标记，有助于准确说明记录中出现 NULL 数据或者丢失数据的原因。

5．对地址和电话采用多个字段

描述街道地址就短短一行记录是不够的。Address_Line1、Address_Line2 和 Address_Line3 可以提供更大的灵活性。还有，电话号码和邮件地址最好拥有自己的数据表，其间具有自身的类型和标记类别。

6．使用角色实体定义属于某类别的列

在需要对属于特定类别或者具有特定角色的事物做定义时，可以用角色实体来创建特定的时间关联关系，从而可以实现自我文档化。

例如，用 PERSON 实体和 PERSON_TYPE 实体来描述人员。比如，当 John Smith, Engineer 提升为 John Smith, Director 乃至最后爬到 John Smith, CIO 的高位，而你要做的不过是改变两个表 PERSON 和 PERSON_TYPE 之间关系的键值，同时增加一个日期/时间字段来知道变化是何时发生的。这样，PERSON_TYPE 表就包含了所有 PERSON 的可能类型，如 Associate、Engineer、Director、CIO 或者 CEO 等。还有个替代办法就是改变 PERSON 记录来反映新头衔的变化，不过这样一来在时间上无法跟踪个人所处位置的具体时间。

7．选择数字类型和文本类型尽量充足

在 MySQL 中使用 SMALLINT 和 TINYINT 类型要特别小心。比如，假如想看看月销售总额，总额字段类型是 SMALLINT，那么，如果总额超过了 $32,767，就不能进行计算操作了。

而 ID 类型的文本字段，如用户 ID 或订单号等都应该设置得比一般想象的更大。假设用户 ID 为 10 位数长，那应该把数据库表字段的长度设为 12 或者 13 个字符长。但这额外占据的空间却无须将来重构整个数据库就可以实现数据库规模的增长了。

8．增加、删除标记字段

在表中包含一个"删除标记"字段，这样就可以把行标记为删除。在关系数据库里不要单独删除某一行；最好采用清除数据程序而且要仔细维护索引整体性。

10.3.2.2　键选择原则

（1）键设计的 4 个原则为关联字段创建外键、所有的键都必须唯一、避免使用复合键、外键总是关联唯一的键字段。

（2）使用系统生成的主键。

设计数据库的时候采用系统生成的键作为主键，实际控制了数据库的索引完整性。这样，数据库和非人工机制就有效地控制了对存储数据中每一行的访问。采用系统生成键作为主键还有一个优点：当拥有一致的键结构时，不让主键具有可更新性。

在确定采用什么字段作为表的键的时候，一定要小心用户将要编辑的字段。通常的情况下不要选择用户可编辑的字段作为键。

（3）可选键有时可作为主键。

把可选键进一步作为主键，可以拥有建立强大索引的能力。

10.3.2.3　索引使用原则

索引是从数据库中获取数据的最高效方式之一。95%的数据库性能问题都可以采用索引技术得到解决。

（1）逻辑主键使用唯一的成组索引，对系统键（作为存储过程）采用唯一的非成组索引，对任何外键列采用非成组索引。考虑数据库的空间有多大，表如何进行访问，还有这些访问是否主要用作读写。

（2）大多数数据库都索引自动创建的主键字段，但可别忘了索引外键，它们也是经常使用的键，如运行查询显示主表和所有关联表的某条记录就用得上。

（3）不要索引 memo/note 字段，不要索引大型字段（有很多字符），这样做会让索引占用太多的存储空间。

（4）不要索引常用的小型数据表。

不要为小型数据表设置任何键，假如它们经常有插入和删除操作就更别这样做了。对这些插入和删除操作的索引维护可能比扫描表空间消耗更多的时间。

10.3.2.4　数据完整性设计

1．数据完整性的实现机制

父表中删除数据：级联删除；受限删除；置空值。

父表中插入数据：受限插入；递归插入。

父表中更新数据：级联更新；受限更新；置空值。

DBMS 对参照完整性有两种方法实现：外键实现机制（约束规则）和触发器实现机制。

用户定义完整性：NOT NULL；CHECK；触发器。

2．用约束而非商务规则强制实现数据完整性

采用数据库系统实现数据的完整性。这不但包括通过标准化实现的完整性而且还包括数据的功能性。在写数据的时候还可以增加触发器来保证数据的正确性。不要依赖于商务层保证数据完整性；它不能保证表之间（外键）的完整性，所以不能强加于其他完整性规则之上。

3．强制指示完整性

在有害数据进入数据库之前将其剔除。激活数据库系统的指示完整性特性。这样可以保持数据的清洁而能迫使开发人员投入更多的时间处理错误条件。

4．使用查找控制数据完整性

控制数据完整性的最佳方式就是限制用户的选择。只要有可能都应该提供给用户一个清晰的价值列表供其选择。这样将减少键入代码的错误和误解，同时提供数据的一致性。某些公共数据特别适合查找：国家代码、状态代码等。

5．采用视图

为了在数据库和应用程序代码之间提供另一层抽象，可以为应用程序建立专门的视图而不必非要使用应用程序直接访问数据表。

10.3.3 其他设计技巧

1．避免使用触发器

触发器的功能通常可以用其他方式实现，在调试程序时触发器可能成为干扰。假如确实需要采用触发器，最好集中对它文档化。

2．使用常用英语（或者其他任何语言）而不要使用编码

在创建下拉菜单、列表、报表时最好按照英语名排序。假如需要编码，可以在编码旁附上用户知道的英语。

3．保存常用信息

让一个表专门存放一般数据库信息非常有用。在这个表里存放数据库当前版本、检查、修复（对 Access）、关联设计文档的名称、用户等信息。这样可以实现一种简单机制跟踪数据库，当用户抱怨他们的数据库没有达到希望的要求而与你联系时，这样做对非用户机/服务器环境特别有用。

4．包含版本控制机制

在数据库中引入版本控制机制来确定使用中的数据库版本。时间一长，用户的需求总是会改变的。最终可能会要求修改数据库结构。把版本信息直接存放到数据库中更为方便。

5．编制文档

采用给表、列、触发器等加注释的数据库工具，对开发、支持和跟踪修改非常有用。对数据库文档化，或者在数据库自身的内部或者单独建立文档，这样，当过了一年多时间后再回过头来做第 2 个版本，犯错的机会将大大减少。

6．反复测试

建立或者修订数据库之后，必须用用户新输入的数据测试数据字段。最重要的是，让用户进行测试并且同用户一道保证选择的数据类型满足商业要求。测试需要在新数据库投入实际服务之前完成。

7．检查设计

在开发期间检查数据库设计的常用技术是通过其所支持的应用程序原型检查数据库。换

句话说，针对每一种最终表达数据的原型应用，保证检查了数据模型并且查看如何取出数据。

本章小结

1．数据库的设计过程：需求分析、概念结构设计、逻辑结构设计、物理结构设计、数据库实施、数据库运行与维护。设计过程中往往还会有许多反复。

2．数据库各级模式的形成：数据库的各级模式是在设计过程中逐步形成的，需求分析阶段综合各个用户的应用需求（现实世界的需求），概念结构设计阶段形成独立于机器特点、独立于各个 DBMS 产品的概念模式（信息世界模型），用 E-R 图来描述。

3．在逻辑结构设计阶段将 E-R 图转换成具体的数据库产品支持的数据模型，如关系模型，形成数据库逻辑模式。然后根据用户处理的要求、安全性，在基本表的基础上再建立必要的视图（View）形成数据的外模式。

4．在物理结构设计阶段，根据 DBMS 特点和处理的需要，进行物理存储安排，设计索引，形成数据库内模式。

5．整个数据库设计过程体现了结构特征与行为特征的紧密结合。

6．目前很多 DBMS 都提供了一些辅助工具（CASE 工具），为加快数据库设计速度，设计人员可根据需要选用。例如，需求分析完成之后，设计人员可以使用 ORACLE DESIGNER 画 E-R 图，将 E-R 图转换为关系数据模型，生成数据库结构；画数据流图，生成应用程序。

习题

思考题

1．简述数据库设计的主要步骤。

2．数据库设计的定义是什么？

3．需求分析的主要内容是什么？

4．简述概念结构设计。

5．简述逻辑结构设计。

6．简述物理结构设计。

7．数据库实施阶段的工作内容包括哪些？

8．数据库维护的工作内容包括哪些？

9．键设计原则是什么？

10．数据完整性的实现机制是什么？

习题答案

第 11 章　大数据基础及应用

本章中，你将学习：
- 大数据的发展历程
- 大数据的特征
- 大数据技术
- 大数据应用

11.1　大数据基础

数据管理在经历了人工管理阶段、文件系统阶段和数据库系统阶段后，随着第三次信息化浪潮的涌动，20 世纪 90 年代后期数据管理开始逐步进入大数据管理阶段，又称"大数据时代"。

本节首先阐述大数据的发展历程，然后介绍大数据时代及其驱动力，最后对大数据的定义进行了描述。

11.1.1　大数据的发展历程

大数据的发轫期可以追溯到 20 世纪 50 年代，当时出于国家安全和国防的目的，各国开始积累大量数据。到了 20 世纪 90 年代，互联网的兴起和信息科技的进步促进了数据的存储和处理方式的创新，数据量的急剧增加催生了对于数据分析和利用的需求，预示着大数据管理阶段的来临。之后，随着云计算、物联网、移动互联网等技术的兴起，大数据迎来了爆发式增长。

大数据的发展可以分为以下几个阶段。

1. 萌芽期

这个阶段的起始时间在 1997 年至 2000 年间，大数据作为概念或假设存在，少数学术界人士对其进行研究和探讨，主要关注数据量的庞大性，但尚未深入探索数据的收集、处理和存储等问题。随着数据挖掘理论和数据库技术的逐步成熟，一批商业智能工具和知识管理技术开始被应用，如数据仓库、专家系统、知识管理系统等。

这一阶段发生的大数据的大事件主要如下。

- 1980 年，美国著名未来学家阿尔文·托夫勒在其著作《第三次浪潮》中，将大数据赞颂为"第三次浪潮的华彩乐章"。
- 1997 年 10 月，美国国家航空航天局（NASA）阿姆斯研究中心的迈克尔·考克斯和大卫·埃尔斯沃斯在第八届美国电气与电子工程师协会（Institute of Electrical and Electronics Engineers，IEEE）关于可视化的会议论文集中发表了《为外存模型可视化而应用控制程序请求页面调度》的论文。文章开篇写道："可视化对计算机系统提出了一个有趣的挑战：通常情况下数据集相当大，耗尽了主存储器、本地磁盘甚至是远程磁盘的存储容量。我们将这一问题称为大数据。"这是在美国计算机学会的数字图书馆中第一篇使用"大数据"这一术语的文章。
- 1998 年 10 月，K·G·科夫曼和安德鲁·奥德里科发表了《互联网的规模与增长速度》一文。他们认为"公共互联网流量的增长速度，虽然比通常认为的要低，却仍然以每年 100%的速度增长，要比其他网络流量的增长快很多。然而，如果以当前的趋势继续发展，在 2002 年左右，美国的数据流量就要赶超声音流量，且将由互联网主宰。"奥德里科随后建立了明尼苏达互联网流量研究所（MINTS），跟踪 2002 年到 2009 年互联网流量的增长情况。
- 1999 年 10 月，在美国电气与电子工程师协会（IEEE）举办的可视化会议上，设置了名为"自动化或者交互：什么更适合大数据？"的专题讨论小组，探讨大数据问题。

2. 发展期

这个阶段大约始于 21 世纪初，持续至 2010 年。互联网行业迎来了快速发展的时期，大数据作为一个新名词开始受到理论界的关注，其概念和特点得到进一步丰富，相应的数据处理技术也不断涌现，大数据开始展现出实际的价值和应用潜力。这一阶段，Web 2.0 应用迅猛发展，非结构化数据大量产生，传统处理方法难以应对，带动了大数据技术的快速突破，大数据解决方案逐步开始成熟，逐渐形成了并行计算和分布式系统两大核心技术，谷歌公司的 GFS 和 MapReduce 等大数据技术受到追捧，Hadoop 平台开始大行其道。

这一阶段发生的大数据的大事件主要如下。

- 2000 年 10 月，彼得·莱曼与哈尔·R·瓦里安在加州大学伯克利分校网站上发布了一项研究成果：《信息知多少？》。这是在计算机存储方面第一个综合性地量化研究世界上每年产生并存储在 4 种物理媒体：纸张、胶卷、光盘（CD 与 DVD）和磁盘中新的，以及原始信息（不包括备份）总量的成果。研究发现，1999 年，世界上产生了 1.5EB 独一无二的信息。2003 年，彼得·莱曼与哈尔·R·瓦里安发布的研究成果显示，2002 年世界上大约产生了 5EB 新信息，92%的新信息存储在磁性介质上，其中大多数存储在磁盘中。

- 2001 年 2 月，梅塔集团分析师道格·莱尼发布了一份研究报告，题为《3D 数据管理：控制数据容量、处理速度及数据种类》。十年后，3V 作为定义大数据的 3 个维度而被广泛接受。

- 2005 年 9 月，蒂姆·奥莱利发表了《什么是 Web2.0》一文，在文中，他断言"数据将是下一项技术核心"。

- 2007 年 3 月，约翰·F·甘茨、大卫·莱茵泽尔及互联网数据中心（IDC）其他研究人员出版了一个白皮书，题为《膨胀的数字宇宙：2010 年世界信息增长预测》。这是第一份评估与预测每年世界所产生与复制的数字化数据总量的研究。互联网数据中心估计，2006 年世界产生了 161EB 信息，并预测在 2006 年至 2010 年间，每年为数字宇宙所增加的信息将是以上数字的六倍多，达到 988EB，或者说每 18 个月就翻一番。据 2010 年和 2011 年同项研究所发布的信息，每年所创造的数字化数据总量超过了这个预测，2010 年达到了 1200EB，2011 年增长到了 1800EB。

- 2008 年 1 月，布雷特·斯旺森和乔治·吉尔德发表了《评估数字洪流》一文，在文中他们提出到 2015 年美国 IP 流量将达到 1ZB，2015 年美国的互联网规模将至少是 2006 年的 50 倍。

- 2008 年 9 月，《自然》杂志推出大数据专刊。计算社区联盟（Computing Community Consortium）发表了报告《大数据计算：在商业、科学和社会领域的革命性突破》，阐述了大数据技术及其面临的一些挑战。

- 2010 年 2 月，肯尼斯·库克尔在《经济学人》上发表了一份关于管理信息的特别报告《数据，无所不在的数据》。库克尔在文中写道："……世界上有着无法想象的巨量数字信息，并以极快的速度增长……从经济界到科学界，从政府部门到艺术领域，很多地方都已感受到了这种巨量信息的影响。科学家和计算机工程师已经为这个现象创造了一个新词汇：'大数据'。"

3. 兴盛期

这个阶段自 2011 年以来一直持续到现在。大数据的计算能力达到前所未有的高度，相关技术如 Hadoop、Spark 等的出现，使大数据的处理变得更为便捷和经济。此外，大数据的应用也越来越广泛，涵盖了包括但不限于电子商务、金融、医疗、教育和城市规划在内的多个领域。数据驱动决策，信息社会智能化程度大幅提高。大数据的影响力和重要性在全球范围内得到了广泛的认可和重视。

这一阶段发生的大数据的大事件主要如下。

- 2011 年 2 月，马丁·希尔伯特和普里西拉·洛佩兹在《科学》杂志上发表了《世界存储、传输与计算信息的技术能力》一文。他们估计 1986 至 2007 年间，世界的信息存储能力以每年 25% 的速度增长。同时指出，1986 年 99.2% 的存储容量都是模拟性的，但是到了 2007 年，94% 的存储容量都是数字化的，两种存储方式发生了角色的根本性逆转（2002 年，数字化信息存储第一次超过非数字化信息存储）。
- 2011 年 5 月，麦肯锡全球研究院发布了《大数据：下一个具有创新力、竞争力与生产力的前沿领域》，提出"大数据"时代到来。
- 2012 年 3 月，美国奥巴马政府发布了《大数据研究和发展倡议》，正式启动"大数据发展计划"，大数据上升为美国国家发展战略，被视为美国政府继信息高速公路计划之后在信息科学领域的又一重大举措。
- 2013 年 12 月，中国计算机学会发布《中国大数据技术与产业发展白皮书》，系统总结了大数据的核心科学与技术问题，推动了我国大数据学科的建设与发展，并为政府部门提供了战略性的意见与建议。
- 2014 年 5 月，美国政府发布 2014 年全球"大数据"白皮书《大数据：抓住机遇、守护价值》，报告鼓励使用数据来推动社会进步。
- 2015 年 8 月，中国国务院印发《促进大数据发展行动纲要》，全面推进我国大数据发展和应用，加快建设数据强国。
- 2017 年 1 月，中国工业和信息化部发布《大数据产业发展规划（2016—2020 年）》，积极推动中国大数据产业健康快速发展。
- 2021 年 11 月，中国工业和信息化部发布《"十四五"大数据产业发展规划》，在延续《大数据产业发展规划（2016—2020 年）》关于大数据产业定义和内涵的基础上，进一步强调数据要素价值。

综上所述，大数据的发展过程涉及了从萌芽到兴盛的一系列关键事件和技术创新，它不仅改变了我们对数据和信息处理的认知和方法，而且在社会、经济和文化等多个方面产生了深远的影响。

11.1.2　大数据时代

2013 年，一家名为麦肯锡（McKinsey）的公司发布的一份有影响力的报告称，数据科学领域将成为经济增长的头号催化剂。麦肯锡发现了有助于大数据时代启动的一个新机遇——不断增长的数据洪流。这是指数据在以持续和快速的方式不断涌现，因此人们开始意识到传统数据处理技术无法有效处理海量数据。数据量呈指数级增长，这些数据来自各种来源，如社交媒体、传感器、移动设备、传统企业系统等。

想想看，现在你可以买一个硬盘来存储世界上所有的音乐，只需几千元钱，这与以前任何形式的音乐存储相比，是一种惊人的存储功能。根据国际电信联盟（ITU）的数据，2013年全球手机使用量约为 70 亿部。手机和安装在手机上的应用程序是大数据的一大来源，时刻为企业和用户提供各种洞察和价值。淘宝作为中国最大的电子商务平台之一，每天都有数以亿计的用户在平台上进行购物、交易和互动。

所有这些都导致了数据的剧烈增长——每年全球数据增长 40%，全球 IT 支出增长 5%。如此之多的数据无疑推动了数据科学领域开始保持自身在当今商业世界的地位。但是，还有其他一些技术的发展有助于数据科学的分析能力的提高。云计算（Clouding Computing）又可称之为按需计算。云计算是用户随时随地可以按需使用的计算方式之一。

云计算和大数据是两个不同但密切相关的领域，它们之间存在着紧密的关系。云计算为大数据发展提供的支撑作用，可分为如下 5 个方面。

（1）基础设施支持：云计算提供了大规模的计算和存储资源，为大数据处理提供了必要的基础设施支持。通过云计算平台，用户可以根据需要弹性地扩展计算和存储资源，以满足大数据处理的需求。

（2）数据存储和处理支持：云计算平台提供了大规模的数据存储和处理服务，如云数据库、云存储、云计算资源等，为大数据处理提供了强大的基础设施。大数据处理通常需要大规模的存储和计算资源，云计算平台可以提供这些资源，并且可以根据需要动态调整。

（3）弹性和灵活性支持：云计算平台的弹性和灵活性使得大数据处理更加高效和便捷。用户可以根据需要动态调整计算和存储资源的规模，而无须投入大量的固定资本成本，从而更好地适应不断变化的数据处理需求。

（4）数据分析和洞察支持：大数据处理通常涉及大规模的数据分析和挖掘，以从海量数据中提取有价值的信息。云计算平台提供了丰富的数据分析和机器学习服务，可以帮助用户更好地进行数据分析和挖掘，发现隐藏在数据背后的规律和趋势。

（5）成本效益：云计算提供了按需付费的模式，用户只需根据实际使用情况付费，无须预先投入大量的固定资本成本。这使得大数据处理更加具有成本效益，尤其是对于中小型企业和创业公司来说，可以更好地利用大数据技术和资源。

所以，云计算为大数据处理提供了强大的基础设施支持和灵活的资源管理，使得大数据处理更加高效、便捷和成本效益。

总之，云计算的发展，结合数据洪流，使得进行新颖、动态和可扩展的数据分析变为可能，从而助力于对数据进行深入挖掘和洞察，并辅助优化决策，创造新的商业价值。总而言之，一股新的大数据洪流与随时随地的计算能力相结合，共同促成了大数据时代的到来。

11.1.3 大数据的定义

身处大数据时代，"大数据"这个词几乎到处都是。这一术语的使用场景纷繁复杂，让人眼花缭乱。"大数据"通常用来指任何使用传统数据库系统难以管理的数据集；有些传统数据库系统管理的数据集达到一定规模，也会被称为"大数据"；它也被用作一个包罗万象的术语，用于表示在单个服务器上无法处理的任何数据集；还有一些人用这个词简单地表示"大量数据"；但有时所谓的大数据甚至不需要很大。

那么，什么是大数据呢？

"大"很难确切表述，因为这是个相对的概念。对一个组织来说，被认为是大的东西对于另一个组织而言可能是小的。今天规模大的东西在不久的将来可能看起来很小；现在认为 TB

（Terabyte：兆字节，1024GB）级别的数据量能称之为大数据，一段时间后，可能 PB（Petabyte：百万亿字节，1024TB）才能算是大数据。因此，数据量大小本身不能指定大数据。数据的复杂性、多样性等也是需要考虑的重要因素。

因此，大数据的定义可以从不同的角度和领域进行表达，不同的机构和公司可能会根据自己的需求和背景，对大数据的定义进行不同的描述和扩展。例如，一些科研机构可能会强调大数据的科学研究价值，而一些咨询公司可能会强调大数据在商业应用中的重要性等。

虽然大数据在不同领域有不同的侧重，但达成共识的是，大数据的定义和描述一般会从大数据不同的维度和特征来进行。

11.1.4　大数据的特征

在大数据时代，社交媒体、智能传感器、卫星、监控摄像机、互联网和无数其他设备产生的各种数据，使得大数据无处不在。

现在大多数人都同意使用高德纳公司（Gartner）的道格·兰尼（Doug Laney）提出的 3V 模型来描述大数据。

（1）大量性（Volume）：这是指在我们的数字化世界中，每秒/分钟/小时/天生成的大量数据。

（2）高速性（Velocity）：这是指生成数据的速度，以及数据从一个点移动到另一个点的速度。

（3）多样性（Variety）：这是指数据以越来越多的不同形式出现，如文本、图像、语音、地理空间数据等。

现在有时还会添加第 4 个 V。

（4）准确性（Veracity）：这是指数据的质量，不同的数据可能会存在很大的差异。

根据应用背景的不同，还有许多其他的 V。根据一些数据科学家的观点，本书将添加第 5 个 V。

（5）关联性（Valence）：这是个借用自化学领域的概念，用于表示大数据如何相互结合，在不同的数据集之间形成连接。

上述 5V 是用来表征大数据特征的几个维度，也体现了其挑战性。也就是说我们有大量不同格式和不同质量的数据，还必须对这些数据进行快速处理。

在处理大数据的过程中，要注意处理大数据的目标是获得洞察力以支持决策。仅仅能够捕获和存储数据是不够的，收集和处理大量复杂数据的目的是了解趋势、发现隐藏模式、检测异常等，以便更好地了解正在分析的问题，并做出更明智、更数据驱动的决策。因此，事实上，许多人认为价值 Value 是大数据的第 6 个 V。

（6）价值性（Value）：处理大数据必须从所获得的见解中带来价值。

当然，为了应对大数据的挑战，需要各种创新技术，如并行、分布式计算范例、可扩展机器学习算法和实时查询等是大数据分析的关键。分布式文件系统、计算集群、云计算和支持数据多样性和灵活性的数据存储也是为大数据处理提供基础设施所必需的。工作流（Workflow）提供了一种直观、可重用、可扩展和可复制的方式来处理大数据，以从中获得可验证的价值，并使相同的方法能够应用于不同的数据集。

总之，我们通常使用大数据的特征来描述大数据。从大数据的 5V 特征中可以看出，每个

V 都呈现出大数据的一个具有挑战性的维度，即大量性（Volume）体现了大数据的规模，高速性（Velocity）体现了大数据产生和处理的速度，多样性（Variety）体现了大数据的复杂度，准确性（Veracity）体现了大数据的质量，关联性（Valence）体现了大数据的连通性。虽然可以根据不同的应用背景列出一些其他的 V，但将这 5 个 V 列为大数据的基本维度可以帮助我们更好地进行大数据的研究学习。然而，大数据挑战的核心是将所有其他维度转化为真正有用的商业价值，也就是说最重要的是处理所有这些大数据挑战背后的目的是为实际问题带来价值。图 11-1 表示了大数据的 6V 特征及其相互之间的关系。

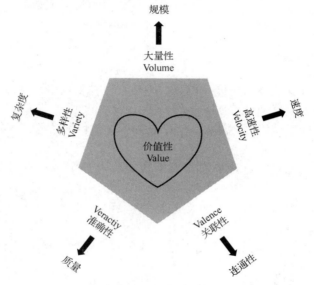

图 11-1　大数据的 6V 特征及其相互之间的关系

11.2　大数据技术

　　大数据的 6V 特征使我们可以从不同的维度来观察大数据及其带来的挑战。那么，当我们处理大数据时应该如何应对这些挑战，以及如何解决由此带来的问题呢？通过采用新技术或有用的工具，可以帮助我们解决可能发生在大数据处理中的问题。

　　在本部分中，我们将介绍大数据技术的三个方面，即大数据技术架构、大数据的两大关键技术及大数据平台 Hadoop。

11.2.1　大数据技术架构

　　大数据挑战所带来的技术上的进步和创新，经过一段时间的发展，日臻完善和成熟。大数据从生产开始经过各种处理过程，即数据收集、存储、分析和应用，它们相互关联，形成一个完整的大数据架构。一般而言，在我们最终查看数据报告或使用数据进行预测之前，大数据将经过以下处理步骤：数据获取、数据存储、数据处理和数据应用。大数据技术的层次结构通常可以分为以下几个层次，如图 11-2 所示。

　　（1）数据获取层：这是大数据技术的基础层，用于收集各种来源的数据，包括结构化数据、半结构化数据和非结构化数据。数据采集层的技术包括数据抓取、数据提取、数据传输等。大数据通常存在于 App 或网站，由人、机器或组织创建的业务系统或外部文件中。当我们需要从这些不同的场景中收集数据时，我们需要使用各种数据采集技术，包括用于数据库同步的 Sqoop、用于收集业务行为日志的 Flume 和用于数据传输的 Kafka 等。

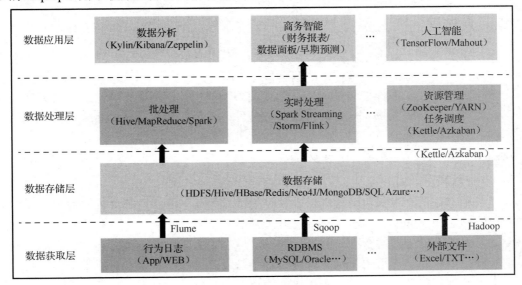

图 11-2　大数据技术架构

（2）数据存储层：这一层负责将采集到的数据进行存储，以便后续的处理和分析。数据存储层的技术包括关系型数据库、分布式文件系统 HDFS、类似 SQL 的查询工具 Hive、列族数据库 HBase，以及其他 NoSQL 系统，如 Redis、Neo4J、MongoDB，或云数据库，如 SQL Azure 等。

（3）数据处理层：这一层负责对存储在数据存储层中的数据进行处理和分析，以发现数据中的模式、趋势和关联性。数据处理层的技术包括数据清洗、数据转换、数据挖掘、机器学习、统计分析等。数据处理层的技术主要包括数据处理技术，如批处理和实时处理，用于加工、计算或分析数据，以及资源管理技术，如 ZooKeeper 或 YARN，通常用于资源协调和任务调度。

（4）数据应用层：这一层负责将处理和分析得到的数据以可视化的形式呈现给用户，并辅助用户更好地理解数据并做出决策。许多建模和可视化工具有助于大数据应用，包括数据分析工具、商业智能工具、机器学习工具。数据分析工具提供分析支持，如 Kylin 和 Zeppelin。大数据在商务智能中的应用更加广泛，如自动化生产、财务报表分析、用于实时显示数据分析结果的数据面板、基于分析结果的早期预测等。大数据的一个重要应用场景是人工智能，使用一些机器学习工具，大数据可以灵活地完成 AI 相关工作，如谷歌的开源深度学习工具 TensorFlow、智能算法库 Mahout 等。

这是大数据技术架构的一般层次结构，不同的组织和应用场景可能会有所差异，但通常都会包括这些基本层次。

除这些基本层次外，很多大数据技术架构也会包含数据安全与隐私层，负责保护数据的安全和隐私，防止数据泄露、滥用和不当使用。数据安全与隐私层的技术包括数据加密、访问控制、身份认证、数据脱敏等。

还有一些大数据技术架构会专门包含一个数据治理与管理层，负责管理和规范数据的生命周期，包括数据的收集、存储、处理、分析和展示等各个环节。数据治理与管理层的技术包括数据质量管理、数据仓库管理、元数据管理等。

11.2.2 大数据的两大关键技术

当我们重新审视大数据技术架构时，会看到从不同来源收集大数据后，在具体应用之前，如何存储和分析大数据是整个过程中的两个核心步骤。

大数据的大量性、多样性和高速性，让我们不可能仅使用一台计算机或传统方法来操作大数据。因此，分布式文件系统（包括硬件和软件）通常用于存储和分析大数据。因此，大数据的两大关键技术是分布式数据存储技术和分布式数据处理技术。

首先来了解一下什么是分布式系统。

1. 分布式文件系统

为了长期存储信息，常将数据存储在计算机硬盘的文件中。这些文件有很多种，它们由操作系统管理，如 Windows 或 Linux。操作系统管理文件的方式称为文件系统。这些信息在磁盘驱动器上的存储方式对数据访问的效率及速度有很大影响，尤其是在大数据的情况下。大多数计算机用户在个人笔记本电脑或具有单个硬盘驱动器的台式计算机上工作，此模式中用户受限于其硬盘驱动器的容量，不同设备的容量各不相同。例如，虽然一部手机或平板电脑的存储容量可能为 GB 级，笔记本电脑可能有 TB 级的存储空间，但是，如果有更多数据呢？这就会出现硬盘空间不足的问题。

硬盘空间不足的问题可以通过分布式文件系统处理。当多台计算机通过网络连接在一起时，我们称之为集群。在集群中，计算机节点聚集在机架中，通过快速网络相互连接。可能有许多可扩展数量的此类机架。在跨局域网或者互联网上的一个或多个集群中的计算被称为分布式计算。

分布式计算架构实现了数据并行性。数据并行性中许多不共享任何内容的作业可以同时处理不同的数据集或数据集的一部分。这种类型的并行性有时被称为作业级别的并行性。在大数据计算的背景下，我们将其称为数据并行性。使用这种并行模式，可以分析大量和种类繁多的大数据，从而实现可扩展、性能提升和成本降低。基于分布式集群，大数据被切片并存储在分布式节点中。为了使数据易于检索和处理，可以根据不同的情况选择不同的技术。

2. 分布式数据存储技术

分布式数据存储技术主要可分为分布式文件系统、NoSQL 数据库和云数据库等。

1）分布式文件系统（DFS，Distributed File System）

分布式系统由多个处理单元组成，通过网络互联协作完成分配的任务。有两个重要的分布式文件系统，即 GFS 和 HDFS。GFS（Google File System）是一个可扩展的分布式文件系统，适用于访问大量数据的分布式应用程序。它可以运行在廉价的普通硬件上并提供容错功能。它可以提供高整体性能的服务给大量用户。2003 年关于 GFS 的文章发表后，Apache 社区实现了它的开源版本，称为 HDFS，即 Hadoop 分布式文件系统。HDFS 也是大数据常用平台 Hadoop 的基本底层组件，用于实现大数据的分布式存储。

2）NoSQL 数据库

在大数据时代，关系数据库管理系统，如 SQL Server、MySQL 和 Oracle，在许多应用中不再能够满足要求，尤其是在需要存储海量数据，并以高并发的速度进行快速分析的情况下。NoSQL 数据库的优势是可以支持大规模的数据存储，拥有大量灵活的数据模型及强大的横向扩展性。典型的 NoSQL 数据库可能属于以下 4 种类型之一，即列数据库（如 HBase）、文档数据库（如 MongoDB）、键值数据库（如 Redis）和图数据库（如 Neo4J）。不同的 NoSQL 数据库，具有不同的数据模型，可适用于不同的应用场景。

3）云数据库

云数据库是一种共享的基础架构方法，基于云计算技术的发展，用于部署和虚拟化云计算环境中的数据库。例如，Microsoft 的 SQL Azure。云数据库具有高扩展性、高可用性、多租户、使用成本低、易用性、免维护、安全性高等特点。从数据模型的角度来看，云数据库并不是一项全新的数据库技术，只是以云平台的方式提供数据库服务功能。云数据库使用的数据模型可以是关系数据库使用的关系模型，如 Microsoft 的 SQL Azure 云数据库，也可以是非关系型数据库，如亚马逊的 SimpleDB 数据库等。同一家公司也可能使用不同的数据模型，来提供多种云数据库服务。

3．分布式数据处理技术

分布式数据处理技术主要包括批处理和实时处理。

1）批处理

批处理是指具有明确的开始和结束节点的批量数据处理。常见技术包括 Hadoop 内置的 MapReduce 和 Spark。

MapReduce 通过定义 Hadoop 的 Map 和 Reduce 函数，将大数据处理任务分为分布式计算任务，移交给大量的机器节点进行分布式处理，最后组装成想要的结果。这是一种批处理的逻辑。

Spark 是一种高速、通用的大数据计算处理引擎。具有 Hadoop MapReduce 分布式处理的特点，同时采用了内存计算和优化技术，使得作业的中间输出结果可以保存在内存中，无须读取和写入 HDFS，从而显著提高了批处理计算的效率。而且，Spark 更适合迭代的 MapReduce 算法，如很多数据挖掘和机器学习相关的算法。

2）实时处理

实时处理，也称为流数据处理，常用技术有 Spark Streaming、Storm 和 Flink 等。对于一些需要实时、不间断处理的数据，因为等待 MapReduce 缓慢处理，反复保存到 HDFS 中，再从 HDFS 中检索文件，显然太耗时了。一些新的流数据处理工具已经开发，并且它们的加工过程与批处理有很大不同，如图 11-3 所示。

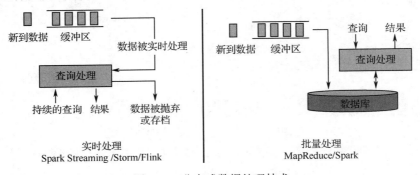

图 11-3　分布式数据处理技术

11.2.3 大数据平台 Hadoop

大数据时代是伴随着新技术的发展相伴而来的。为了应对大数据的海量性、高速性和多样性等带来的挑战，许多新技术应运而生。其中，Hadoop 生态系统包括 Hadoop HDFS、MapReduce 等相关项目，是大数据中最关键的进展之一，也标志着大数据时代的来临。Hadoop 生态系统提供了一系列用于大数据存储和分析的工具，以及完整的企业开发应用程序的框架，是大数据领域最常用的开源开发平台之一。

本节将从 Hadoop 生态系统简介、Hadoop 生态系统的主要组成部分和 Hadoop 生态系统的特点三个方面进行阐述。

1. Hadoop 生态系统简介

Hadoop 是一个由 Apache 基金会所开发的分布式文件系统基础架构，使用户能够在计算机群集上存储并处理大量数据。Hadoop 生态系统是指基于 Apache Hadoop 的工具包、库，以及辅助构建工具等应用程序的框架。这些工具可以协同工作以处理并分析大数据。作为一个开源框架，Hadoop 生态系统有超过 100 个的大数据开源工具，而且这个数字还在继续增长。其中有许多基于 Hadoop，但也有些是独立的。

Hadoop 起源于 Apache Nutch 项目，始于 2002 年，是 Apache Lucene 的子项目之一。2004 年，Google 在"操作系统设计与实现"（Operating System Design and Implementation，OSDI）会议上公开发表了题为《Mapreduce：简化大规模集群上的数据处理》（MapReduce：Simplified Data Processing on Large Clusters）的论文之后，受到启发的 Doug Cutting 等人开始尝试实现 MapReduce 计算框架，并将它与 NDFS（Nutch Distributed File System）结合，用以支持 Nutch 引擎的主要算法。由于 NDFS 和 MapReduce 在 Nutch 引擎中有着良好的应用，所以它们于 2006 年 2 月被分离出来，成为一套完整而独立的软件，并被命名为 Hadoop。到了 2008 年年初，Hadoop 已成为 Apache 的顶级项目，包含众多子项目，被应用到包括 Yahoo 在内的很多互联网公司。

2. Hadoop 生态系统的主要组成部分

在 Hadoop 生态系统中有很多的框架和工具可用，为了更好地表达不同工具或组件的功能和相互之间的关系，通常使用层次关系图来进行组织。Hadoop 生态系统的层次关系图如图 11-4 所示。

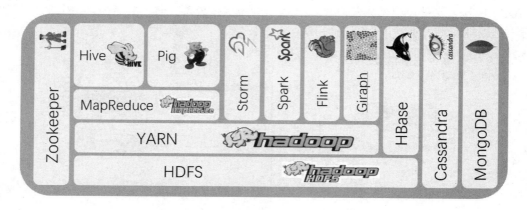

图 11-4　Hadoop 生态系统的层次关系图

在 Hadoop 生态系统的层次关系图中，一个组件使用其下方层次中组件的功能。通常，同一层的组件不通信。低层次的接口，如存储和调度，通常放在低层。而高层次的语言和交互功能，通常放在高层。

在 Hadoop 生态系统的诸多组件中，有三个核心组成部分，即分布式文件系统 HDFS，资源调度器 YARN 和批处理框架 MapReduce。

（1）HDFS：Hadoop 分布式文件系统，是许多大数据框架的基础，因为它提供了可扩展且可靠的存储。随着数据量的增加，用户可以将通用硬件添加到 HDFS 中来增加存储容量，从而实现资源的横向扩展。

（2）YARN：Hadoop YARN 提供基于 HDFS 存储之上的灵活调度和资源管理功能，如 Yahoo 使用 YARN 在 40000 台服务器上进行资源和任务的调度工作。

（3）MapReduce：MapReduce 是一个简化并行计算的分布式批处理编程模型。不需要处理同步和调度的复杂问题，而是只需要设计 Map 和 Reduce 这两个函数即可。这个编程模型非常强大，以至于 Google 可以用它来对网站进行索引操作。

3．Hadoop 生态系统的特点

（1）免费开源：Hadoop 生态系统是免费和开源的，允许用户以分布式方式处理大型数据集。这些项目可以免费使用，并且易于找到支持。该生态系统包括广泛的开源项目，并由一个大型活跃的社区提供技术支持。

（2）高扩展性：能够存储大量数据在分布式系统上，可根据需要进行灵活的扩展。

（3）高容错性：随着系统数量的增加，系统崩溃和硬件故障的可能性也随之增加。Hadoop 生态系统中的大多数工具或框架都支持的特性是从这些问题中恢复的能力。

（4）多样性：大数据有多种类型，如文本文件、社交网络图谱、流式传感器数据和光栅图像等。因此，Hadoop 生态系统具备处理不同数据类型的能力。对于任何给定类型的数据，用户都可以在 Hadoop 生态系统中，找到若干项目来支持和处理它。

（5）高利用率：Hadoop 生态系统具有充分利用共享环境的能力。由于即使是中等规模的集群也会有许多内核，因此，Hadoop 生态系统允许多个作业被同时执行，这样可以充分利用资源，避免闲置和浪费。

11.3　大数据应用

大数据时代，面对大数据的 6V 特征及其带来的挑战，以及日新月异的大数据技术，我们应该使用什么策略来选择适当的技术或者工具来研究大数据以挖掘其内在价值呢？

本节将首先解释数据科学的相关概念，然后讨论"怎样进行大数据研究"，接着对大数据应用领域进行介绍。

11.3.1　数据科学

什么是数据科学？数据科学是一个跨学科的领域，旨在从数据中提取知识、洞察和价值。它涵盖了数学、统计学、计算机科学、机器学习和领域或业务知识等领域，并应用这些领域的方法和技术处理和分析数据。数据科学的目标是深入了解数据，发现数据中的模式和趋势，并构建预测模型和决策支持系统，提供有意义的信息和见解，帮助企业和组织实现决策、解

决问题和创新。

数据科学家通常采用各种数据分析和挖掘技术，包括统计分析、数据可视化、机器学习、深度学习、自然语言处理等，来处理和解释数据。数据科学的生命周期包括业务理解、数据采集、数据理解、数据准备、数据探索、数据建模、模型评价，获得新的业务理解等。可以看到，这是一个循环迭代的过程。这个过程需要数据科学家具备数学和统计学知识，并精通编程语言和各种数据科学工具，如 Python、R、SQL 等，用于数据处理和建模。此外，领域知识对数据科学家至关重要，因为它可以帮助他们理解上下文及数据的含义，能够更好地解释和应用数据。

数据科学有广泛的应用，跨行业、跨领域，包括商业、金融、医疗保健、社交媒体、能源等各个行业，通过数据科学的应用，组织或机构可以提取有价值的信息和见解，从海量数据中支持决策，优化业务流程，改进产品和服务，甚至推动创新，并发现新的商机。

11.3.2　大数据研究策略

那么，在大数据时代，如何使用这些数据科学技术和工具从大数据中获取价值？大数据研究策略如图 11-5 所示。

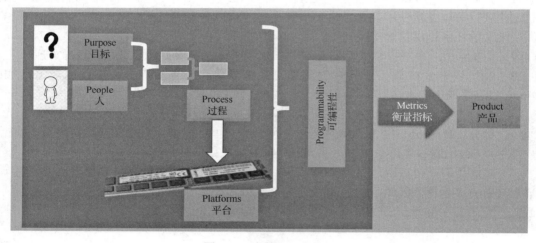

图 11-5　大数据研究策略

数据科学是要围绕事先确定的目的或问题从大数据中获取价值。在大数据的背景下，我们将数据科学定义为从大数据中提取知识。这是一门多学科的艺术，结合了面对特定应用的目标（Purpose）、人（People）、过程（Process）、计算和大数据平台（Platform）、可编程性（Programmability），以及获得的产品（Product）等方面的内容或环节，这些内容可称之为大数据研究策略的 6P 组件。研究者通过实施这个大数据研究策略，从大数据中获取价值。

1. 目标

目标，是指大数据研究策略中定义的研究目标。目标可能与科学分析或商务应用等有关，具有一定假设或业务指标。这些假设和指标需要基于大数据研究策略的目标进行分析来确定。目标确定是大数据研究开展之前的首要任务。

2．人

数据科学家通常被视为拥有各种技能的人，包括科学或商业领域知识、使用统计学和机器学习等进行分析的技能、数学知识、数据管理、编程和计算技能等。在实践中，通常由具有互补技能的人组成一个研究团队，相互协作，为了共同的目标一起完成大数据的研究工作。

3．过程

如果已经建好一个有共同目标的团队，对于这个团队来说，设计一个可迭代的研究过程是一个好的开端。也就是说，有目标的团队需要定义一个进行协作和交流的研究过程。这个数据科学的过程会涉及统计学、机器学习、编程、计算和数据管理等各种技术。

数据科学的过程在开始时是概念性的，并定义一些步骤集，以及团队中的每个人如何为此做出贡献。请注意，类似的过程可以适用于许多具有不同用途的应用程序，并在不同的工作流程中使用。在数据科学中，以过程为导向的思维是一种变革性的方式，这将人和技术与应用联系起来。执行这样的数据科学过程，需要访问许多大大小小的很多数据集，为数据科学带来新的机遇和挑战。

一般来说，数据科学的过程由许多步骤或任务构成，如数据收集、数据清理、数据处理/分析、结果可视化、结果汇报和实施等，而这些步骤形成了数据科学的过程工作流。在数据科学的研究过程中，可能需要用户交互和其他手动操作，或完全自动化执行。

数据科学的过程也面临着一些挑战，包括如何通过轻松集成所有需要完成的任务，来建立这样一个过程；如何找到最佳的计算资源并考虑各种因素来有效地安排流程的执行，这些因素包括过程定义、参数设置和用户偏好等。

4．平台

作为构建大数据研究策略的一部分，值得一提的是大数据平台，如 Hadoop 平台框架或其他的计算平台，来部署和执行分析过程中的不同步骤。平台的可扩展性是一个需要关注的性能，同时也要考量平台是否能满足大数据研究项目的期望值。

5．可编程性

实现可扩展的大数据研究过程需要使用编程语言，例如，R、Python，以及建模工具，如MapReduce 等，来对大数据进行管理和处理，才有研究的可行性。对编程技术的实施而言，具有访问权限的编程工具，是在各种平台上使数据科学过程可编程化的关键。

6．产品

第 6 个 P 是大数据产品。将大数据研究视为一个包括一系列活动的过程，这些活动中团队成员相互协作，需要建立衡量指标（Metrics），将问责制纳入其中。同时，从大数据研究过程的一开始就要通过团队成员之间的讨论，对成本、时间、可交付成果等制定衡量标准，制定任务阶段性时间表。大数据研究项目最后的产出应该是一个产品或符合评价指标的研究结果。

由此可见，大数据研究策略可以使用 6P 组件进行构建和实施，在这个过程中，有更偏向业务驱动的 P，如团队（People）和目标（Purpose），更偏向技术驱动的 P，如平台（Platform）和可编程性（Programmability），并通过一个像流水线的过程（Process），最终以得到符合评价指标的产品（Product）而结束。

11.3.3　大数据应用领域

处在大数据时代，大数据几乎无处不在。大数据及其相关技术的发展，允许用户建立更好的模型，从而产生更高精度的结果。大数据在各行各业的应用可以使数据更好地服务于人类需求，因此备受关注。

本节从以下几个大数据应用最广泛深入的领域来分别阐述大数据的应用，即电子商务领域、媒体领域、金融领域、运输领域、电信领域、安全领域和医疗领域。

1. 电子商务领域

电子商务领域是大数据应用最早、最广泛的领域之一，如精准的广告推送、个性化推荐等。例如，在某购物平台购物时，如果你经常购买某种产品，下次访问时，它会自动向你推荐类似的产品。这种个性化推荐不仅可以增加产品的曝光率，增加销量，也能帮助用户快速找到自己想要的产品。

2. 媒体领域

媒体领域受益于大数据的应用，可以实现精准营销，直达目标用户群体。举个例子，在影视剧制作中，通过应用大数据分析来进行剧本的选择及导演和演员的选择，可以帮助剧组在大量资金投入拍摄之前进行精准规划，这也为影视剧评级和回报提供了一定的保障。举个例子，热门电视剧《甄嬛传》改编自一部流行的网络小说，挑选演职人员也是煞费苦心，确保该剧一旦播出就获得广泛好评并且具有持久的流行性。

3. 金融领域

金融也是一个大数据应用的重要领域，如利用用户行为的大数据分析对用户信用进行综合评估。此外，风险管理、用户细分和精细化营销也都是金融领域大数据应用的典型例子。

4. 运输领域

大数据在交通领域的应用与我们息息相关，如预测道路拥堵，手机 App 可以基于司机的地理位置大数据准确地确定拥堵位置，然后提供优化的旅行路线。此外，智能交通信号灯与最优导航规划也是大数据应用在交通领域的体现。

5. 电信领域

电信领域也有很多大数据应用，例如，利用来自用户位置的大数据来优化电信基站的位置布局。大数据在这一领域的其他应用包括舆论监测、用户分析、呼叫圈识别和保护等。

6. 安全领域

大数据应用还可以应用到安防领域，如预防犯罪。通过分析和总结大量详细的犯罪数据，可以获得犯罪特征，以及进行犯罪预防。天网监控系统是大数据应用的一个具体案例。天网监控系统是一个监控网络，由大量安装在大街小巷的摄像机组成，用于对治安进行防控。

7. 医疗领域

大数据在医疗领域的应用主要体现在智慧医疗上，如通过大数据分析获得典型病例的最佳治疗方案。此外，大数据在医疗领域的应用还包括疾病预防、病源追踪等。

总而言之，大数据价值创造的关键在于大数据的应用，随着大数据技术的飞速发展，大数据应用已经融入各行各业。

本章小结

1．数据管理在经历了人工管理阶段、文件系统阶段和数据库系统阶段后，随着第三次信息化浪潮的涌动，20 世纪 90 年代后期数据管理开始逐步进入大数据管理阶段，又称"大数据时代"。

2．大数据的发展历程涉及从萌芽到兴盛的一系列关键事件和技术创新，它不仅改变了我们对数据和信息处理的认知和方法，而且在社会、经济和文化等多个方面产生了深远的影响。

3．大数据的发展可以分为萌芽期（1997 年至 2000 年间）、发展期（2000 年至 2010 年间）、兴盛期（自 2011 年至现在）三个阶段。

4．云计算的发展，结合数据洪流，共同促成了大数据时代的到来。

5．大数据的定义可以从不同的角度和领域进行表达，不同的机构和公司可能会根据自己的需求和背景，对大数据的定义进行不同的描述和扩展。但普遍达成共识的是，大数据的定义和描述一般会从大数据不同的维度和特征来进行。

6．通常使用大数据的特征来描述大数据。大数据的 6V 特征包括大量性（Volume）、高速性（Velocity）、多样性（Variety）、准确性（Veracity）、关联性（Valence）和价值性（Value）。

7．大数据技术架构一般会包括数据获取层、数据存储层、数据处理层和数据应用层。不同的组织和应用场景可能会有所差异。

8．大数据的两大关键技术是分布式数据存储技术和分布式数据处理技术。

9．Hadoop 生态系统提供了一系列用于大数据存储和分析的工具，以及完整的大数据开发应用程序的框架，是大数据领域最常用的开源开发平台之一。

10．Hadoop 生态系统的三个核心组成部分是分布式文件系统 HDFS、资源调度器 YARN 和批处理框架 MapReduce。

11．Hadoop 生态系统的特点有免费开源、高扩展性、高容错性、多样性、高利用率等。

12．数据科学是一个跨学科的领域，旨在从数据中提取知识、洞察和价值。

13．数据科学家通常被视为拥有各种技能的人，包括科学或商业领域知识、使用统计学和机器学习等进行分析的技能、数学知识、数据管理、编程和计算技能等。在实践中，通常由具有互补技能的人组成一个研究团队。

14．大数据研究策略的 6P 组件是目标（Purpose）、人员（People）、过程（Process）、计算和大数据平台（Platform）、可编程性（Programmability），以及获得的产品（Product）。

15．大数据价值创造的关键在于大数据应用，随着大数据技术飞速发展，大数据应用已经融入各行各业。

习题

1．数据管理在经历了人工管理阶段、文件系统阶段和数据库系统阶段后，随着第三次信息化浪潮的涌动，20 世纪 90 年代后期数据管理开始逐步进入_____阶段。

A．人工智能　　　　B．大数据管理　　　　C．人工管理　　　　D．NoSQL 数据库

2．大数据时代到来的主要推动力是_____。

A．数据洪流和互联网　　　　　　　　B．物联网和电子商务

C．数据洪流和云计算　　　　　　　　D．移动互联网和云计算

3．判断是否是大数据范畴的标准是数据的_____。

A．规模　　　　　　　　　　　　　　B．类型

C．生成速度　　　　　　　　　　　　D．不能根据单一维度来确定

4．大数据最核心的特征是_____。

A．大量性　　　　　B．高速性　　　　　C．价值性　　　　　D．多样性

5．大数据的技术架构一般分为_____层。

A．3　　　　　　　　B．4　　　　　　　C．5　　　　　　　D．6

6．Hadoop 生态系统的特点不包括_____。

A．免费开源　　　　B．高扩展性　　　　C．高容错性　　　　D．单一性

7．下面哪些组件不属于 Hadoop 生态系统的主要组成部分？

A．HDFS　　　　　B．Pig　　　　　　C．YARN　　　　　D．MapReduce

8．大数据研究策略的 6P 组件不包括_____。

A．目标（Purpose）　B．人员（People）　C．过程（Process）　D．政策（Policy）

9．数据科学家通常被视为拥有各种技能的人，这些技能不包括_____。

A．科学或商业领域知识

B．使用统计学和机器学习等进行分析的技能

C．设备安装维护技能

D．编程和计算技能

10．关于大数据应用的描述错误的是_____。

A．大数据的发展，允许用户建立更好的模型，从而产生更高精度的结果

B．电子商务领域是大数据应用较少的领域

C．智能交通信号灯与最优导航规划是大数据应用在交通领域的体现

D．大数据还可以应用到安防领域

习题答案

参考文献

[1] 王珊，萨师煊. 数据库系统概论[M]. 5 版. 北京：高等教育出版社，2014.

[2] 马忠贵，王建萍. 数据库技术及应用：基于 SQL Server 2016 和 MongoDB[M]. 北京：清华大学出版社，2020.

[3] 卜耀华，石玉芳. MySQL 数据库应用与实践教程[M]. 北京：清华大学出版社，2017.

[4] 侯振云，肖进. MySQL5 数据库应用入门与提高[M]. 北京：清华大学出版社，2014.

[5] 亚伯拉罕·西尔伯沙茨，亨利·F.科思，S.苏达尔尚. 数据库系统概念[M]. 杨冬青，等译. 北京：机械工业出版社，2021.

[6] 李辉，张标. MySQL 数据库技术与应用[M]. 北京：清华大学出版社，2021.

[7] 屈晓，麻清应. MySQL 数据库设计与实现[M]. 重庆：重庆大学电子音像出版社，2020.

[8] 单光庆. MySQL 数据库应用与实例教程[M]. 成都：西南交通大学出版社，2019.

[9] 万川梅，钟璐，杨菁，等.MySQL 数据库应用教程[M]. 北京：北京理工大学出版社，2017.

[10] 徐彩云. MySQL 数据库实用教程[M]. 武汉：华中科技大学出版社，2019.

[11] 郑明秋，蒙连超，赵海侠.MySQL 数据库实用教程[M]. 北京：北京理工大学出版社，2017.

[12] 祝小玲，吴碧海. MySQL 数据库应用与项目开发教程[M]. 北京：北京理工大学出版社，2019.

[13] 福塔. MySQL 必知必会[M]. 刘晓霞，钟鸣，译. 北京：人民邮电出版社，2008.